"十四五"职业教育国家规划教材
国家精品课程教材
"互联网+"新形态立体化教学资源精品教材

机械装配技术

第四版

徐　兵◎编著
温贻芳◎主审

中国轻工业出版社

图书在版编目（CIP）数据

机械装配技术/徐兵编著. --4 版. --北京：中国轻工业出版社，2025. 7. --ISBN 978-7-5184-5058-9

Ⅰ. TH163

中国国家版本馆 CIP 数据核字第 2024MP0420 号

责任编辑：王 淳　　责任终审：李建华

文字编辑：宋 博　　责任校对：朱 慧 朱燕春　　封面设计：锋尚设计

策划编辑：王 淳 宋 博　　版式设计：致诚图文　　责任监印：张 可

出版发行：中国轻工业出版社（北京鲁谷东街 5 号，邮编：100040）

印　　刷：三河市万龙印装有限公司

经　　销：各地新华书店

版　　次：2025 年 7 月第 4 版第 1 次印刷

开　　本：787×1092　1/16　印张：12. 25

字　　数：300 千字

书　　号：ISBN 978-7-5184-5058-9　定价：49. 80 元

邮购电话：010-85119873

发行电话：010-85119832　010-85119912

网　　址：http://www. chlip. com. cn

Email：club@ chlip. com. cn

230294J2X401ZBW

前　言

《机械装配技术》坚持以习近平新时代中国特色社会主义思想为指导，全面贯彻落实党的二十大精神，全面贯彻党的教育方针，落实立德树人根本任务，将职业素养、劳动精神、工匠精神、家国情怀等思政元素融入机械装配的知识学习与技能训练之中，为推进中国式现代化建设培养高素质技术技能人才。本教材先后入选普通高等教育“十一五”国家级规划教材、“十二五”职业教育国家规划教材、“十四五”职业教育国家规划教材。

“机械装配技术”是职业院校装备制造大类专业的一门专业核心课程，针对企业的“机械装配与调试”重要岗位，修订了《机械装配技术（第四版）》，注重校企“双元”合作建设教材，充分吸收了国外先进的机械装配培训理念和企业的机械装配新技术，并不断修订完善。教材重点介绍机械装配组织形式和常用零部件的装配技术，反映了技术术语等先进的装配工艺表现形式，以及滚动轴承、直线滚动导轨副等零部件的先进装配技术。

本教材遵循“做中学”教学理念，充分体现项目式教学特点。以典型零部件为载体设计学习单元，按照简单到复杂的顺序编排，符合学生认知规律，又符合企业生产过程。形成了装配工艺规程的编制、固定连接的装配、滚动轴承的装配、密封件的装配、传动机构的装配、直线导轨副的装配、设备拆卸与故障分析、精密装配的辅助操作，共 8 个学习项目。每个项目的组织上，采用项目导入方式组织内容，并设计锥齿轮轴组件装配工艺规程的编制、装配与调整训练项目、滚动轴承装配训练项目、密封件装配训练项目、齿轮传动机构装配训练项目、平导轨装配训练项目、设备拆卸训练项目、装配车间实习，共 8 个实践操作任务。每个项目分解为若干个任务，在知识学习中，编写项目学习所需的装配知识与技能技巧，理论与实践紧密结合，有利于激发学生的学习兴趣；实践操作任务体现了工作手册的特点，按照实际工作过程编写，指导详尽，可操作性强，有利于学生装配实践能力的培养；每个项目都附有思考题与在线习题，有利于学生总结提高，提高学生总结知识的能力。

习近平总书记在党的二十大报告中明确指出：“建设现代化产业体系。坚持把发展经济的着力点放在实体经济上，推进新型工业化，加快建设制造强国、质量强国、航天强国、交通强国、网络强国、数字中国。”本教材注重思政元素的渗透，在项目导入时，要引导学生学习“思政引例”，注重工匠精神与家国情怀的教育。在知识学习时，要融入制造强国、科技立国、产业报国的思政教育。在项目操作时，将“装配中的‘5S’操作规范”的学习融入了到各个项目的实践过程中，加强学生对职业行为习惯的养成教育。在组件装配、作业评价时融入工作规程与质量标准的教育，以提高学生的职业素质。同时，由于“机械装配技术”课程具有很强的实践性，在项目操作时应加强劳动精神、工匠精神和劳模精神的教育。特别是在项目操作指导部分，要严格按照工作手册的操作指导进行训练，并将操作中的关键参数，通过填表等方式进行记录，促进学生关注细节，提高装配质量，从而培养学生精益求精的工匠精神。

本教材在中国大学 MOOC 平台建设配套的“机械装配技术”在线开放课程（学习网

址：http://www.chlip.com.cn/qrcode/230294J2X401ZBW/QR2001.htm）。该在线开放课程实施双语在线教学，教学资源丰富，是纸质教材的最佳组合，可用于国内外学生自主学习，也可用于教师实施混合式教学。

在线开放课程

本教材可作为普通本科、高职本科、高职专科、中职、技工院校机械类、机电类等相关专业的教学用书，也可用于企业培训或作为相关技术人员的参考书。

本教材由苏州信息职业技术学院徐兵编著，苏州市职业大学温贻芳主审，苏州市职业大学徐培炘、苏州钧信自动控制有限公司施晓旻参与修订工作，苏州信息职业技术学院钱伟红、周悦，苏州工业园区职业技术学院肖舫、陆云江为本书的编写提出了许多宝贵意见，在此深表谢意。

编　者
于苏州

目　录

配套视频

装配案例

配套课件

项目一

项目一

装配工艺规程的编制

【学习目标】

1. 了解装配的概念及发展历史；
2. 了解装配的工艺过程；
3. 掌握装配技术术语的含义；
4. 运用装配术语编制装配工艺规程；
5. 遵守机械装配工作规程，执行机械设备的质量标准；
6. 增强制造强国、科技立国、产业报国的家国情怀。

【操作项目】

根据锥齿轮轴组件装配图（图 1–13），写出锥齿轮轴组件的装配工艺规程。

任务一　机械装配的认知

思政引例

项目一任务一

配 套 视 频

项目一任务一中文教学视频

项目一任务一英文教学视频

机械产品一般是由许多零件和部件组成。零件（part）是机器制造的最小单元，如一根轴、一个螺钉等。部件（subassembly）是两个或两个以上零件结合成为机器的一部分。按技术要求，将若干零件结合成部件或若干个零件和部件结合成机器的过程称为装配（assembly）。前者称为部件装配，后者称为总装配。部件是个通称，部件的划分是多层次的，直接进入产品总装的部件称为组件；直接进入组件装配的部件称为第一级分组件；直接进入第一级分组件装配的部件称为第二级分组件，其余类推，产品越复杂，分组件的级数越多。装配通常是产品生产过程中的最后一个阶段，其目的是根据产品设计要求和标准，使产品达到其使用说明书的规格和性能要求。大部分的装配工作都是由手工完成的，高质量的装配需要丰富的经验。

一、什么是装配

装配的工作是把各个零部件组合成一个整体的过程，而各个零部件按照一定的程序、要求固定在一定的位置上的操作称为安装。因此，各零部件在安装中必须达到如下要求：

① 以正确的顺序和位置进行安装（图 1-1）。

② 按图样规定的方法和位置进行安装（图 1-2）。

③ 按图样规定的位置进行安装。

④ 按规定的方向进行安装（图 1-3）。

⑤ 按规定的尺寸精度进行安装。

安装完毕后，产品必须达到预定的要求或标准。同时，每一个装配的产品必须能够拆卸，以便进行保养或维修。

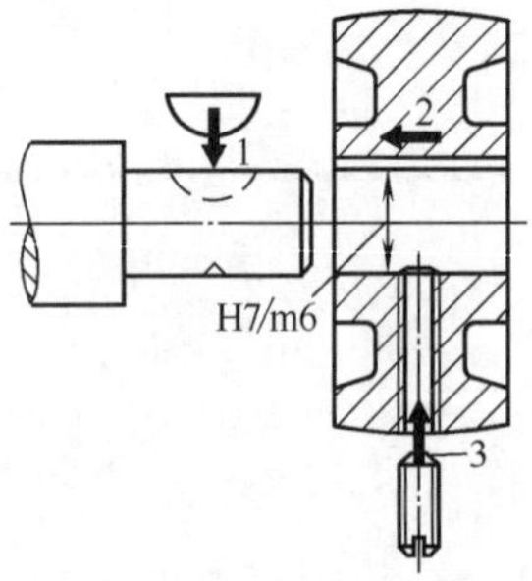

图 1-1　顺序和位置

1、2、3—装配顺序

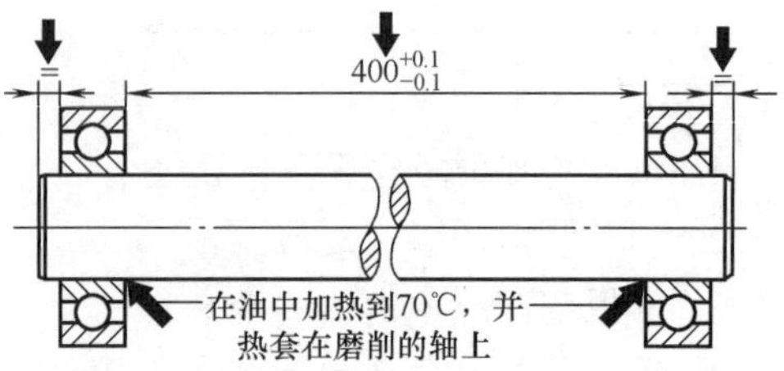

图 1-2　按规定的方法和位置进行安装

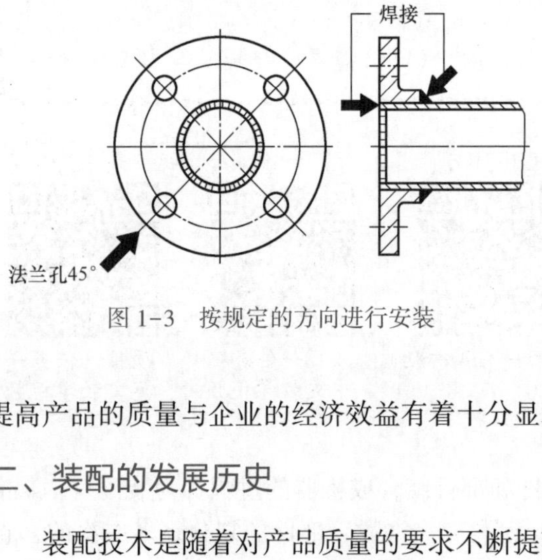

图 1-3　按规定的方向进行安装

在机械制造业中，装配是花费人力最多的生产环节，也是影响产品精度与性能的重要技术。据统计，在现代制造中，有 1/3 左右的人力在从事有关产品装配的活动，装配工作量占整个产品研制工作量的 20%～70%，平均为 45%，装配时间占整个制造时间的 40%～60%，装配费用则占了整个生产成本的 30%～50%。机械装配已成为机械制造业中的一个重要岗位，对提高产品的质量与企业的经济效益有着十分显著的作用。

二、装配的发展历史

装配技术是随着对产品质量的要求不断提高和生产批量增大而发展起来的。机械制造业发展初期，加工与装配往往还没有分开，相互配合的零件都实行“配作”，装配多用锉、磨、修刮、锤击和拧紧等操作，使零件配合和连接起来。如果某零件不能与其他零件配合，就必须在已加工的零件中去寻找适合的零件或者对其进行再加工，然后进行装配，因此生产效率很低。

18 世纪末期，随着产品批量增大，加工质量提高，互换性生产提到日程上来，逐渐出现了互换性装配。为此，必须首先制作样件。通过这个样件，再制作各种专用工具和量具，并利用这些工具和量具来检查加工产品的精度。1789 年美国惠特尼制造 1 万支具有可以互换零件的滑膛枪，依靠专门工装夹具使不熟练的工人也能从事装配工作，工时大为缩短。

20 世纪初期，人们又提出了“公差”这个概念，利用尺寸、形状及位置的公差，零件的互换性便得到了充分的保证。这样，零件的生产和装配就可以分离开来了，这两项工作也就可以在不同的地点或不同的工厂进行了。19 世纪初至中叶，互换性装配逐步推广到武器、纺织机械和汽车等产品，互换性所带来的装配技术一个重大进步是美国福特汽车公司提出的"装配线"，20 世纪初福特汽车公司首先建立了采用运输带的移动式汽车装配线，将不同地点生产的零件以物流供给的方式集中在一个地方，在生产线上进行最终产品的装配，同时将工序细分，在各工序上实行专业化装配操作，使装配周期缩短了约 90%，大幅降低了生产成本。

互换性生产和移动式装配线的出现和发展，为大批量生产中采用自动化装配开辟了道路，20 世纪 50 年代开始发展自动化装配技术，20 世纪 60 年代发展了自动装配机和自动装配线，20 世纪 70 年代机器人开始应用于产品装配中。

随着我国制造业向智能制造等高端制造的转型升级，产品的装配技术也需要逐步实现从手工/经验装配向自动化/智能化装配方向的转变，未来产品装配技术的发展趋势主要是集成化、精密化、微/纳化和智能化等。

三、装配件的结构

在许多情况下，一种产品往往可以制造成多种多样的形式，这些产品统称为一个产品族，例如，人们通常看到各种形式的发动机，这些只是由于组成发动机的汽缸容量不同而已。产品的结构往往表明了其组成零件的组成形式。一般说来，每个部件在产品中都有其自己特殊的功能，因此，对于一个合理的产品结构，其组成标准部件应可以通过多种装配形式，从而获得结构互不相同、属于同一产品族的不同形式产品。

一个好的产品结构应满足下列要求：

① 产品零件可互换，尽量多地采用标准件构成。

② 各个部件可以单独进行测试。

③ 连接的零件数量越少越好。

④ 重量轻、体积小，结构简单。

⑤ 符合客户的特殊要求的零部件应在最后进行装配。

四、装配操作

装配是由大量成功的操作来完成的。这些操作又可以分为主要操作和次要操作。主要操作可以直接产生产品的附加值，而除主要操作以外的其他操作则属于次要操作，它们对于产品的装配也是不可缺少的。主要操作和次要操作的区别在于装配中的目的和作用不同。

主要操作包括：安装、连接、调整、检验和测试等。

次要操作包括：贮藏、运输、清洗、包装等。

五、装配工作组织形式

装配工作的组织形式随生产类型和产品复杂程度而不同，可分为以下 4 类。

1. 单件生产的装配

单个地制造不同结构的产品，并很少重复，甚至完全不重复，这种生产方式称为单件生产。单件生产的装配工作多在固定的地点，由一个工人或一组工人，从开始到结束进行全部的装配工作。如夹具、模具的装配就属于此类。特别对于大件的装配，由于装配的设备是很大的，装配时需要几组操作人员共同进行操作。如生产线的装配。这种组织形式的装配周期长，占地面积大，需要大量的工具和设备，并要求工人具有全面的技能。

2. 成批生产的装配

在一定的时期内，成批地制造相同的产品，这种生产方式称为成批生产。成批生产时装配工作通常分为部件装配和总装配，每个部件由一个或一组工人来完成，然后进行总装配。如机床的装配属于此类。

这种将产品或部件的全部装配工作安排在固定地点进行的装配，称为固定式装配。

3. 大量生产的装配

产品制造数量很庞大，每个工作地点经常重复地完成某一工序，并具有严格的节奏，这种生产方式称为大量生产。大量生产中，把产品装配过程划分为部件、组件装配，使某一工序只由一个或一组工人来完成。同时只有当从事装配工作的全体工人，都按顺序完成了所担负的装配工序以后，才能装配出产品。工作对象（部件或组件）在装配过程中，有顺序地由一个或一组工人转移给另一个或另一组工人。这种转移可以是装配对象的转移，也可以是工人移动。通常把这种装配组织形式叫作流水装配法。为了保证装配工作的连续性，在装配线所有工作位置上，完成某一工序的时间都应相等或互成倍数。在大量生产中，由于广泛采用互换性原则，并使装配工作工序化，因此装配质量好，效率高，生产成本低，是一种先进的装配组织形式。如汽车、拖拉机的装配一般属于此类。

4. 现场装配

现场装配共有两种，第一种为在现场进行部分制造、调整和装配［图 1-4（a）］。这里，有些零部件是现成的，而有些零件则需要在现场根据具体的现场尺寸要求进行制造，然后才可以进行现场装配。第二种为与其他现场设备有直接关系的零部件必须在工作现场进行装配［图 1-4（b）］。例如：减速器的安装就包括减速器与电动机之间的联轴器的现场校准以及减速器与执行元件之间的联轴器的现场校准，以保证它们之间的轴线在同一条直线上，从而使联轴器的螺母在拧紧后不会产生任何附加的载荷，否则就会引起轴承超负荷运转或轴的疲劳破坏。

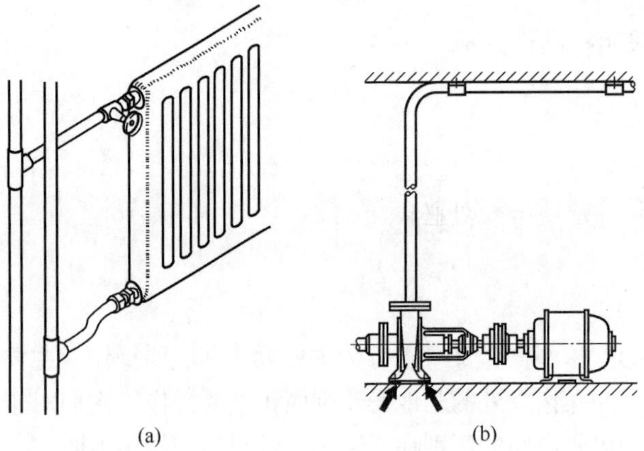

(a)　　(b)

图 1-4　现场装配

六、装配时必须考虑的因素

将机械零部件按设计要求进行装配时，必须考虑以下一些因素，以保证制定合理的装配工艺。

（1）尺寸。零部件有大件与小件之分，小件在装配时可以很方便地予以安装，而大件在装配时则需要使用专用的起吊设备。

（2）运动。在安装中，我们会遇到以下两种情况：一是所有零件或几乎所有零件都是静止的；二是有不少零件都是运动的。

（3）精度。有的安装需要高精度，而有些安装则对精度的要求不是很严格。

（4）可操作性。有些零部件需要安装在很难装配的地方，而有的零部件则很容易安装。

（5）零部件的数量。有些产品是由几个零件组成的，有些产品则是由大量的零件组成的。

七、装配件的功能

明确装配件的功能，对于提高装配质量来说是非常重要的，装配件的功能可以分为以下几种类型。

① 各零部件之间不存在相对运动，如图 1-5 所示。

② 各零部件之间不存在相对运动，但配合处必须密封，如图 1-6 所示。

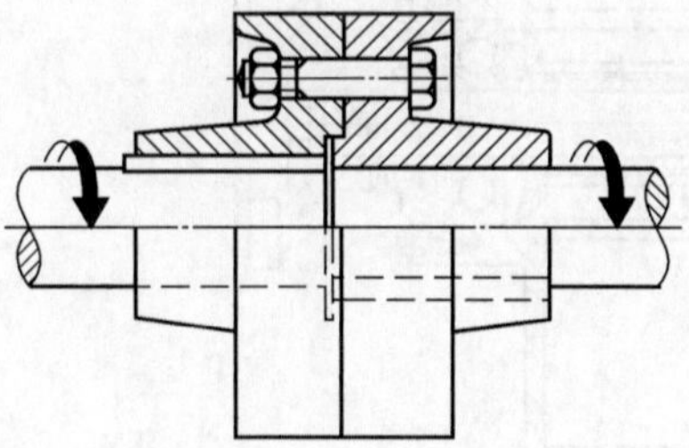

图 1-5　联轴器法兰盘

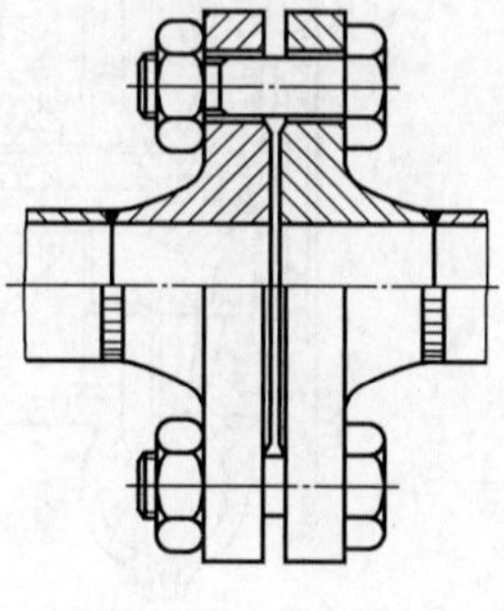

图 1-6　管道法兰盘

③ 有一个装配件能相对其他零件移动，如图 1-7 所示。

④ 有一个装配件能相对其他零件移动，但配合处必须密封，如图 1-8 所示。

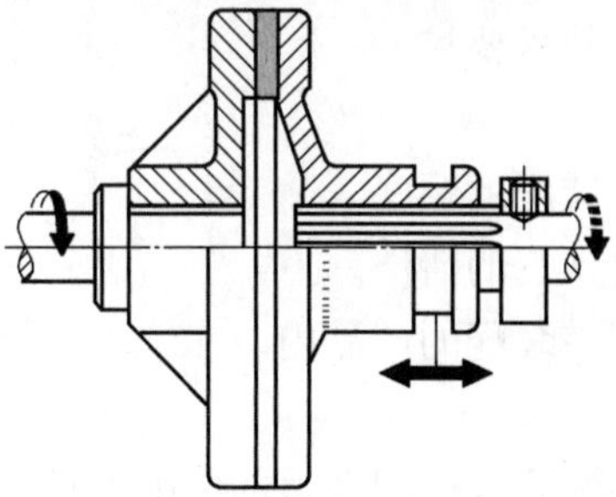

图 1-7　摩擦式离合器

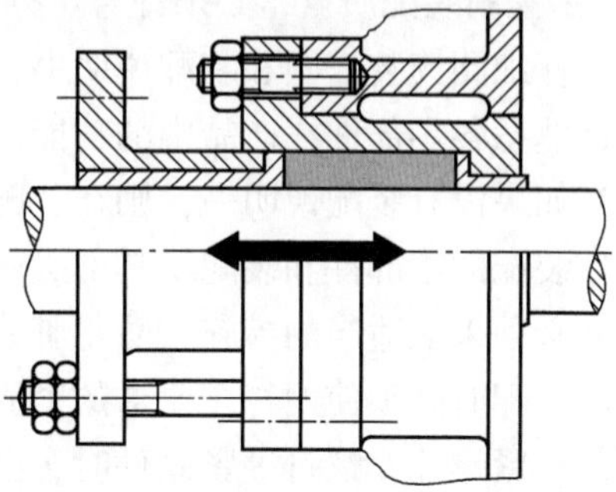

图 1-8　活塞杆

⑤ 有一个装配件能相对其他零件旋转，如图 1-9 所示。

⑥ 有一个装配件能相对其他零件旋转，但配合处必须密封，如图 1-10 所示。

⑦ 以上功能的综合，如图 1-11 所示。

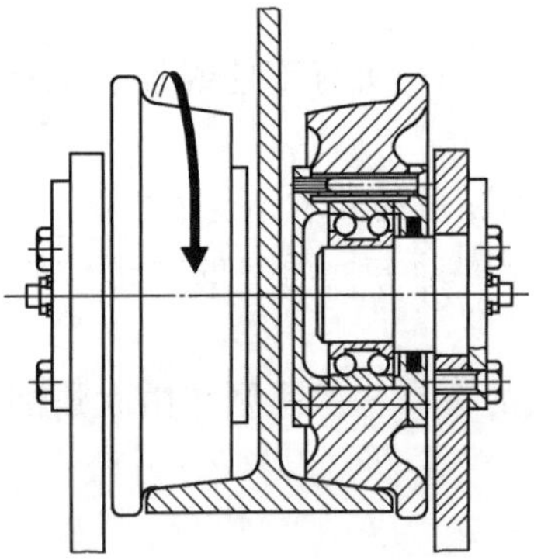

图 1-9　离合器

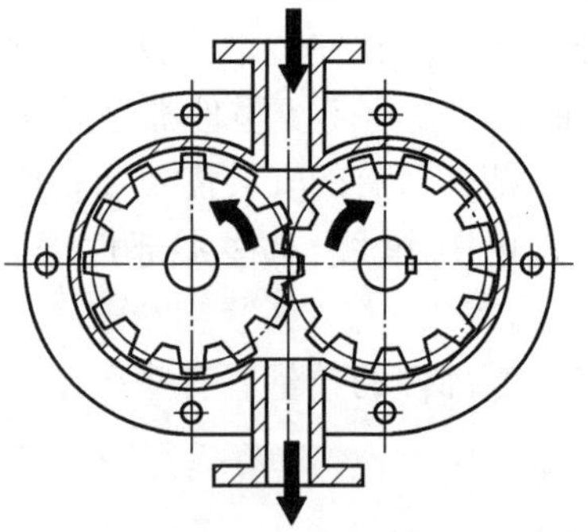

图 1-10　齿轮泵

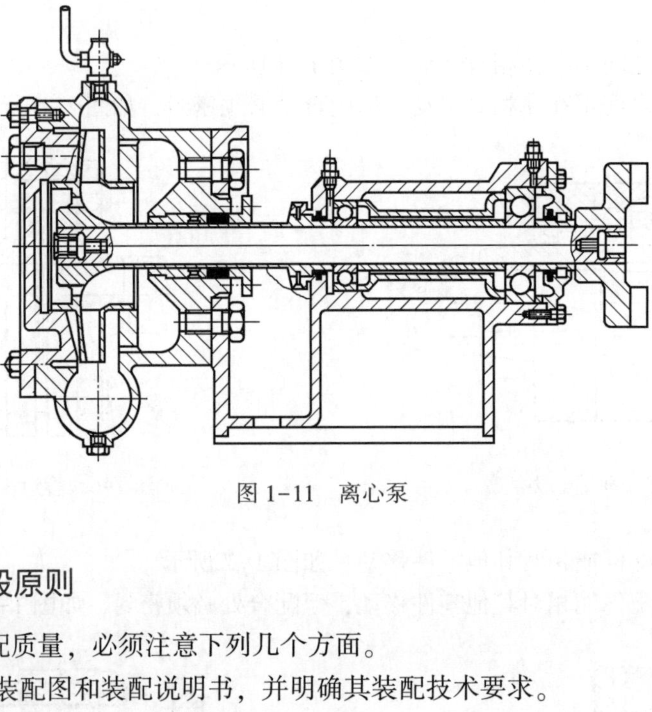

图 1-11　离心泵

八、装配的一般原则

为了提高装配质量，必须注意下列几个方面。

① 仔细阅读装配图和装配说明书，并明确其装配技术要求。

② 熟悉各零部件在产品中的功能。

③ 如果没有装配说明书，则在装配前应当考虑好装配的顺序。

④ 装配的零部件和装配工具都必须在装配前进行认真的清洗。

⑤ 必须采取适当的措施，防止脏物或异物进入正在装配的产品内。

⑥ 装配时必须使用符合要求的紧固件进行紧固。

⑦ 拧紧螺栓、螺钉等紧固件时，必须根据产品装配要求使用合适的装配工具。

⑧ 如果零件需要安装在规定的位置上，那就必须在零件上做记号，且安装时还必须根据标记进行装配。

⑨ 装配过程中，应当及时进行检查或测量，其内容包括：位置是否正确，间隙是否符合规格中的要求，跳动是否符合规格中的要求，尺寸是否符合设计要求，产品的功能是否符合设计人员和客户的要求等。

任务二　装配工艺过程的认知

思政引例

项目一任务二

配套视频

项目一任务二
中文教学视频

项目一任务二
英文教学视频

产品的装配工艺包括以下过程。

一、准备工作

准备工作应当在正式装配之前完成。准备工作包括资料的阅读和装配工具与设备的准备等。充分的准备可以避免装配时出错，缩短装配时间，有利于提高装配的质量和效率。

准备工作包括下列几个步骤：

① 熟悉产品装配图、工艺文件和技术要求，了解产品的结构、零件的作用以及相互连接关系。

② 检查装配用的资料与零件是否齐全。

③ 确定正确的装配方法和顺序。

④ 准备装配所需要的工具与设备。

⑤ 整理装配的工作场地，对装配的零件、工具进行清洗，去掉零件上的毛刺、铁锈、切屑、油污，归类并放置好装配用零部件，调整好装配平台基准。

⑥ 采取安全措施。

各项准备工作的具体内容与装配任务有关。如图 1-12 所示为装配准备工作内容。

二、装配工作

在装配准备工作完成之后，才开始进行正式装配。结构复杂的产品，其装配工作一般分为部件装配和总装配。

（1）部件装配。指产品在进入总装配以前的装配工作。凡是将两个以上的零件组合在一起或将零件与几个组件结合在一起，成为一个装配单元的工作，均称为部件装配。

（2）总装配。指将零件和部件组装成一台完整产品的过程。

在装配工作中需要注意的是，一定要先检查零件的尺寸是否符合图样的尺寸精度要求，只有合格的零件才能运用连接、校准、防松等技术进行装配。

（3）调整、精度检验和试车。

① 调整工作是指调节零件或机构的相互位置、配合间隙、结合程度等，目的是使机构或机器工作协调。如轴承间隙、镶条位置、涡轮轴向位置的调整。

② 精度检验包括几何精度和工作精度检验等，以保证满足设计要求或产品说明书的要求。

③ 试车是试验机构或机器运转的灵活性、振动、工作温升、噪声、转速、功率等性能是否符合要求。

（4）喷漆、涂油、装箱。机器装配好之后，为了使其美观、防锈和便于运输，还要做好喷漆、涂油、装箱工作。

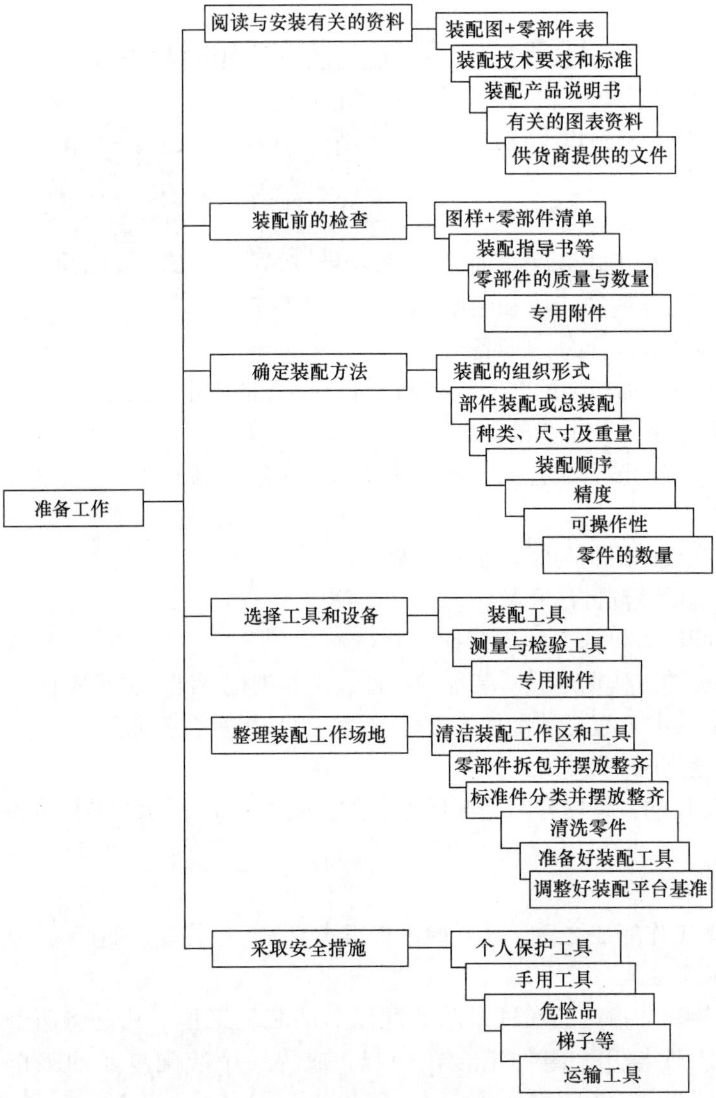

图 1-12　装配准备工作内容简图

任务三　装配技术术语的运用

一、装配技术术语

思政引例

项目一任务三

配　套　视　频

项目一任务三
中文教学视频

项目一任务三
英文教学视频

装配技术术语是用来描述装配操作工作方法时使用的一种通用技术语言，它具有描述准确、通俗易懂的特点，便于装配技术人员之间的交流。这种技术用语是由那些为说明工具和操作而定义的术语所组成。技术用语不仅是学会一种技能所必需的，它还是技术人员同其他部门（如设计和工作准备部门）员工在车间中能够进行沟通所必需的技术语言。

通过运用装配技术用语，装配技术人员能够使用大量的短语，以简洁的方式来描述装配工作方法，从而清楚地表示出机械装配所必需的各种活动。装配技术术语有以下三个特点：

① 通用性。装配技术术语可以在机械装配工作领域中广泛适用。

② 功能性。装配技术术语是以描述装配操作及其功能为基础的。

③ 准确性。装配技术术语在任何情况下只有一种含义，不会使装配技术人员产生误解。

二、标准操作

装配工作方法的描述是为了十分准确地详述以正确方法进行装配所必需的装配操作活动，并逐步地给出了操作流程和操作方法，其中，每一步装配操作可能由不同的子操作活动所组成，而这些子操作活动又会出现在其他装配操作步骤中，我们把这些子装配操作活动称为“标准操作”。因此，标准操作的各种名称必须被每一个装配技术人员所理解，并要以同一种方式去解释。

以下为部分标准操作的详细介绍。每项标准操作都有其自身的功能，且各标准操作的功能是互不相同的。

1. 熟悉任务（orientation）

装配之前，应当首先阅读与装配有关的资料，包括图样、技术要求、产品说明书等，以熟悉装配任务。

2. 整理工作场地（arrange working area）

整理工作场地是为了确保装配工作能够顺利开始，且不会受到干扰，这就要求必须准备一块装配场地并对其进行认真整理、整顿，打扫干净，将必需的工具和附件备齐并定位放置，以保证装配的顺利进行。

3. 清洗（clean）

去除那些影响装配或零件功能的污物，如油、油脂和污垢。选用哪种清洗方法取决于具体条件状况。

4. 采取安全措施（take safety measures）

采取安全操作的措施是为了确保操作的安全。它既包含个人安全措施，也包含预防损坏装配件的措施（如静电放电的安全工作）。

5. 定位（position）

定位是将零件或工具放在正确的位置上以进行后续的装配操作。

6. 调整（set-up/adjust）

调整是为了达到参数上的要求而采取的操作，如距离、时间、转速、温度、频率、电流、电压、压力等的调整。

7. 夹紧（clamp）

夹紧的目的是利用压力或推力使零件固定在某一位置上，以便进行某项操作。如为了使黏合剂固化或孔的加工而将零部件夹紧。

8. 按压（压入/压出）［press（pressing-in/ pressing-out）］

按压是利用压力工具或设备使装配或拆卸的零件在一个持续的推力作用下移动，如轴承的压入或压出。

9. 选择工具（select tool）

选择工具是指如果有几种工具可以用来进行相应的操作时，我们要选择其中某种较好的工具。

10. 测量（measure）

测量是借助测量工具进行量的测定，如长度、时间、速度、温度、频率、电流和压力等的测量。

11. 初检（initial inspection）

初检是着重于装配开始前，对装配准备工作的完备情况进行检查，它包括必需的文件，如图样和说明书，还有零件和标准件的检查等。

12. 过程检查（process inspection）

过程检查是确定装配过程或操作是否依照预定的要求进行。

13. 最后检查（final inspection）

最后检查是确定在装配结束时各项操作的结果是否符合产品说明书的规格要求。

14. 紧固（fasten）

紧固是通过紧固件来连接两个或多个零件的操作。如用螺栓连接零件，或者是用弹性挡圈固定滚动轴承。

15. 拆松（detach）

拆松是与紧固相反的操作。

16. 固定（fix）

固定是紧固那些在装配中用手指拧紧的零件，其目的是防止零件的移动。

17. 密封（seal）

密封是为了防止气体或液体的渗漏，或是预防污物的渗透。

18. 填充（fill）

填充是指用糊状物、粉末或液体来完全或部分地填满一个空间。

19. 腾空（empty）

腾空是从一个空间中除去填充物，是填充的相反操作。

20. 标记（mark）

标记是指在零件上做记号。比如，在装配时，可以利用标记来帮助操作者按照零件原有方向和位置进行装配。

21. 贴标签（label）

贴标签是指用标签来给出设备有关数据、标识等。

任务四　装配工艺规程的制定

思政引例

项目一任务四

配套视频

项目一任务四
中文教学视频

一、装配程序的确定

零件是用机械加工的方法制造而成的，如车削、钻孔、铣削等。但这些零件最终通过某种连接技术装配成机器而发挥其作用。零件的装配涉及许多装配操作，如零件的准确定位、零件的紧固、固定前的调整和校准等，但最为重要的是这些操作必须以一个合理的顺序进行，这就是装配程序。因此，必须事先考虑好装配程序，以便使装配工作能迅速有效地完成。

合理的装配顺序在很大程度上取决于：装配产品的结构；零件在整个产品中所起的作用和零件间的相互关系；零件的数量。

安排装配顺序一般应遵循的原则是：首先选择装配基准件，它是最先进入装配的零件，多为机座或床身导轨，并从保证所选定的原始基面的直线度、平行度和垂直度的调整开始。然后根据装配结构的具体情况和零件之间的连接关系，按先下后上、先内后外、先难后易、先重后轻、先精密后一般的原则确定其他零件或组件的装配顺序。

二、装配工序及装配工步的划分

通常将整台机器或部件的装配工作分成装配工序和装配工步顺序进行。由一个工人或一组工人在不更换设备或地点的情况下完成的装配工作，叫作装配工序。用同一工具，不改变工作方法，并在固定的位置上连续完成的装配工作，叫作装配工步。在一个装配工序中可包括一个或几个装配工步。部件装配和总装配都是由若干个装配工序组成。

三、装配工艺规程

装配工艺规程是规定产品或零部件装配工艺过程和操作方法等的工艺文件。执行工艺规程能使生产有条理地进行，能合理使用劳动力和工艺设备、降低成本，能提高劳动生产率。

（一）装配单元

为了便于组织装配流水线，使装配工作有秩序地进行，装配时，将产品分解成独立装配的组件或分组件。编制装配工艺规程时，为了便于分析研究，要将产品划分为若干个装配单元。装配单元是装配中可以进行独立装配的部件。任何一个产品都能分解成若干个装配单元。

（二）装配基准件

最先进入装配的零件称为装配基准件。它可以是一个零件，也可以是最低一级的装配单元。

（三）装配单元系统图

表示产品装配单元的划分及其装配顺序的图称为装配单元系统图。如图 1-13 所示为锥齿轮轴组件的装配图，它的装配顺序可按如图 1-14 所示顺序来进行，而图 1-15 则为其装配单元系统图。

绘制装配单元系统图时，先画一条横线，在横线左端画出代表基准件的长方格，在横线右端画出代表产品的长方格。然后按装配顺序从左向右将代表直接装到产品上的零件或组件的长方格从水平线引出，零件画在横线上面，组件画在横线下面。用同样方法可把每一组件及分组件的系统图展开画出。长方格内要注明零件或组件名称、编号和件数（图 1-15）。

（四）装配工艺规程的制定

1. 制定装配工艺应具备的原始条件

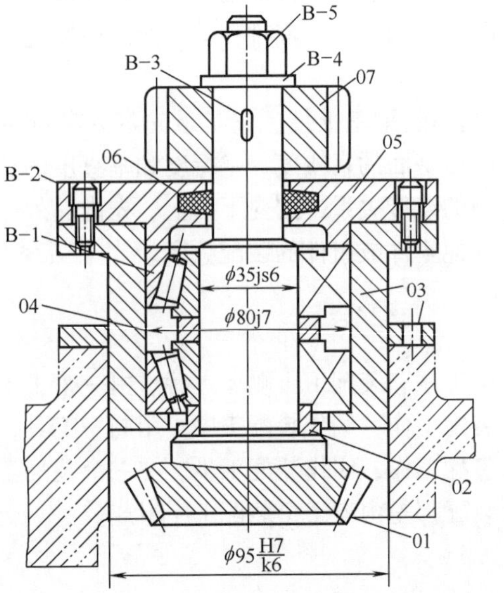

图 1-13　锥齿轮轴组件装配图

01—锥齿轮轴　02—衬垫　03—轴承套　04—隔圈
05—轴承盖　06—毛毡圈　07—圆柱齿轮　B-1—轴承
B-2—螺钉　B-3—键　B-4—垫圈　B-5—螺母

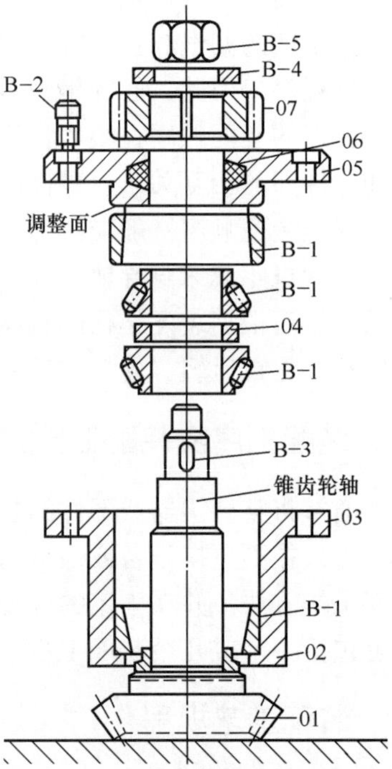

图 1-14　锥齿轮轴组件装配顺序

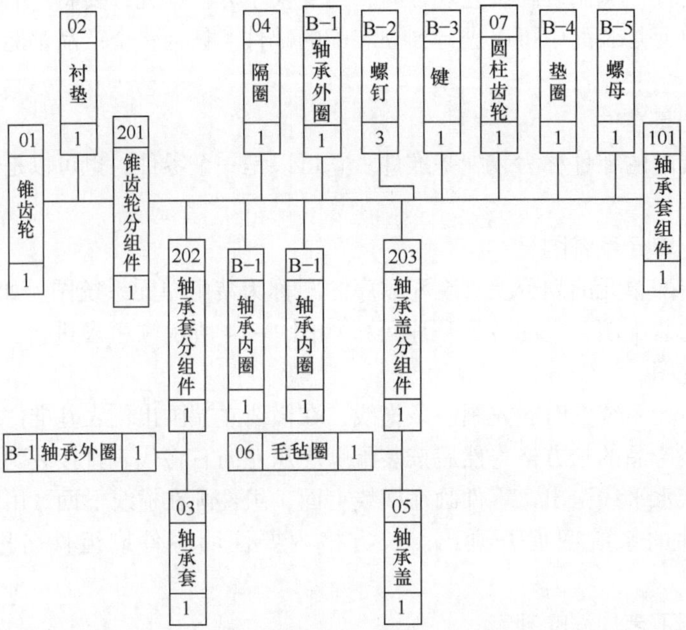

图 1-15　锥齿轮轴组件装配单元系统图

（1）产品的全套装配图样。

（2）零件明细表。

（3）装配技术要求、验收技术标准和产品说明书。

（4）现有的生产条件及资料（包括工艺装备、车间面积、操作工人的技术水平等）。

2. 制定装配工艺规程的基本原则

（1）保证并力求提高产品质量，而且要有一定的精度储备，以延长机器使用寿命。

（2）合理安排装配工艺，尽量减少钳工装配工作量（钻、刮、锉、研等），以提高装配效率，缩短装配周期。

（3）所占车间生产面积尽可能小，以提高单位装配面积的生产率。

3. 制定装配工艺规程的步骤

（1）研究产品的装配图及验收技术标准。

（2）确定产品或部件的装配方法。

（3）分解产品为装配单元，规定合理的装配顺序。

（4）确定装配工序内容、装配规范及工夹具。

（5）编制装配工艺系统图：装配工艺系统图是在装配单元系统图上加注必要的工艺说明（如焊接、配钻、攻丝、铰孔及检验等），较全面地反映装配单元的划分、装配顺序及方法。

（6）确定工序的时间定额。

（7）编制装配工艺卡片（具体格式参见《机械加工工艺手册》）。

任务五　工艺编制：锥齿轮轴组件的装配工艺规程

本教材中的装配工艺规程格式是结合了一些外资企业所用格式，为学员设计的一个供装配训练用的标准格式，该格式中装配工艺描述清楚、易于操作，适于在装配操作训练中使用。该标准格式描述了装配训练的目标，以及训练所使用的工、量具，并给所选训练方法留有备注的地方。操作步骤一栏用于表达装配操作的工序步骤，标准操作一栏用于描述每一个装配工序所包含的工步，解释一栏用于对每一个标准操作做详尽的说明。现将装配工艺规程训练项目——锥齿轮轴组件的装配工艺规程以表格形式列于表 1-1，供参考。

表 1-1　锥齿轮轴组件装配工艺规程

<table>
<tr><td colspan="2">装配目标　通过本实践操作后，应能够：
1. 学会编制产品的装配工艺规程
2. 学会圆锥滚子轴承的装配方法</td><td rowspan="2">工具与量具：
· 压力机　· 塞尺
· 塑料锤
· 开口扳手
· 内六角扳手</td></tr>
<tr><td colspan="2">备注：</td></tr>
<tr><td>操 作 步 骤</td><td>标准操作</td><td>解　释</td></tr>
<tr><td rowspan="4">工作准备</td><td rowspan="2">熟悉任务</td><td>图纸和零件清单</td></tr>
<tr><td>装配任务</td></tr>
<tr><td>初检</td><td>检查文件和零件的完备情况</td></tr>
<tr><td>选择工具</td><td>见装配工量具列表</td></tr>
</table>

续表

操作步骤	标准操作	解释
工作准备	整理工作场地	选择工作场地
		备齐工具和材料
	清洗	用清洁布清洗零件
装配衬垫(02)	定位	将衬垫套装在锥齿轮轴上
装配毛毡圈(06)	定位	将已剪好的毛毡圈塞入轴承盖槽内
装配轴承外圈(B-1)	润滑	在配合面上涂上润滑油
	压入	以轴承套为基准,将轴承外圈压入孔内至底面
装配轴承套(03)	定位	以锥齿轮轴组件为基准,将轴承套分组件套装在轴上
装配轴承内圈(B-1)	润滑	在配合面上涂上润滑油
	压入	将轴承内圈压装在轴上,并紧贴衬垫(02)
装配隔圈(04)	定位	将隔圈(04)装在轴上
装配轴承内圈(B-1)	润滑	在配合面上涂上润滑油
	压入	将另一轴承内圈压装在轴上,直至与隔圈接触
装配轴承外圈(B-1)	润滑	在轴承外圈涂油
	压入	将轴承外圈压至轴承套内
装配轴承盖(05)	定位	将轴承盖放置在轴承套上
	紧固	用手拧紧3个螺钉(B-2)
	调整	调整端面的高度,使轴承间隙符合要求
	固定	用内六角扳手拧紧3个螺钉(B-2)
装配圆柱齿轮(07)	压入	将键(B-3)压入锥齿轮轴键槽内
	压入	将圆柱齿轮压至轴肩
	检查	用塞尺检查齿轮与轴肩的接触情况
	定位	套装垫圈(B-4)
	紧固	用手拧紧螺母(B-5)
	固定	用扳手拧紧螺母(B-5)
检查	最后检查	检查锥齿轮转动的灵活性及轴向窜动

思考题

1. 什么是装配、部件装配和总装配？装配的目的是什么？
2. 简述零件、部件、组件、分组件有什么区别。
3. 为了使装配的产品达到预先规定的技术要求，零件在装配时应注意什么？
4. 简述装配操作活动的分类，并各举出三个例子。
5. 装配的组织形式有哪几种？各有何特点？
6. 装配时应考虑哪些因素？
7. 在机器中，零部件的功能各不相同，请举四个例子予以说明。
8. 为了保证装配的顺利进行，装配时必须遵守哪些规则？

9. 机器装配工艺包括哪些工作？各自的工作内容是什么？

10. 制定装配顺序的原则是什么？

11. 装配前应做哪些准备工作？其意义何在？

12. 比较紧固与固定、定位与夹紧、夹紧与压入的操作区别。

13. 根据截止阀装配图（图 1-16），写出截止阀的装配工艺规程，画出装配单元系统图。

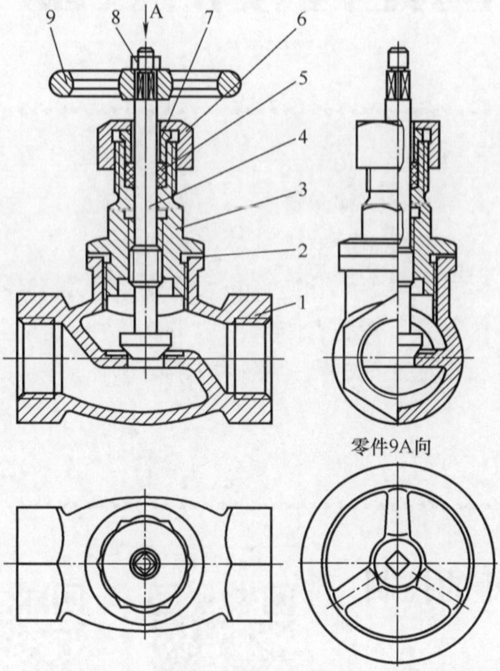

图 1-16　截止阀装配图

1—阀体　2—垫片　3—阀盖　4—阀杆　5—填料

6—压盖螺母　7—填料压盖　8—螺母　9—手轮

项目一　在线习题

配套课件

项目二

项目二

固定连接的装配

【学习目标】

1. 能根据装配技术要求确定螺纹连接件的拧紧力矩，并熟练掌握其装配技术；
2. 掌握各类防松元件的应用特点及其装配技术；
3. 能认识和正确选择各类紧固件与防松元件的装配用工具，并会正确使用；
4. 养成良好的职业行为习惯和精益求精的工匠精神；
5. 增强制造强国、科技立国、产业报国的家国情怀。

【操作项目】

根据装配图（图 2-58）进行装配与调整的基本训练。

任务一　拧紧力矩的控制

思政引例

项目二任务一

配　套　视　频

项目二任务一
中文教学视频

项目二任务一
英文教学视频

螺纹连接（screwthread joint）是一种可拆的固定连接，它具有结构简单、连接可靠、装拆方便等优点，在机械中应用广泛。螺纹连接分普通螺纹连接和特殊螺纹连接两大类，由螺栓、双头螺柱或螺钉构成的连接称为普通螺纹连接；除此以外的螺纹连接称为特殊螺纹连接，如图 2-1 所示。

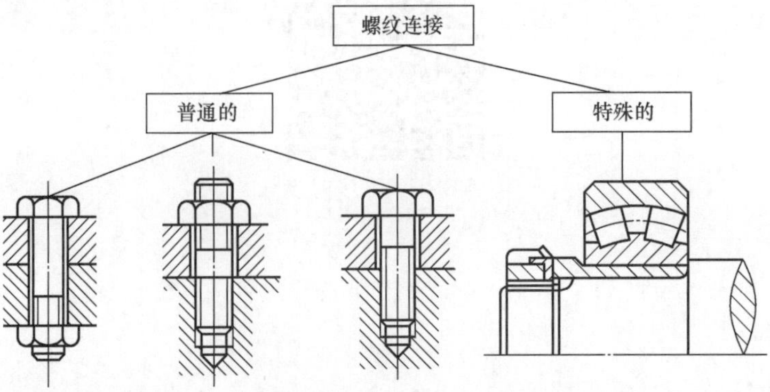

图 2-1　螺纹连接类型

螺纹连接为达到连接可靠和紧固的目的，要求螺纹牙间有一定的摩擦力矩，所以螺纹连接装配时应有一定的拧紧力矩，螺纹牙间产生足够的预紧力。

一、拧紧力矩的确定

在旋紧螺母时总是要克服摩擦力，一类是螺母的内螺纹和螺栓的外螺纹之间螺纹牙间摩擦力（摩擦因数 f_G）；另一类是在螺母与垫圈（washer）、垫圈与零件以及零件与螺栓头的接触表面之间的螺栓头部摩擦力（摩擦因数 f_K）。因此，拧紧力矩 M_A 决定于其摩擦因数 f_G 和 f_K 的大小，其值可通过表 2-1 和表 2-2 确定。然后从表 2-3 “装配时预紧力和拧紧力矩的确定”中可查到装配时预紧力和拧紧力矩的大小。在摩擦因数的两个表中考虑了材料的种类、表面处理状况、表面条件（和制造方法有关）以及润滑情况等各种因素。

例：某一连接使用 M20 镀锌（Zn6）钢制螺栓，性能等级是 8.8，此螺栓经润滑油润滑，且用镀锌螺母旋紧。被连接材料是表面经铣削加工的铸钢。请查表确定其预紧力及拧紧力矩。

首先，根据表 2-1 可查出 f_G 的值介于 0.10 和 0.18 之间，由于优先选用粗体字的值，因此 f_G 的值为 0.10。用同样的方法据表 2-2 可确定 f_K 的值，此值也是 0.10。

其次，根据螺栓公称直径、性能等级以及已经确定的摩擦因数 f_G 和 f_K，从表 2-3 中可查到：

预紧力 $F_M = 126000\text{N}$

拧紧力矩 $M_A = 350\text{N} \cdot \text{m}$

表 2-1　　摩擦因数 f_G

f_G	螺纹				外螺纹（螺栓）								
		材料			钢								
			表面		发黑或用磷酸处理				镀锌（Zn6）		镀镉（Cd6）		粘接处理
螺纹	材料	表面		螺纹制造方法	滚压			切削	切削或滚压				
			螺纹制造方法	润滑	干燥	加油	加 MoS_2	加油	干燥	加油	干燥	加油	干燥
内螺纹	钢	光亮	切削	干燥	**0.12~**0.18	**0.10~**0.16	**0.08~**0.12	**0.10~**0.16	—	**0.10~**0.18	—	**0.08~**0.14	**0.16~**0.25
		镀锌			**0.10~**0.16	—	—	—	**0.12~**0.20	**0.10~**0.18	—	—	**0.14~**0.25
		镀镉			**0.08~**0.14	—	—	—	—	—	**0.12~**0.16	**0.12~**0.14	—
	GG/GTS	光亮			—	**0.10~**0.18	—	**0.10~**0.18	—	**0.10~**0.18	—	**0.08~**0.16	—
	AlMg	光亮			—	**0.08~**0.20	—	—	—	—	—	—	—

表 2-2　　摩擦因数 f_K

f_K	接触面				螺栓头									
接触面		材料			钢									
	材料	表面	表面		发黑或用磷酸处理						镀锌(Zn6)		镀镉(Cd6)	
				螺纹制造方法	滚压			车削		磨削	滚压			
		表面	螺纹制造方法	润滑	干燥	加油	加 MoS_2	加油	加 MoS_2	加油	干燥	加油	干燥	加油
被连接件材料	钢	光亮	磨削	干燥	—	**0.16**~0.22	—	**0.10**~0.18	—	**0.16**~0.22	**0.10**~0.18	—	**0.08**~0.16	—
			金属切削		**0.12**~0.18	**0.10**~0.18	**0.08**~0.12	**0.10**~0.18	**0.08**~0.12	—	**0.10**~0.18		**0.08**~0.16	**0.08**~0.14
		镀锌			**0.10**~0.16		—	**0.10**~0.16	—	**0.10**~0.18	**0.16**~0.20	**0.10**~0.18	—	—
		镀镉			**0.08**~0.16						—	—	**0.12**~0.20	**0.12**~0.14
	GG/GTS	光亮	磨削	干燥	—	**0.10**~0.18	—	—	—	**0.10**~0.18			**0.08**~0.16	—
			金属切削		—	**0.14**~0.20	—	**0.10**~0.18	—	**0.14**~0.22	**0.10**~0.18	**0.10**~0.16	**0.08**~0.16	—
	AlMg				—	**0.08**~0.20				—	—	—	—	—

表 2-3　　装配时预紧力和拧紧力矩的确定

确定螺栓装配预紧力 F_M 和拧紧力矩 M_A（设 $f_G=0.10$）时，我们设定螺杆是全螺纹的，且是粗牙的普通螺纹六角头螺栓或内六角圆柱形螺钉

螺纹直径	性能等级	装配预紧力 F_M/N							拧紧力矩 M_A/(N·m)						
		f_G							f_K						
		0.08	0.10	0.12	0.14	0.16	0.20	0.24	0.08	0.10	0.12	0.14	0.16	0.20	0.24
M4	8.8	4400	4200	4050	3900	3700	3400	3150	2.2	2.5	2.8	3.1	3.3	3.7	4.0
	10.9	6400	6200	6000	5700	5500	5000	4600	3.2	3.7	4.1	4.5	4.9	5.4	5.9
	12.9	7500	7300	7000	6700	6400	5900	5400	3.8	4.3	4.8	5.3	5.7	6.4	6.9
M5	8.8	7200	6900	6600	6400	6100	5600	5100	4.3	4.9	5.5	6.1	6.5	7.3	7.9
	10.9	10500	10100	9700	9300	9000	8200	7500	6.3	7.3	8.1	8.9	9.6	10.7	11.6
	12.9	12300	11900	11400	10900	10500	9600	8800	7.4	8.5	9.5	10.4	11.2	12.5	13.5
M6	8.8	10100	9700	9400	9000	8600	7900	7200	7.4	8.5	9.5	10.4	11.2	12.5	13.5
	10.9	14900	14300	13700	13200	12600	11600	10600	10.9	12.5	14.0	15.5	16.5	18.5	20.0
	12.9	17400	16700	16100	15400	14800	13500	12400	12.5	14.5	16.5	18.0	19.5	21.5	23.5
M7	8.8	14800	14200	13700	13100	12600	11600	10600	12.0	14.0	15.5	17.0	18.5	21.0	22.5
	10.9	21700	20900	20100	19300	18500	17000	15600	17.5	20.5	23.0	25	27	31	33
	12.9	25500	24500	23500	22600	21700	19900	18300	20.5	24.0	27	30	32	36	39
M8	8.8	18500	17900	17200	16500	15800	14500	13300	18	20.5	23	25	27	31	33
	10.9	27000	26000	25000	24200	23200	21300	19500	26	30	34	37	40	45	49
	12.9	32000	30500	29500	28500	27000	24900	22800	31	35	40	43	47	53	57

续表

螺纹直径	性能等级	装配预紧力 F_M/N							拧紧力矩 M_A/(N·m)						
		f_G							f_K						
		0.08	0.10	0.12	0.14	0.16	0.20	0.24	0.08	0.10	0.12	0.14	0.16	0.20	0.24
M10	8.8	29500	28500	27500	26000	25000	23100	21200	36	41	46	51	55	62	67
	10.9	43500	42000	40000	38500	37000	34000	31000	52	60	68	75	80	90	98
	12.9	50000	49000	47000	45000	43000	40000	36500	61	71	79	87	94	106	115
M12	8.8	43000	41500	40000	38500	36500	33500	31000	61	71	79	87	94	106	115
	10.9	63000	61000	59000	56000	54000	49500	45500	90	104	117	130	140	155	170
	12.9	74000	71000	69000	66000	63000	58000	53000	105	121	135	150	160	180	195
M14	8.8	59000	57000	55000	53000	50000	46500	42500	97	113	125	140	150	170	185
	10.9	87000	84000	80000	77000	74000	68000	62000	145	165	185	205	220	250	270
	12.9	101000	98000	94000	90000	87000	80000	73000	165	195	215	240	260	290	320
M16	8.8	81000	78000	75000	72000	70000	64000	59000	145	170	195	215	230	260	280
	10.9	119000	115000	111000	106000	102000	94000	86000	215	250	280	310	340	380	420
	12.9	139000	134000	130000	124000	119000	110000	101000	250	300	330	370	400	450	490
M18	8.8	102000	98000	94000	91000	87000	80000	73000	210	245	280	300	330	370	400
	10.9	145000	140000	135000	129000	124000	114000	104000	300	350	390	430	470	530	570
	12.9	170000	164000	157000	151000	145000	133000	122000	350	410	460	510	550	620	670
M20	8.8	131000	126000	121000	117000	112000	103000	95000	300	350	390	430	470	530	570
	10.9	186000	180000	173000	166000	159000	147000	135000	420	490	560	620	670	750	820
	12.9	218000	210000	202000	194000	187000	171000	158000	500	580	650	720	780	880	960
M22	8.8	163000	157000	152000	146000	140000	129000	118000	400	470	530	580	630	710	780
	10.9	232000	224000	216000	208000	200000	183000	169000	570	670	750	830	900	1020	1110
	12.9	270000	260000	250000	243000	233000	215000	197000	670	780	880	970	1050	1190	1300
M24	8.8	188000	182000	175000	168000	161000	148000	136000	510	600	670	740	800	910	990
	10.9	270000	260000	249000	239000	230000	211000	194000	730	850	960	1060	1140	1300	1400
	12.9	315000	305000	290000	280000	270000	247000	227000	850	1000	1120	1240	1350	1500	1650
M27	8.8	247000	239000	230000	221000	213000	196000	180000	750	880	1000	1100	1200	1350	1450
	10.9	350000	340000	330000	315000	305000	280000	255000	1070	1250	1400	1550	1700	1900	2100
	12.9	410000	400000	385000	370000	355000	325000	300000	1250	1450	1650	1850	2000	2250	2450
M30	8.8	300000	290000	280000	270000	260000	237000	218000	1000	1190	1350	1500	1600	1800	2000
	10.9	430000	415000	400000	385000	370000	340000	310000	1450	1700	1900	2100	2300	2600	2800
	12.9	500000	485000	465000	450000	430000	395000	365000	1700	2000	2250	2500	2700	3000	3300
M33	8.8	375000	360000	350000	335000	320000	295000	275000	1400	1600	1850	2000	2200	2500	2700
	10.9	530000	520000	495000	480000	460000	420000	390000	1950	2300	2600	2800	3100	3500	3900
	12.9	620000	600000	580000	560000	540000	495000	455000	2300	2700	3000	3400	3700	4100	4500
M36	8.8	440000	425000	410000	395000	380000	350000	320000	1750	2100	2350	2600	2800	3200	3500
	10.9	630000	600000	580000	560000	540000	495000	455000	2500	3000	3300	3700	4000	4500	4900
	12.9	730000	710000	680000	660000	630000	580000	530000	3000	3500	3900	4300	4700	5300	5800
M39	8.8	530000	510000	490000	475000	455000	420000	385000	2300	2700	3000	3400	3700	4100	4500
	10.9	750000	730000	700000	670000	650000	600000	550000	3300	3800	4300	4800	5200	5900	6400
	12.9	880000	850000	820000	790000	760000	700000	640000	3800	4500	5100	5600	6100	6900	7500

注：螺栓或螺钉的性能等级由两个数字组成，数字之间有一个点。该数值反映了螺栓或螺钉的拉伸强度和屈服点。拉伸强度=第一个数字×100MPa；屈服点=第一个数字×第二个数字×10MPa。

二、拧紧力矩的控制

拧紧力矩或预紧力的大小是根据要求确定的。一般紧固螺纹连接无预紧力要求，采用普通扳手，风动或电动扳手拧紧。规定预紧力的螺纹连接，常用控制扭矩法、控制螺母扭角法、控制螺栓伸长法、扭断螺母法、加热拉伸法来保证准确的预紧力。

1. 控制扭矩法

用测力扳手或定扭矩扳手控制拧紧力矩的大小，使预紧力达到给定值，方法简便，但误差较大，适用于中、小型螺栓的紧固。

（1）测力扳手（direct reading torque wrench）。如图 2-2 所示为控制力矩的测力扳手。它有一个长的弹性扳手柄 3，一端装有手柄 6，另一端装有带方头的柱体 2。方头上，套装一个可更换的梅花套筒（可用于拧紧螺钉或螺母）。柱体 2 上还装有一个长指针 4，刻度盘 7 固定在柄座上。工作时，由于扳手杆和刻度盘一起向旋转的方向弯曲，因此指针就可在刻度盘上指出拧紧力矩的大小。

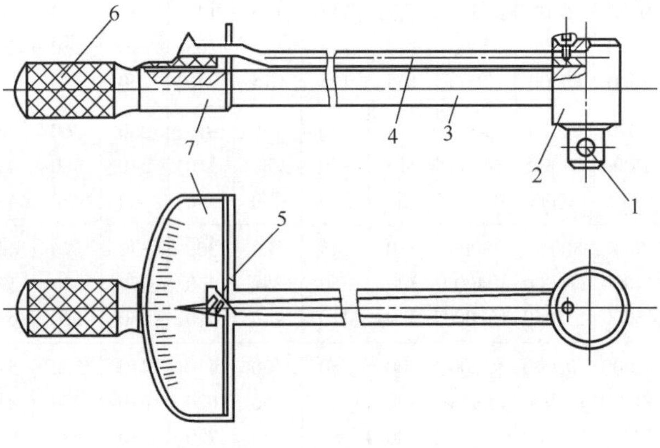

图 2-2　测力扳手

1—钢球　2—柱体　3—弹性扳手柄　4—长指针　5—指针尖　6—手柄　7—刻度盘

（2）定扭矩扳手（signalling torque wrench）。如图 2-3 所示为控制力矩的定扭矩扳手。定扭矩扳手需要事先对扭矩进行设置。通过旋转扳手手柄轴尾端上的销子可以设定所需的扭矩值，且通过手柄上的刻度可以读出扭矩值。扳手的另一端装有带方头的柱体，可以安装套筒。在拧紧时，当扭矩达到设定值时，操作人员会听到扳手发出响声且有所感觉，从而停止操作。这种扳手的优点是预先可以设定拧紧力矩，且在操作过程中不需要操作人员去读数，但操作完毕后，应将定扭矩扳手的扭矩设为零。

2. 控制螺母扭角法

控制扭矩法的两种扭矩扳手的缺点在于，大部分的扭矩都是用来克服螺纹摩擦力和螺栓、螺母及零件之间接触面的摩擦力。使用定扭角扳手（torque wrench with angular rotation）时，通过控制螺母拧紧时应转过的角度来控制预紧力。在操作时，先用定扭角扳手（图 2-4）对螺母施加一定的预紧力，使夹紧零件紧密地接触，然后在角度刻度盘上将角度设定为零，再将螺母扭转一定角度来控制预紧力。使用这种扳手时，螺母和螺栓之间的摩擦力已经不会对操作产生影响了。这种扳手主要用于汽车制造以及钢制结构中预紧螺栓的应用。

3. 控制螺栓伸长法

用液力拉伸器使螺栓达到规定的伸长量以控制预紧力，螺栓不承受附加力矩，误差较小。

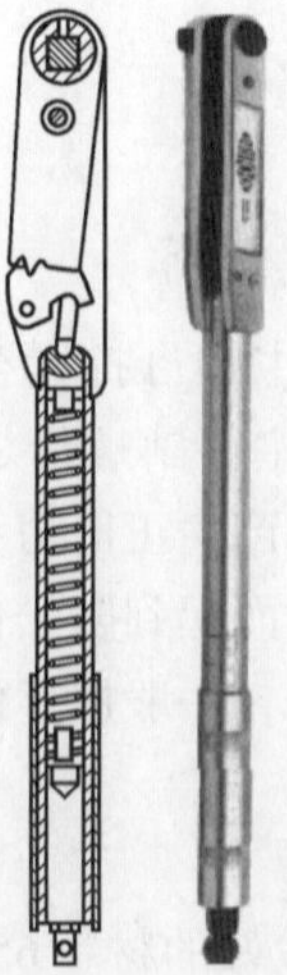

图 2-3　定扭矩扳手

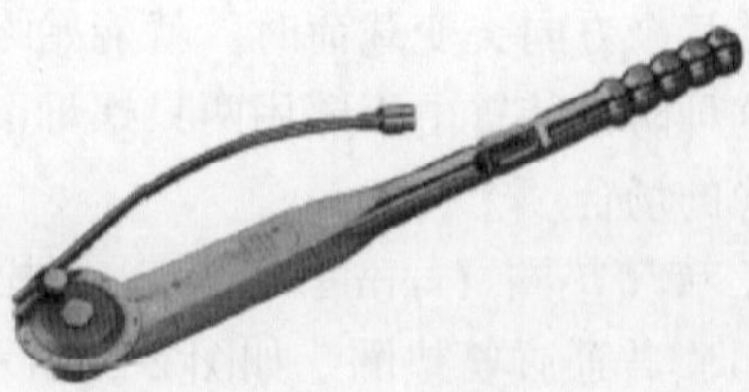

图 2-4　定扭角扳手

4. 扭断螺母法

在螺母上切一定深度的环形槽，扳手套在环形槽上部，以螺母环形槽处扭断来控制预紧力。这种方法误差较小，操作方便。但螺母本身的制造和修理重装时不太方便。

以上四种控制预紧力的方法仅适用于中、小型螺栓。对于大型螺栓，可用加热拉伸法。

5. 加热拉伸法

用加热法（加热温度一般小于 400℃）使螺栓伸长，然后采用一定厚度的垫圈（常为对开式）或螺母扭紧弧长来控制螺栓的伸长量，从而控制预紧力。这种方法误差较小。其加热方法有以下四种：

① 火焰加热。用喷灯或氧乙炔加热器加热，操作方便。

② 电阻加热。电阻加热器放在螺栓轴向深孔或通孔中，加热螺栓的光杆部分，常采用低电压（<45V）、大电流（>300A）。

③ 电感加热。将导线绕在螺栓光杆部分进行加热。

④ 蒸汽加热。将蒸汽通入螺栓轴向通孔中进行加热。

任务二　防松装置的选用

螺纹连接一般都具有自锁性，在静载荷下不会自行松脱。但在冲击、振动或交变载荷作用下，会使纹牙之间正压力突然减小，以致摩擦力矩减小，螺母回转，使螺纹连接松动。

螺纹连接应有可靠的防松装置，以防止摩擦力矩减小和螺母回转。常用螺纹防松装置

思政引例

项目二任务二

配套视频

项目二任务二中文教学视频1

项目二任务二中文教学视频2

项目二任务二英文教学视频1

项目二任务二英文教学视频2

主要有以下几类。

一、用附加摩擦力防松的装置

1. 锁紧螺母（双螺母）防松

这种装置使用了主、副两个螺母，如图 2-5 所示。先将主螺母拧紧至预定位置，然后再拧紧副螺母。由图 2-5 可以看出，当拧紧副螺母后，在主、副螺母之间这段螺杆因受拉伸长，使主、副螺母分别与螺杆牙形的两个侧面接触，都产生正压力和摩擦力。当螺杆再受某个方向突变载荷时，就能始终保持足够的摩擦力，因而起到防松作用。

这种防松装置由于要用两只螺母，增加了结构尺寸和重量，一般用于低速重载或载荷较平稳的场合。

2. 弹簧垫圈（spring washer）防松

（1）普通弹簧垫圈。如图 2-6 所示，这种垫圈是用弹性较好的材料 65Mn 制成，开有 70°~80°的斜口并在斜口处有上下拨开间距。把弹簧垫圈放在螺母下，当拧紧螺母时，垫圈受压，产生弹力，顶着螺母。从而在螺纹副的接触面间产生附加摩擦力，以防止螺母松动。同时斜口的楔角分别抵住螺母和支承面，也有助于防止回松。

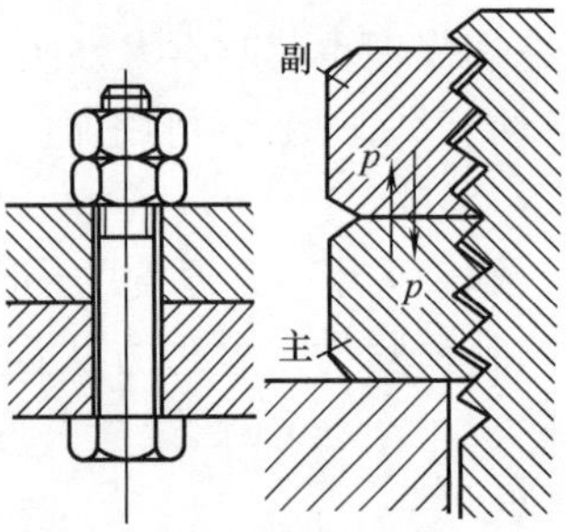

图 2-5　双螺母防松

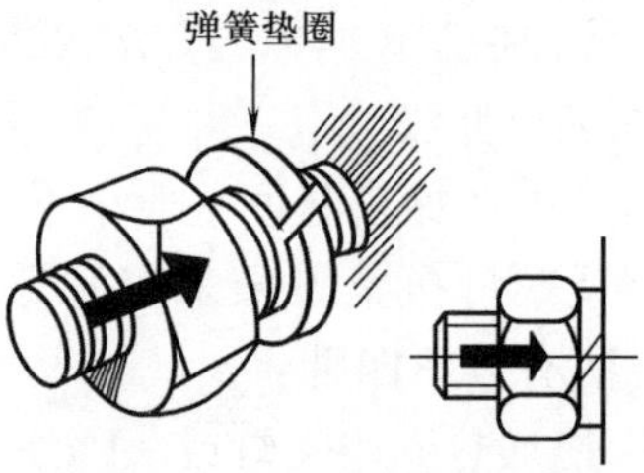

图 2-6　普通弹簧垫圈防松

这种防松装置容易刮伤螺母和被连接件表面，同时由于弹力分布不均，螺母容易偏斜。它构造简单，防松可靠，一般应用在不经常装拆的场合。

（2）球面弹簧垫圈（round spring washer）。球面弹簧垫圈应用于螺栓需要可调节的场合（图 2-7）。此调节量最大可达 3°。

（3）鞍形弹簧垫圈（arched spring washer）（图 2-8）和波形弹簧垫圈（corrugated spring washer）（图 2-9）。鞍形和波形的弹簧垫圈可制作成开式和闭式两种。使用开式或闭式的波形弹簧垫圈时，由于其接触面不在斜口处，因而不会损坏零件的接触表面。闭式的鞍形和波形弹簧垫圈主要用于汽车车身的装配，适宜于中等载荷。由于汽车车身表面比较光滑，所以此处的防松完全依靠弹力和摩擦力。

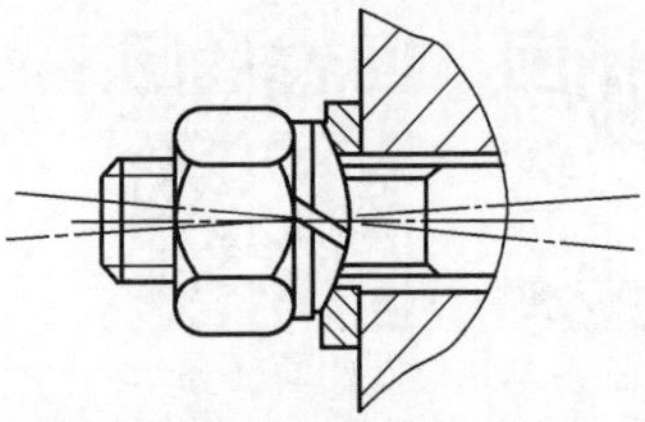

图 2-7　球面弹簧垫圈的应用

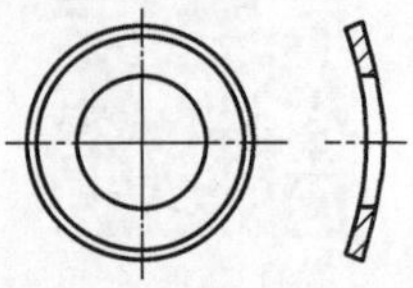

图 2-8　鞍形弹簧垫圈

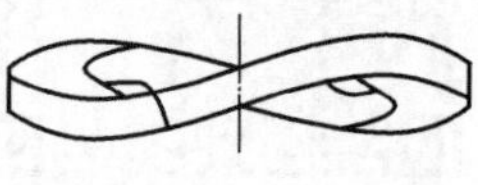

图 2-9　波形弹簧垫圈

（4）杯形弹簧垫圈（cupped spring washer）。杯形弹簧垫圈（图 2-10）形式和鞍形弹簧垫圈一样，只不过其弹性更大而已。

（5）有齿弹簧垫圈（toothed spring washer）。此类型弹簧垫圈可分为开式外齿垫圈和开式内齿垫圈，以及闭式外齿垫圈和闭式内齿垫圈（图 2-11）。有齿弹簧垫圈所产生的弹力可满足诸如电气等轻型结构的紧固需要。它的缺点是在旋紧过程中，易使接触面变得十分粗糙。

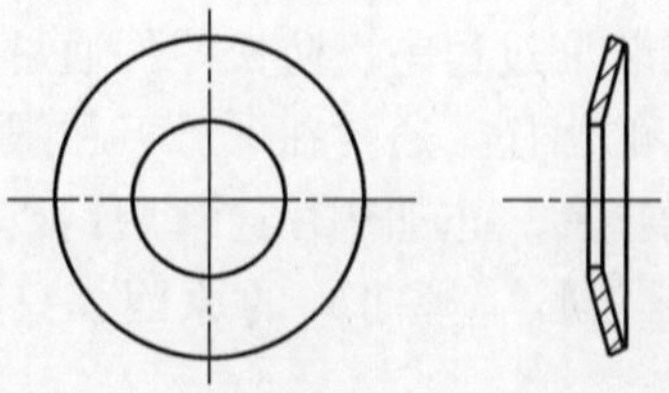

图 2-10　杯形弹簧垫圈

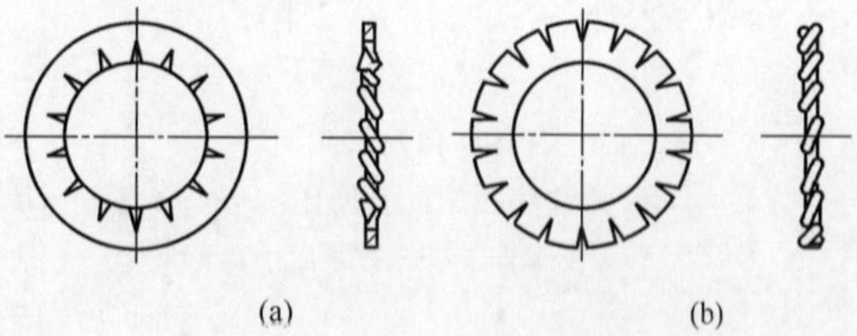

图 2-11　有齿弹簧垫圈

（a）内齿垫圈　（b）外齿垫圈

3. 自锁螺母（self-locking nut）防松

自锁螺母将一个弹性尼龙圈或纤维圈压入螺母缩颈尾部内的沟槽内，该圈的内径约在螺纹小径与中径之间（图 2-12）。当旋紧螺母时，此圈将变形并紧紧包住螺杆，从而防止螺母松开。此外，此圈还可保护螺母内的螺纹部分，防止螺母内的螺纹腐蚀。这种自锁螺母可重复使用多次。

4. 扣紧螺母（pawl nut）防松

如图 2-13 所示，扣紧螺母必须与普通六角螺母或螺栓配合使用。弹簧钢扣紧螺母的齿需适应螺纹的螺距。在拧紧时，其齿会弹性地压在螺栓齿的一侧，从而防止螺母回松。旋松扣紧螺母时，首先必须将六角螺母旋紧，从而使扣紧螺母的齿与螺栓之间压力减小，利于其旋松。扣紧螺母上一般有 6 个或 9 个齿。

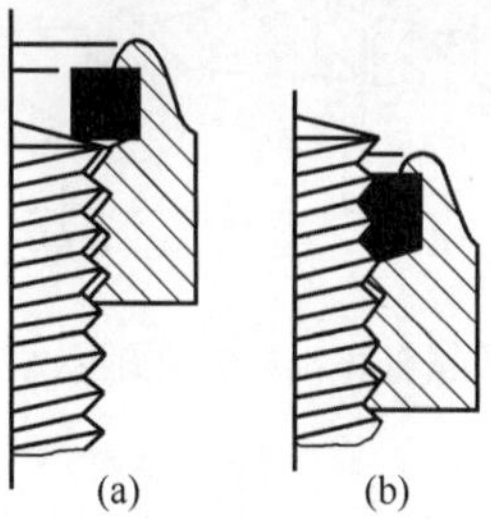

图 2-12　自锁螺母防松

（a）拧紧前　（b）拧紧后

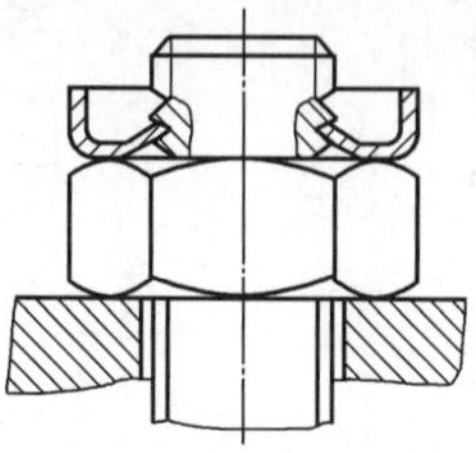

图 2-13　扣紧螺母的应用

5. DUBO 弹性垫圈（DUBO locking spring washer）防松

如图 2-14 所示，DUBO 弹性垫圈具有双重作用，既可以防止回松，也可以防止泄漏。被锁紧的螺母不可过度旋紧，且要求缓慢地旋紧。防松用的弹性垫圈可经多次使用。当用高性能等级的钢制螺栓时，应使用钢质杯形弹性垫圈（无齿或有齿）。有齿杯形弹性垫圈有三种功能：首先，用作弹簧垫圈；其次，使紧固后的 DUBO 弹性垫圈有良好的变形而包围螺母外表面；最后，使紧固后变形的 DUBO 弹性垫圈有一部分挤入被连接件和螺栓间的空隙内。

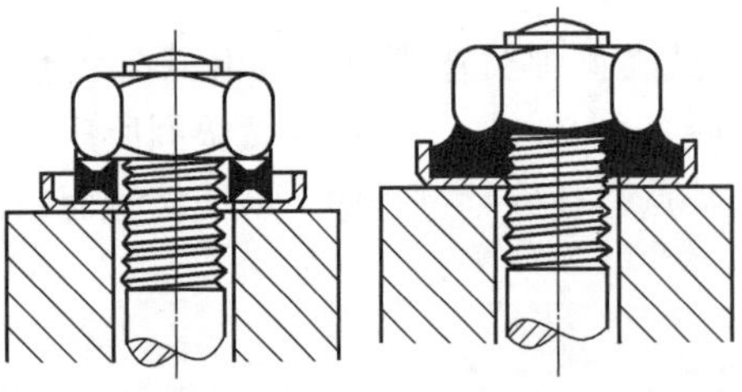

图 2-14　DUBO 弹性垫圈与杯形弹性垫圈的配合使用
（a）拧紧前　（b）拧紧后

二、利用零件变形防松的装置

此类防松零件是一种既安全又廉价的防松元件。在装配过程中，防松零件通过变形来阻止螺母的回松。通常在螺母下和螺栓头下安装止动垫片。止动垫片通常用钢或黄铜制成，由于变形（弯曲）的原因，只可使用一次。

如图 2-15 所示为带耳止动垫片（lug locking plate）用以防止六角螺母回松的几个应用实例。当拧紧螺母后，将垫片的耳边弯折，并与螺母贴紧。这种方法防松可靠，但只能用于连接部分可容纳弯耳的场合。如图 2-16 所示为圆螺母止动垫片（ridge retaining ring）防松装置，该止动垫片常与带槽圆螺母配合使用，常用于滚动轴承的固定。装配时，先把垫片的内翅插入螺杆槽中，然后拧紧螺母，再把外翅弯入螺母的外缺口内。如图 2-17 所示为外舌止动垫片（ridge locking plate）的应用实例。该止动垫片常安装于螺母或螺栓头部下面。如图 2-18 所示为多折止动垫片（multiple locking plate）的应用，多折止动垫片的应用及功能与带耳止动垫片相似。但由于各孔间的孔距是不同的，故其需按尺寸进行定制。

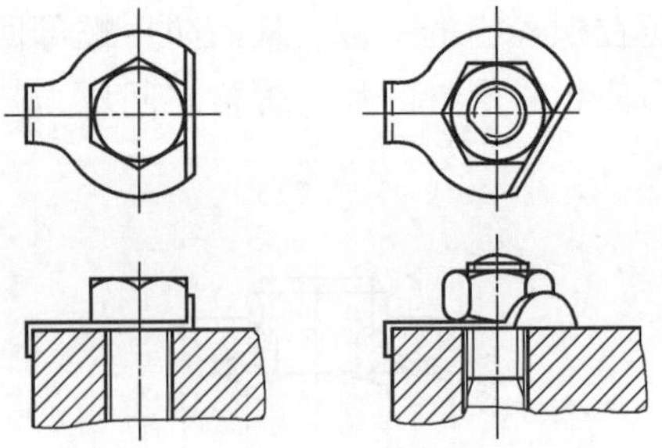

图 2-15　带耳止动垫片的应用

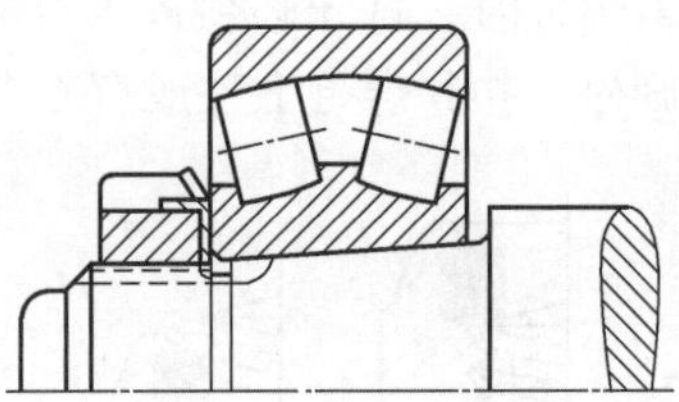

图 2-16　圆螺母止动垫片在轴承装配中的应用

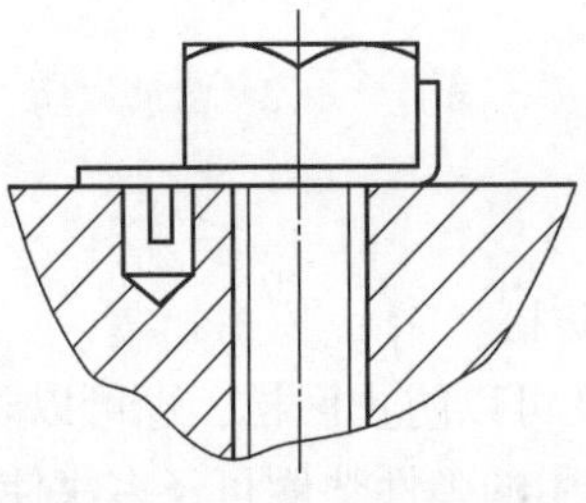

图 2-17　外舌止动垫片的应用

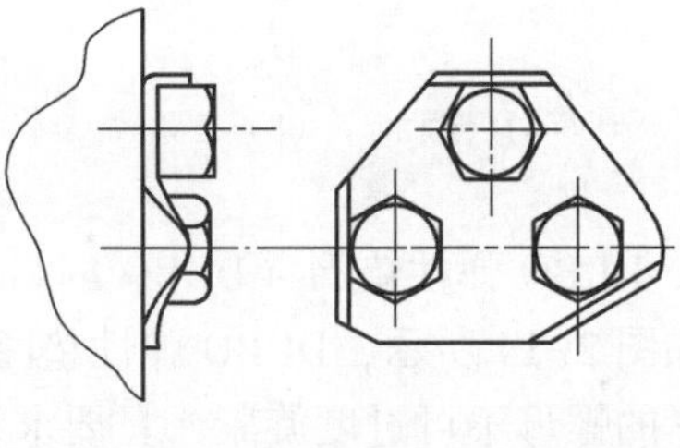

图 2-18　多折止动垫片的应用

三、其他防松形式

1. 开口销与带槽螺母（castellated nut with split pin）防松

这种防松装置可用于汽车轮毂的防松，此装置必须在螺杆钻出一个小孔，使开口销能穿过螺杆，并用开口销把螺母直接锁在螺栓上，从而防止螺母松开（图2-19）。为了能调整轴承的间隙，连接螺纹应采用细牙螺纹。在操作时，必须小心地进行此项操作，因为这样的连接如果松开，其后果将会十分严重。此防松装置防松可靠，但螺杆上销孔位置不易与螺母最佳锁紧位置的槽口吻合。多用于变载或振动的场合。

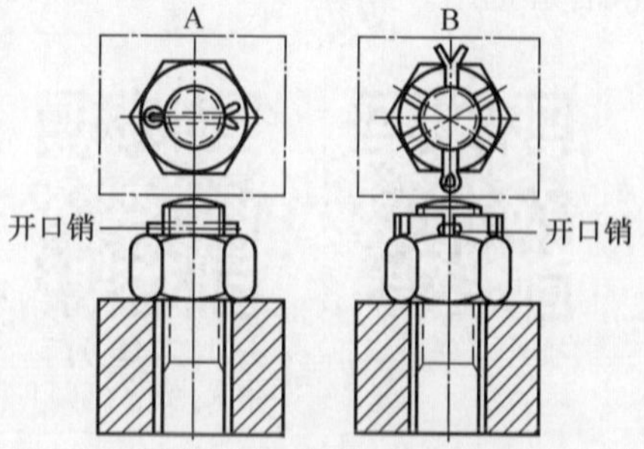

图2-19 开口销与带槽螺母防松

2. 穿联钢丝锁链（locking wire）防松

用钢丝连接穿过一组螺钉头部的径向小孔（或螺母和螺栓的径向小孔），以钢丝的牵制作用来防止回松（图2-20）。它适用于布置较紧凑的成组螺纹连接。装配时应注意钢丝的穿丝方向，以防止螺钉或螺母仍有回松的余地。

3. 黏合剂（liquid locking agent）防松

正常情况下，螺栓和螺母的螺纹之间存在间隙，因此可以用黏合剂注入此间隙内进行防松，但并非所有的黏合剂都可用于螺纹间的防松。通常，厌氧性的黏合剂可用于这种用途。这种黏合剂通常由树脂与固化剂组成的稀薄混合形式供应，只要氧气存在，固化剂即不起作用；而在无空气场合下即发生固化。因此，只要此液体胶注入窄的间隙中，不再和空气接触，即可发生固化作用（图2-21）。这种防松粘接牢固，粘接后不易拆卸。适用于各种机械修理场合，效果良好。

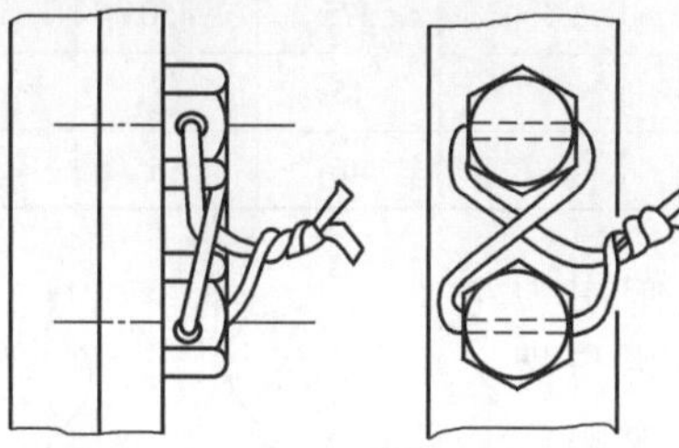
图2-20 穿联钢丝锁链防松

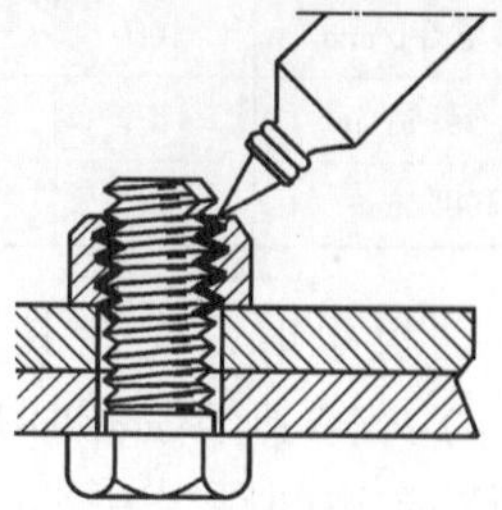
图2-21 黏合剂防松

在装配过程中，也常将此类黏合剂涂于装配的零件上。现今，越来越多的螺栓和螺母在供应前已事先涂上干态涂层作为防松措施。这种干态涂层内含有一种微囊体，它在装配时易于破裂，从而释放一种活性物质流入螺纹间，填满间隙，并使固化过程开始，既起到防松又起到密封的作用。

干态涂层的应用是上述黏合剂应用的一种变形，在商业上以Loctite Dri-Loc名称销售。这一涂层增大了螺纹牙间的挤压，使无涂层的齿侧间的压力增大，导致附加的摩擦力可阻止螺母回松。这种防松适用于有轻微的振动或有足够预应力的场合，也适用于需要重复调节的零件。

任务三　装配工具的选用

由于螺栓、螺柱和螺钉的种类繁多，螺纹连接的装拆工具也很多，使用时应根据具体情况合理选用。

思政引例	配套视频			
项目二任务三	项目二任务三 中文教学视频1	项目二任务三 中文教学视频2	项目二任务三 英文教学视频1	项目二任务三 英文教学视频2

一、扳手（spanner）

扳手是用来旋紧六角头、正方头螺钉和各种螺母的。常用工具钢、合金钢或可锻铸铁制成。它的开口处要求光整、耐磨。扳手分为通用的、专用的和特种的三类。

1. 通用扳手

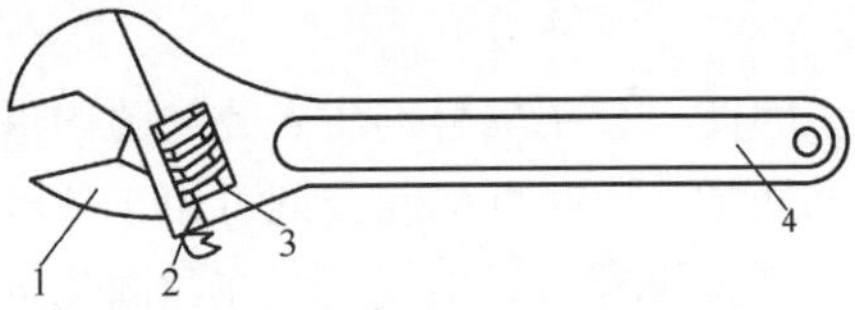

图 2-22　活动扳手（活扳子）

1—活动钳口　2—固定钳口　3—螺杆　4—扳手体

通用扳手也称为活动扳手或活扳子（adjustable spanner），如图 2-22 所示。它由扳手体 4、固定钳口 2、活动钳口 1 和螺杆 3 组成。它的开口尺寸可以在一定范围内进行调节。活动扳手的规格用扳手长度表示，如表 2-4 所示。

表 2-4　活动扳手的规格

长度									
长度	公制/mm	100	150	200	250	300	375	450	600
	英制/in	4	6	8	10	12	15	18	24
开口最大宽度/mm		14	19	24	30	36	46	55	65

使用活动扳手时，应使其固定钳口承受主要作用力［图 2-23（a）］，否则容易损坏扳手。钳口的开度应适合螺母（或螺帽）对边间距尺寸，过宽会损坏螺母（或螺帽）。不同规格的螺母（或螺钉），应选用相应规格的活动扳手。扳手手柄不可任意接长，以免拧紧力矩过大而损坏扳手或螺母。活动扳手常常不能正确设定开口尺寸，操作费时，同时，所定的尺寸在使用过程中经常会改变，活动钳口容易歪斜，往往会损坏螺母或螺钉的头部表面。

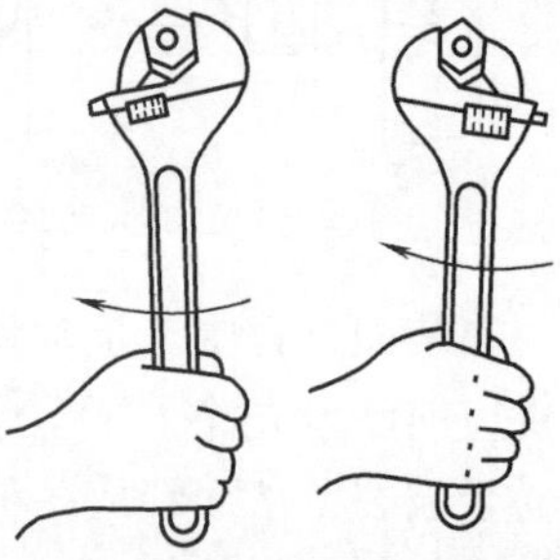

图 2-23　活动扳手的使用

（a）正确　（b）错误

2. 专用扳手

专用扳手只能扳一种尺寸的螺母或螺钉，根据其用途的不同可分为以下几种。

（1）开口扳手（open-ended spanner）。开口扳手用于装拆六角头或方头的螺母或螺钉，有单头和双头之分。它的开口尺寸是与螺母或螺钉头的对边间距的尺寸相适应的，并根据标准尺寸做成一套。常用 10 件一套的双头扳手两端开口尺寸（单位为 mm）分别为：5.5×7、8×10、9×11、12×14、14×17、17×19、19×22、22×24、24×27、30×32。

开口扳手的钳口大多与手柄呈 15°角（图 2-24），因此，扳手只需翻转并旋转 30°就可以再次进行拧紧或松开螺钉的动作。同时，要注意正确使用扳手，使其不要滑出螺母或螺钉头。其原理可解释如下（图 2-25）：当扳手手柄上施加力 F_1 时，F_1 力可分解为 F_2 和 F_3，F_2 力将使螺母转动，F_3 力将使钳口更进一步滑向螺母；如果我们在扳手手柄上施加力 F_4，其分解力 F_6 将要使扳手滑离螺母。所以，当我们在扳手上用大力时，必须将扳手按如图 2-26 所示那样放置。

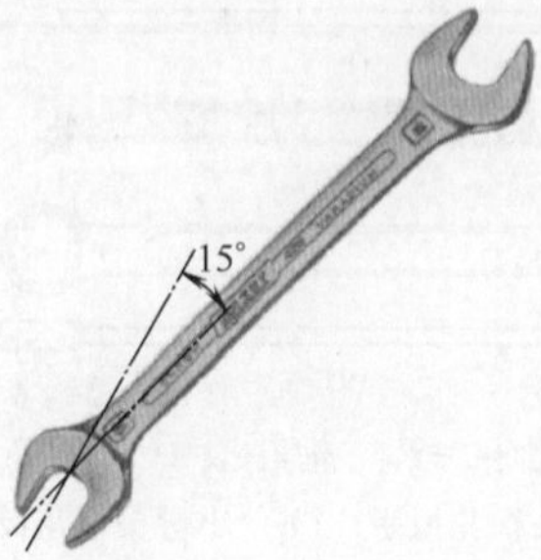

图 2-24　开口扳手

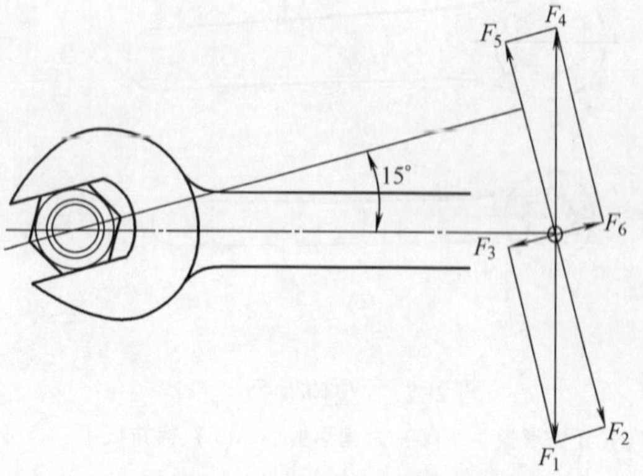

图 2-25　开口扳手上力的分解

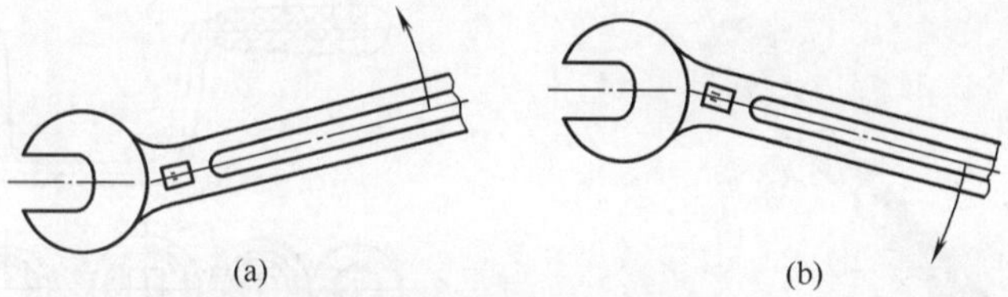

图 2-26　扳手上施力的正确方向
（a）旋松时　（b）拧紧时

（2）整体扳手。整体扳手可分为正方形扳手、六角形扳手、十二边形扳手（梅花扳手）等，如图 2-27 所示。梅花扳手适合于各种六角螺母或螺钉头，操作中只要转过 30°就可再次进行拧紧或松开螺钉的动作，并可避免损坏螺母或螺钉。

梅花扳手常常是双头的，其两端尺寸通常是连续的。通常有三种形式（图 2-28）：大弯头梅花扳手，小弯头梅花扳手，平型梅花扳手。使用最多的是大弯头梅花扳手。

还有一种梅花开口组合扳手，又称两用扳手（图 2-29），这是开口扳手和梅花扳手的结合，其两端尺寸规格是相同的。其优点是：只要螺母或螺钉容易转动，就可以使用操作更快的开口扳手这一端；如果螺母或螺钉很难转动时，就将扳手转过来，用梅花扳手这一端继续旋紧。

（3）成套套筒扳手。它由一套尺寸不等的套筒组成，套筒有内六角形和十二边形两种，可将整个螺钉头套住，从而不易损坏螺母或螺钉头，如图 2-30 所示。使用时，扳手柄的方榫插入梅花套筒方孔内。弓形手柄能连续地转动，使用方便，工作效率较高。为了能转动套筒，套筒的上端有一个方孔。其常规尺寸为 $\frac{3}{8}$in、$\frac{1}{2}$in 和 $\frac{3}{4}$in（1in = 2.54cm）。其中 $\frac{1}{2}$in 的方孔应用最多。为防止套筒在使用时滑出附件，附件的方榫上有一个弹性钢珠，为此，在套筒方孔上也开有一个小孔或者四个凹槽。

（4）锁紧扳手。专门用来锁紧各种结构的圆螺母，其结构多种多样，常用的如图 2-31 所示。

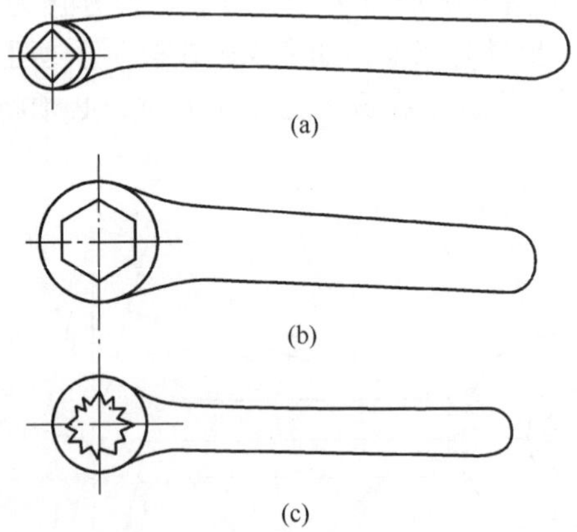

图 2-27　整体扳手

（a）正方形扳手　（b）六角形扳手　（c）梅花扳手

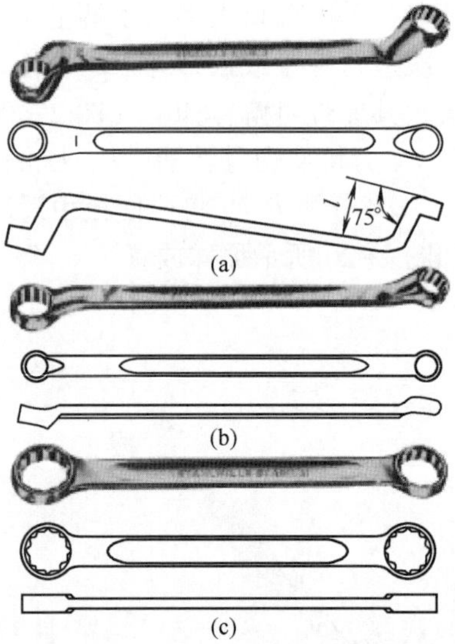

图 2-28　梅花扳手

（a）大弯头梅花扳手　（b）小弯头梅花扳手

（c）平型梅花扳手

图 2-29　梅花开口组合扳手

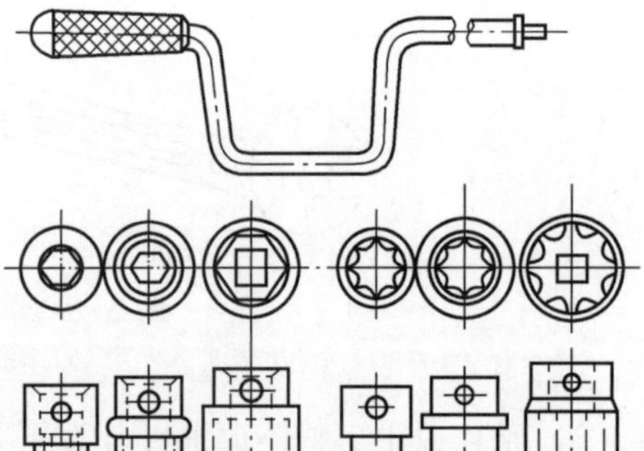

图 2-30　成套套筒扳手

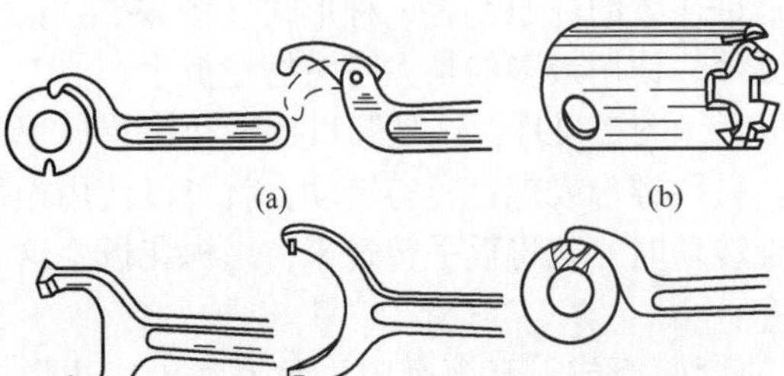

图 2-31　锁紧扳手

（a）钩头锁紧扳手　（b）冕形锁紧扳手

（c）U 形锁紧扳手　（d）锁头锁紧扳手

（5）内六角扳手。如图 2-32 所示，用于装拆内六角头螺钉。常有三种形式：直角内六角扳手，球头直角内六角扳手，T 形内六角扳手。成套的内六角扳手，可供装拆 M4～M30 的内六角螺钉使用。

3. 特种扳手

特种扳手就是根据某些特殊要求而制造的。如图 2-33 所示为棘轮扳手，它使用方便，效率较高。工作时，正转手柄，棘爪 1 在弹簧 2 的作用下进入内六角套筒

3（棘轮）的缺口内，套筒便随之转动，拧紧螺母或螺钉。当扳手反转时，棘爪从套筒缺口的斜面上滑过去，因而螺母（或螺钉）不会随着反转，这样反复摆动手柄则可逐渐拧紧。

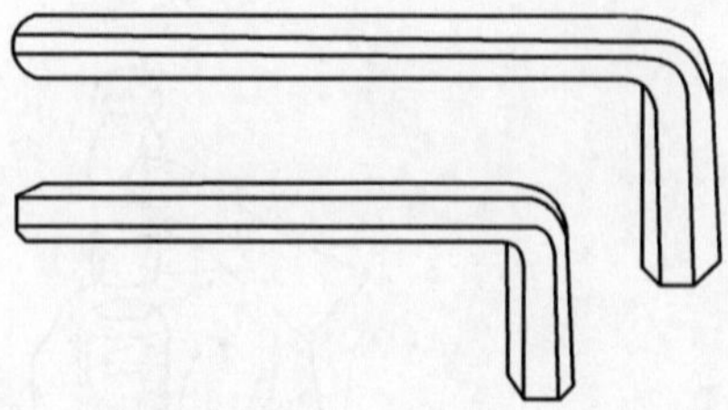

图 2-32　内六角扳手

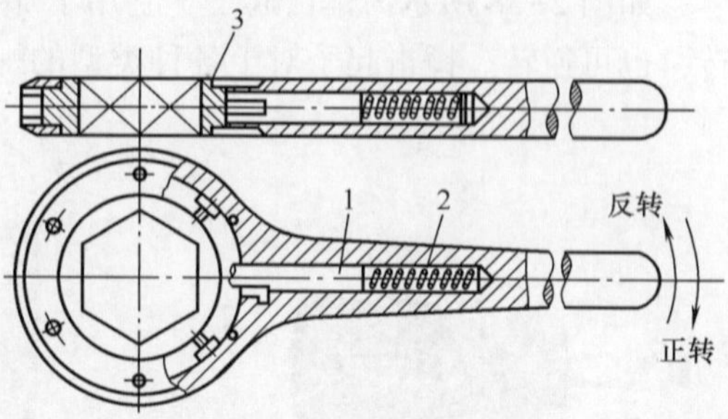

图 2-33　棘轮扳手

1—棘爪　2—弹簧　3—内六角套筒

除了以上介绍的普通扳手以外，在成批生产和装配流水线上广泛采用风动、电动扳手。为了满足不同需要，还可采用各种专用工具，如液力拉伸器、拆卸双头螺柱工具等。

二、起子（screwdriver）

起子又称螺丝刀，它用于旋紧或松开头部带沟槽的螺钉。一般起子的工作部分用碳素工具钢制成，并经淬火硬化。高质量的起子为了使刀体强度高以及为预防损坏刀刃，工作部分是由铬-钒合金钢制成的。手柄是由木材或塑料制成的，目前大多数起子的手柄是根据人体工学特别设计，使工作中的手感舒适方便。常见的起子有以下几种。

1. 标准起子

标准起子由手柄、刀体和刃口组成。它以刀体部分的长度代表其规格，常用规格有 100mm、150mm、200mm、300mm、400mm 等几种，使用时应根据螺钉沟槽的宽度选用和它相适应的起子。对于大起子，为了能够施加更大的力，起子手柄下端通常会有一个六角部分，可用于扳手操作。标准起子通常有两种形式：

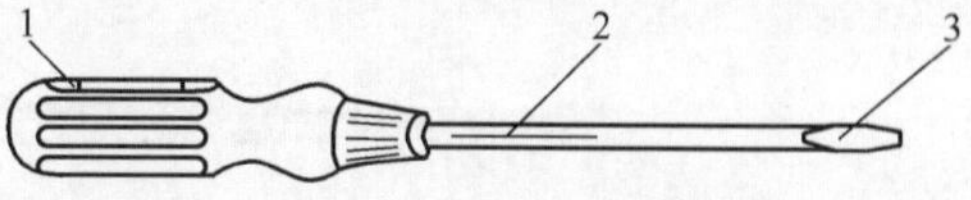

图 2-34　一字起子

1—手柄　2—刀体　3—刃口

（1）一字起子（图 2-34）。用于拧紧或松开头部带一字形槽的螺钉。为防止刃口滑出螺钉槽，刃口的前端必须是平的。

（2）十字起子（图 2-35）。用于拧紧或松开头部带十字形槽的螺钉。由于其在旋紧或旋松时的接触面积更大，在较大的拧紧力作用下，也不易从槽中滑出。同时，十字形槽螺钉使得十字起子更容易放置，从而使操作更快。

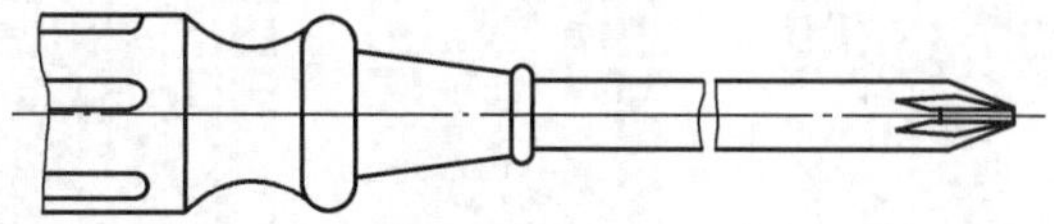

图 2-35　十字起子

2. 其他起子

如图 2-36 所示为拳头起子，其形状粗而短，适用于螺钉头上方的空间较小的场合。

如图 2-37 所示为直角起子，适用于螺钉上部空间更小的场合。直角起子的两端均有刃口，十字直角起子的两端尺寸是不相同的，而一字形槽直角两端刃口的尺寸是相同的，不过，它们互呈 90°。

如图 2-38 所示为锤击起子，它用于那些普通起子难以松开螺钉的场合。可设定为顺转，也可逆转。锤击起子对于各种类型的螺钉有不同的可换刃口。

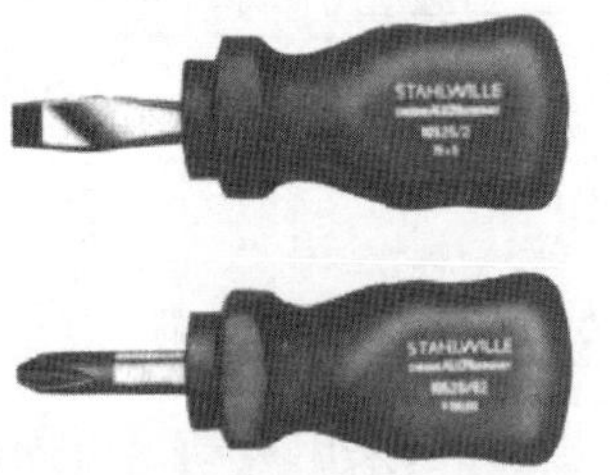

图 2-36　拳头起子

图 2-37　直角起子

图 2-38　锤击起子

如图 2-39 所示为夹紧起子，用于在那些操作性很差的地方安装螺钉。它有两种不同的类型，一种类型［图 2-39（a）］是刀体被分成两部分，通过把一个环移动到前端，刃口在槽中将螺钉夹住；另一种类型［图 2-39（b）］是有两个夹紧簧平行于刃口，通过向前推动环就能夹住螺钉头。

还有一种起子是采用具有永久磁性的刃口来吸附螺钉。

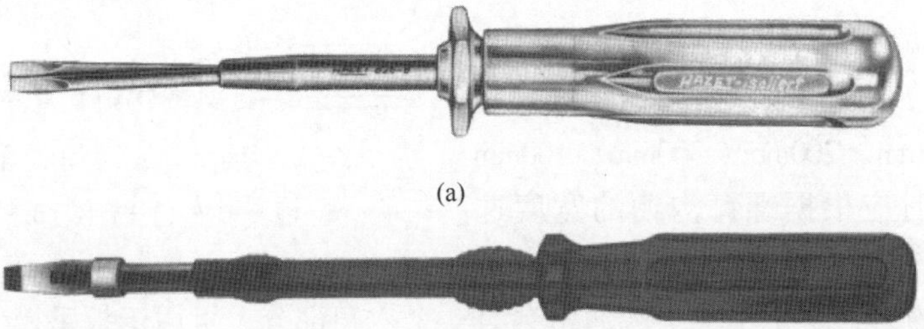

(a)

(b)

图 2-39　夹紧起子

任务四　螺纹连接的装配

思政引例

项目二任务四

配套视频

项目二任务四
中文教学视频

项目二任务四
英文教学视频

一、螺母和螺钉的装配要点

螺母和螺钉装配除了要按一定的拧紧力矩来拧紧以外，还要注意以下几点：

① 螺钉或螺母与工件贴合的表面要光洁、平整。

② 要保持螺钉或螺母与接触表面的清洁。

③ 螺孔内的脏物要清理干净。

④ 成组螺栓或螺母在拧紧时，应根据零件形状，螺栓的分布情况，按一定的顺序拧紧螺母。在拧紧长方形布置的成组螺母时，应从中间开始，逐步向两边对称地扩展；在拧紧圆形或方形布置的成组螺母时，必须对称地进行（如有定位销，应从靠近定位销的螺栓开始），以防止螺栓受力不一致，甚至变形。螺纹连接的拧紧顺序如表 2-5 所示。

表 2-5　　螺纹连接拧紧顺序

分布形式	一字形	平行形	方框形	圆环形	多孔形
拧紧顺序简图		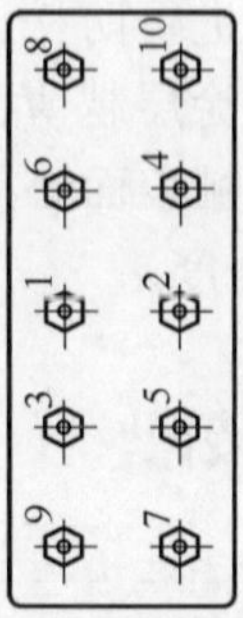	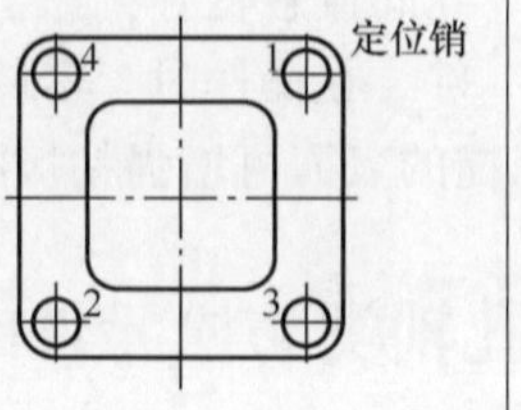	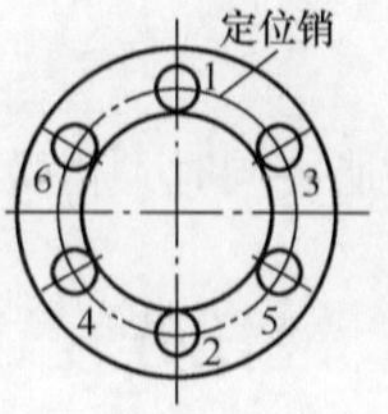	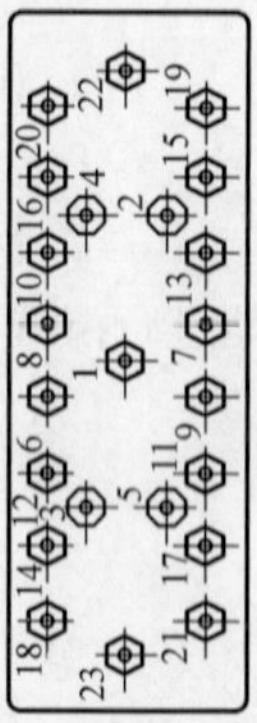

⑤ 拧紧成组螺母时要做到分次逐步拧紧（一般不少于三次）。

⑥ 必须按一定的拧紧力矩拧紧。

⑦ 凡有振动或受冲击力的螺纹连接，都必须采用防松装置。

二、螺纹防松装置的装配要点

1. 弹簧垫圈和有齿弹簧垫圈

不要用力将弹簧垫圈的斜口拉开，否则，在重复使用时会加剧划伤零件表面；根据结构选择适用类型的弹簧垫圈，如圆柱形沉头螺栓连接所用的弹簧垫圈和圆锥形沉头螺栓连接所用的弹簧垫圈是不同的；有齿弹簧垫圈的齿应与连接零件表面相接触。例如，对于较大的螺栓孔，应使用具有内齿或外齿的平型有齿弹簧垫圈。

2. DUBO 弹性垫圈

（1）必须将螺钉旋紧至 DUBO 弹性垫圈的外侧厚度已变形并包围在螺钉头四周为止（图 2-40）。这样，螺栓连接就产生足够的预紧力，螺钉就被完全锁紧。但过度的旋紧螺钉是错误的。

（2）零件表面必须平整，这将有助于形成良好的密封效果。

（3）应根据螺纹连接的类型，使用正确的 DUBO 弹性垫圈，有关其直径方面的资料由供应商提供。

（4）为增强密封效果，螺栓孔应越小越好。如果对连接的要求很高，则建议将 DUBO 弹性垫圈和杯形弹性垫圈或

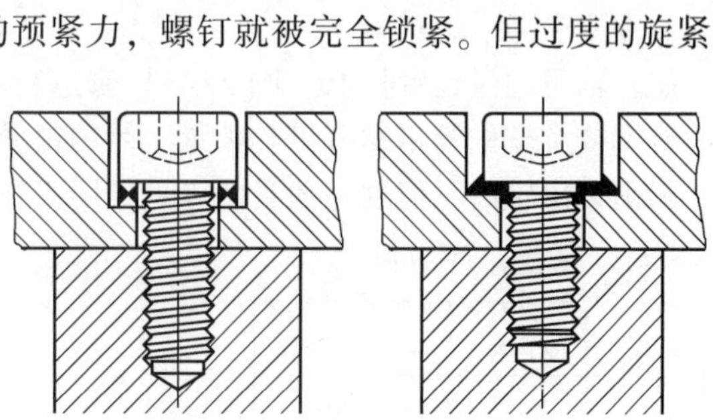

(a)　　(b)

图 2-40　DUBO 弹性垫圈的使用

（a）拧紧前　（b）拧紧后

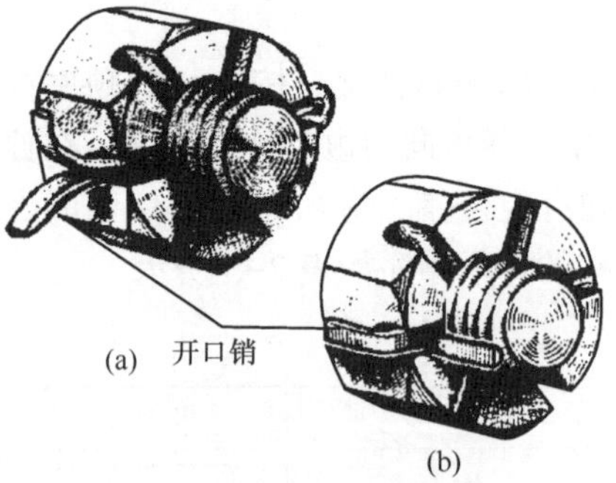

图 2-41　开口销的装配
（a）错误　（b）正确

锁紧螺母配套使用。

（5）装配后，还必须将螺母再旋紧四分之一圈。

3. 带槽螺母和开口销

重要的是开口销的直径应和销孔相适应，开口销端部必须光滑且无损坏。装配开口销时，应注意将开口销的末端压靠在螺母和螺栓的表面上，否则会出现安全事故（图 2-41）。

4. 黏合剂防松

通过液态合成树脂进行防松，如果零件表面相互间接触良好，黏合剂涂层越薄，则此防松效果越好。在操作时，零件接触表面必须用专用清洗剂仔细地进行清洗、脱脂，同时，稍微粗糙的表面可增强粘接的强度。

任务五　孔轴类防松元件的装配

思政引例
项目二任务五

配套视频
项目二任务五 中文教学视频1
项目二任务五 中文教学视频2
项目二任务五 英文教学视频

除了螺纹连接件的防松外，还有一类防松是孔与轴的防松。此类防松零件，不仅指锁紧轴本身的防松零件，而且还指用于锁紧装配于轴上的各种零件的防松零件。常用的防松零件有键、销、紧定螺钉和弹性挡圈等。本任务主要介绍弹性挡圈等防松零件的装配技术。

一、孔轴类防松元件

1. 矩形锁紧板

简单的矩形锁紧板（图 2-42）可用于轴的锁紧，防止其作径向的和轴向的移动。

2. 锁紧挡圈

旋转轴可通过锁紧挡圈（图 2-43）来进行轴向固定。这种挡圈滑套在轴上，然后用具有锥端或坑端的紧定螺钉将其锁紧。使用锁紧挡圈的优点是可将轴制作成等径圆柱轴，轴上无须做出轴肩，但这种锁紧装置只可用于受力不大的场合。

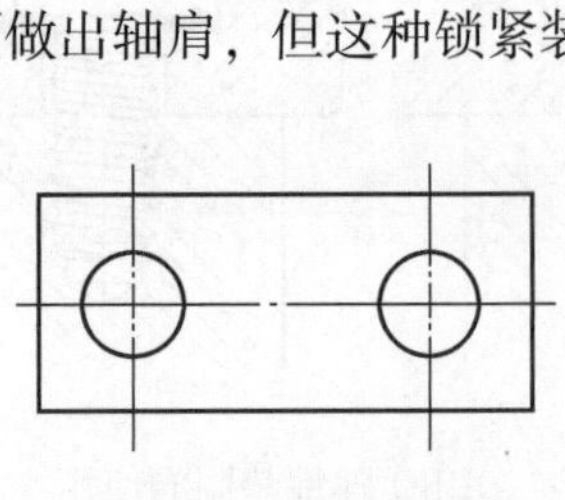
图 2-42　矩形锁紧板

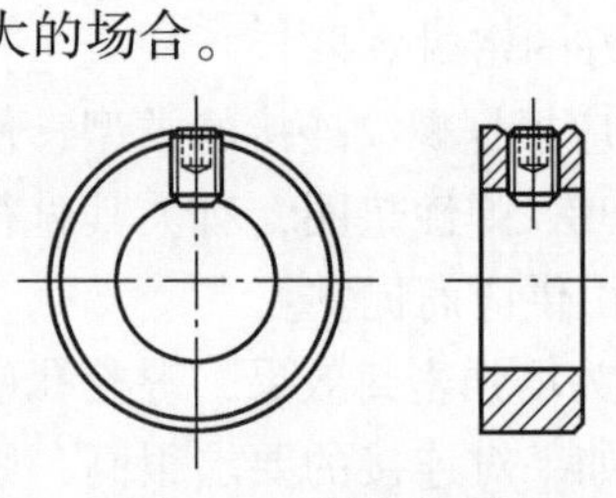
图 2-43　锁紧挡圈

3. 弹性挡圈

弹性挡圈用于防止轴或其上零件的轴向移动。通常将其分为两大类：一类是轴用弹性挡圈，另一类是孔用弹性挡圈。

（1）轴用弹性挡圈。轴用弹性挡圈（图 2-44）具有内侧夹紧能力，有平弹性挡圈、弯曲弹性挡圈、锥面弹性挡圈三种形式。轴用弹性挡圈的弹性如图 2-45（a）所示。平弹性挡圈常安装在经过精密加工的沟槽内；弯曲弹性挡圈成弯曲形状，可用于消除轴端游动；锥面弹性挡圈在其内周边上加工成锥面，用于轴上沟槽有锥面的场合。

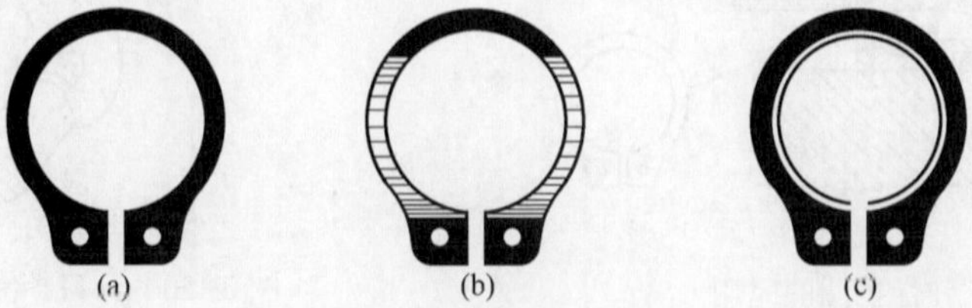

图 2-44　轴用弹性挡圈

（a）平弹性挡圈　（b）弯曲弹性挡圈　（c）锥面弹性挡圈

除此之外，还有一种开口挡圈具有自锁功能，与上述沿轴向安装的弹性挡圈相比，它们必须沿径向安装在轴上，如图 2-46 所示。

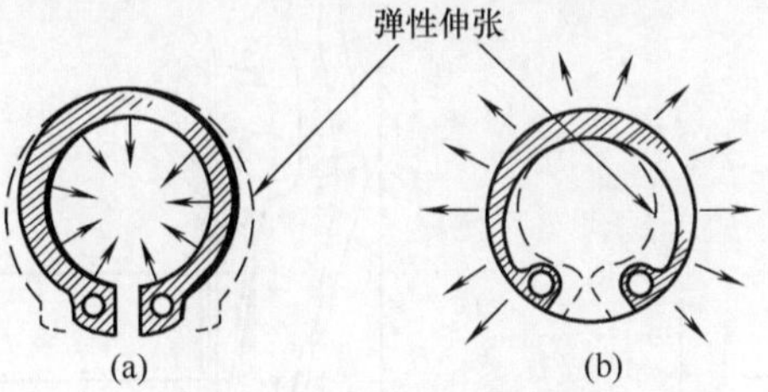

图 2-45　弹性挡圈的弹性

（a）内侧夹紧　（b）外侧夹紧

图 2-46　开口挡圈

（2）孔用弹性挡圈。孔用弹性挡圈（图 2-47）具有外侧夹紧能力，如图 2-45（b）所示，用于孔内锁紧零件，与轴用弹性挡圈相同，也有平、弯曲和锥面三种形式，如图 2-48 所示。常用于滚动轴承、轴套、轴的固定，如图 2-49 所示。

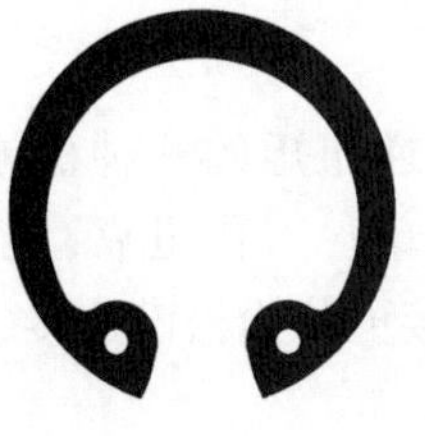

图 2-47　孔用弹性挡圈

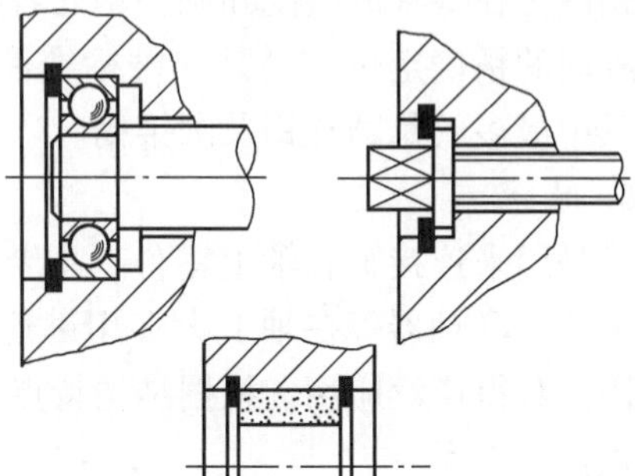

图 2-48　孔用弹性挡圈的应用

4. 弹簧夹和开口挡圈

弹簧夹和开口挡圈可制成多种形状。开口挡圈可用于大公差的预加工沟槽内，如

图 2-50 所示。多数场合中，弹簧夹的安装可不需用特殊工具，但要求零件上有专门形状的沟槽供其安装。此类锁紧装置适用于较小的结构，如图 2-51 和图 2-52 所示。

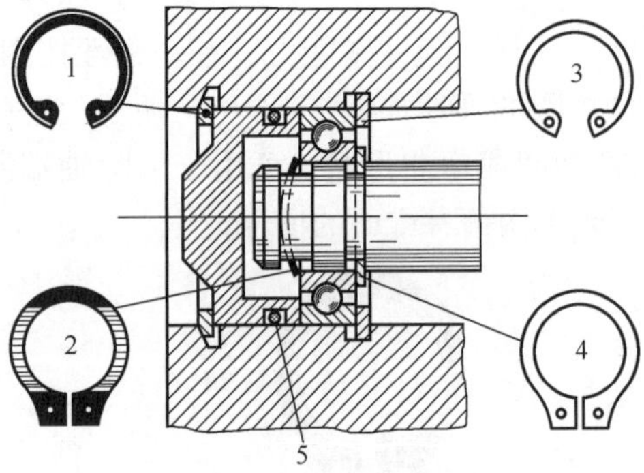

图 2-49　弹性挡圈的应用

1—孔用锥面弹性挡圈　2—轴用弯曲弹性挡圈
3—孔用平弹性挡圈　4—轴用平弹性挡圈
5—密封圈

图 2-50　开口挡圈的装配

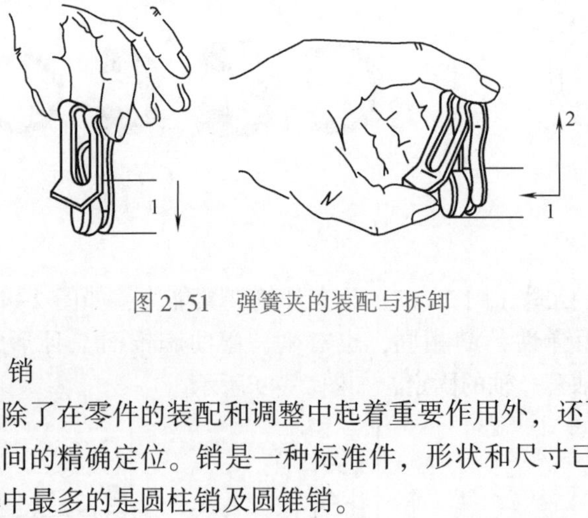

图 2-51　弹簧夹的装配与拆卸

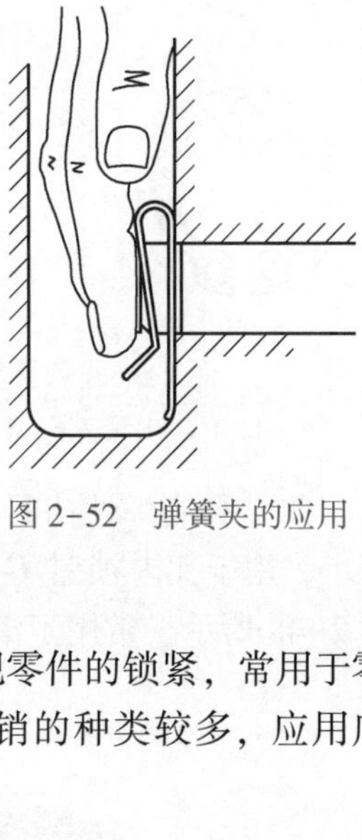

图 2-52　弹簧夹的应用

5. 销

销除了在零件的装配和调整中起着重要作用外，还可用于实现零件的锁紧，常用于零件相互间的精确定位。销是一种标准件，形状和尺寸已标准化。销的种类较多，应用广泛，其中最多的是圆柱销及圆锥销。

6. 键

键是用来连接轴和轴上零件，主要用于周向固定以传递扭矩的一种机械零件。如齿轮、带轮、联轴器等在轴上大多用键连接。它具有结构简单、工作可靠、装拆方便等优点，因此获得广泛应用。根据结构特点和用途不同，键连接可分为松键连接、紧键连接和花键连接三大类。

松键连接所用的键有普通平键、半圆键、导向平键及滑键等。它们的特点是，靠键的侧面来传递扭矩，只能对轴上零件做周向固定，不能承受轴向力。轴上零件的轴向固定，要靠紧定螺钉、定位环等定位零件来实现。松键连接能保证轴与轴上零件有较高的同轴度，在高速精密连接中应用较多。

紧键连接主要指楔键连接。楔键连接分为普通楔键和钩头锲键两种。楔键的上下两面是工作面，键的上表面和毂槽的底面各有 1:100 的斜度，键侧与键槽有一定的间隙。装配时需打入，靠楔紧作用传递扭矩。紧键连接还能轴向固定零件和传递单方向轴向力，但使轴上零件与轴的配合产生偏心和歪斜，多用于对中性要求不高、转速较低的场合。有钩头的楔键用于不能从另一端将键打出的场合。

花键连接是由轴和毂孔上的多个键齿组成。花键连接承载能力高，传递扭矩大，同轴度和导向性好，对轴的强度削弱小，适用于载荷大和同轴度要求较高的连接中，在机床和汽车中应用广泛，但制造成本高。按工作方式，花键连接有静连接和动连接；按齿廓形状，花键可分为矩形花键、渐开线花键及三角形花键三种。矩形花键因加工方便，应用最为广泛。

二、装配技术要点

（一）弹性挡圈的装配要点

弹性挡圈工作的可靠性不仅取决于其自身，还在相当程度上取决于安装方式。在安装过程中，将弹性挡圈装至轴上时，挡圈将张开，而将其装入孔中时，挡圈将被挤压，从而使弹性挡圈承受较大的弯曲应力。所以，在装配和拆卸弹性挡圈时，应使弹性挡圈的工作应力不超过其许用应力，也就是说，弹性挡圈的张开量或挤压量不得超出其许可变形量，否则会导致弹性挡圈的塑性变形，影响其工作的可靠性。

为简化弹性挡圈的装配和拆卸，可以采用一些专用工具，如弹性挡圈钳或具有锥度的心轴和导套等专用工具。但在安装弹性挡圈前，应先检查沟槽的尺寸是否符合要求，沟槽尺寸可从有关手册表格中查找。当更换弹性挡圈时，应确认所用弹性挡圈应具有相同规格尺寸。

1. 专用心轴和导套

如图 2-53 所示，当使用专门设计的具有锥度的心轴和导套装配弹性挡圈时，应将其放置在轴颈或孔前端，沿轴向在挡圈上施加压力，从而使挡圈在移动的同时张开或挤压，最后顺利地装入沟槽内。心轴或导套上必须有定心边缘，使弹性挡圈能够对中安装。使用这种工具的优点是装配时间很短，而且装配时产生的弯曲应力不会超过弹性挡圈的许用应力。当将弹性挡圈装配至轴上时，用来将挡圈压至锥形心轴上的装配套端面上最好有一个深度较小的沉孔（图 2-54），其直径等于轴径和挡圈径向宽度的两倍之和，这样就可使挡圈在装配过程中始终保持圆形。

2. 弹性挡圈钳

弹性挡圈钳又称卡簧钳。弹性挡圈钳是用来装配和拆卸弹性挡圈的专用工具，通常有孔用弹性挡圈钳和轴用弹性挡圈钳。

如图 2-55（a）所示的弹性挡圈钳是用来装配和拆卸孔用弹性挡圈的孔用弹性挡圈钳。当这种钳的两个把手相互移近时，钳口也相互移近，与普通老虎钳相似。而如图 2-55（b）所示的弹性挡圈钳是用于装配和拆卸轴用弹性挡圈的轴用弹性挡圈钳。当其两个把手相互移近时两个钳口却相对张开，由于两把手之间装有弹簧片，所以其钳口总是要保持闭合的状态。为了适应不同结构的装配，两类弹性挡圈钳都各有直头和弯头两种类型。

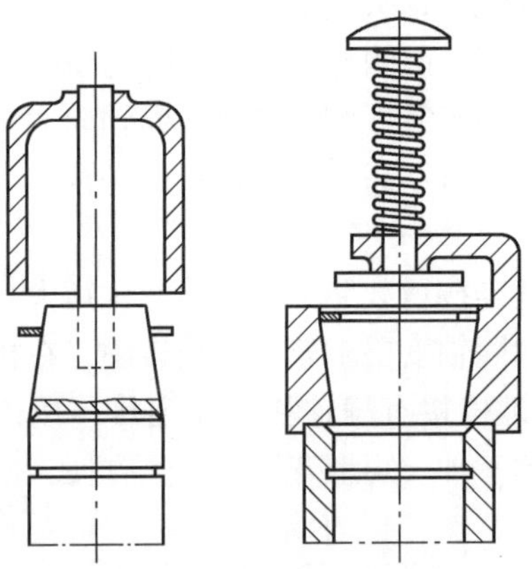

图 2-53　弹性挡圈的装配工具

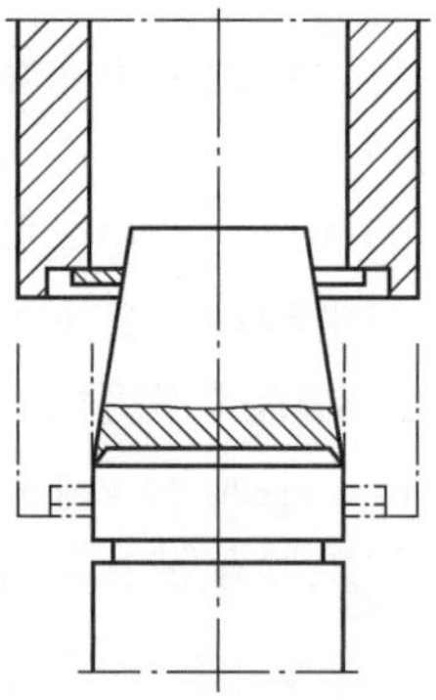

图 2-54　安装套前端的沉孔

由于弹性挡圈有多种规格，装配时必须注意选择与之相适合的弹性挡圈钳。一般情况下，弹性挡圈钳都标有相应的规格，以说明该钳适用于哪种直径的弹性挡圈。

当使用弹性挡圈钳安装弹性挡圈时，其上最好装有可调的止动螺钉，这样可防止弹性挡圈在装配时产生过度变形。

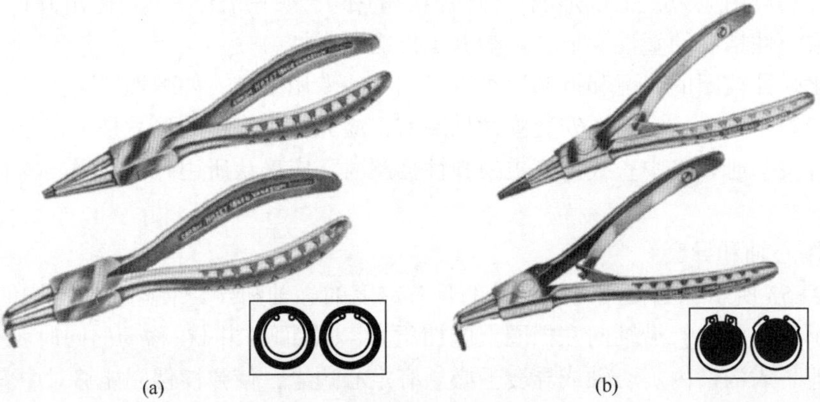

图 2-55　弹性挡圈钳

（a）孔用弹性挡圈钳　（b）轴用弹性挡圈钳

在装配沟槽处于轴端或孔端的弹性挡圈时，应将弹性挡圈的两端 1 首先放入沟槽内，然后将弹性挡圈的其余部分 2 沿着轴或孔的表面推进沟槽，这样可使挡圈的径向扭曲变形最小，如图 2-56 所示。

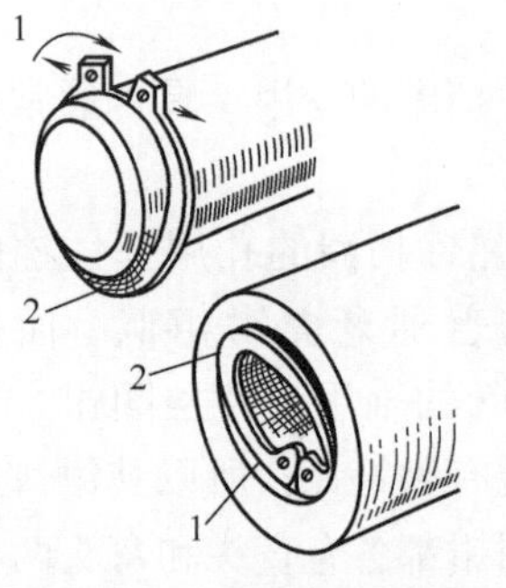

图 2-56　弹性挡圈的装配图

（二）销的装配要点

1. 圆柱销的装配

（1）圆柱销一般依靠过盈固定在孔中，所以装配前应检查销钉与销孔是否有合适的过盈量。一般过盈量约为 0.01mm 为适宜。

（2）为保证连接质量，应将连接件两孔一起钻铰。

（3）装配时，销上应涂机油。

（4）装入时，应用软金属垫在销子端面上，然后用锤子将销钉轻轻打入孔中。

（5）在打不通孔的销钉前，应先用带切削锥的铰刀最后铰到底，同时在销钉外圆表面上用油石磨一通气平面（图 2-57），否则由于空气排不出，销钉打不进去。

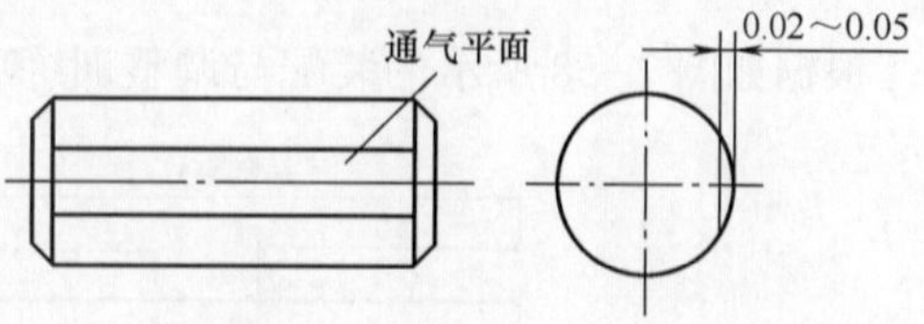

图 2-57　带通气平面的销钉

2. 圆锥销的装配

（1）在装配圆锥销前，应将被连接工件的两孔一起钻铰。

（2）边铰孔，边用锥销试测孔径，以销能自由插入销长的 80% 为宜。

（3）销捶入后，销子的大头一般以露出工件表面或使之一样平为适。

（4）不通锥孔内应装带有螺孔的锥销，以免取出困难。

（三）键的装配要点

1. 松键连接的装配

（1）装配前要清理键和键槽的锐边、毛刺，以防装配时造成过大的过盈。

（2）对重要的键连接，装配前应检查键的直线度、键槽对轴心线的对称度和平行度。

（3）用键头与轴槽试配松紧，应能使键紧紧地嵌在轴槽中（对普通平键、导向平键而言）。

（4）锉配键长、键头，使其与轴键槽间应留约为 0. 1mm 的间隙。

（5）在配合面上涂机油，用铜棒或台虎钳（钳口上应加铜皮垫）将键压装在轴槽中，直至与槽底面接触。

（6）试配并安装套件，安装套件时要用塞尺检查非配合面间隙，以保证同轴度要求。

（7）对于滑动键，装配后应滑动自如，但不能摇晃，以免引起冲击和振动。

2. 紧键连接的装配

（1）先去除键与键槽的锐边、毛刺。

（2）将轮毂装在轴上，并对正键槽。

（3）键上和键槽内涂机油，用铜棒将键打入，两侧要有一定的间隙，键的底面与顶面要紧贴。

（4）配键时，要用涂色法检查斜面的接触情况，若配合不好，可用锉刀、刮刀修整键或键槽。

（5）若是钩头紧键，不能使钩头贴紧套件的端面，必须留有一定的距离，以便拆卸。

3. 花键连接的装配

（1）静连接的装配要点。检查轴、孔的尺寸是否在允许过盈量的范围内；装配前必须清除轴、孔锐边和毛刺；装配时可用铜棒等软材料轻轻打入，但不得过紧，否则会拉伤配合表面；过盈量要求较大时，可将花键套加热（80~120℃）后再进行装配。

（2）动连接的装配要点。检查轴孔的尺寸是否在允许的间隙范围内；装配前必须清除轴、孔锐边和毛刺；用涂色法修正各齿间的配合，直到花键套在轴上能自由滑动，没有阻滞现象，但不应有径向间隙感觉；套件孔径若有较大缩小现象，可用花键推刀修整。

任务六　装配操作：装配与调整训练项目

根据如图 2-58 所示的装配与调整训练项目装配图，完成如下实训项目。

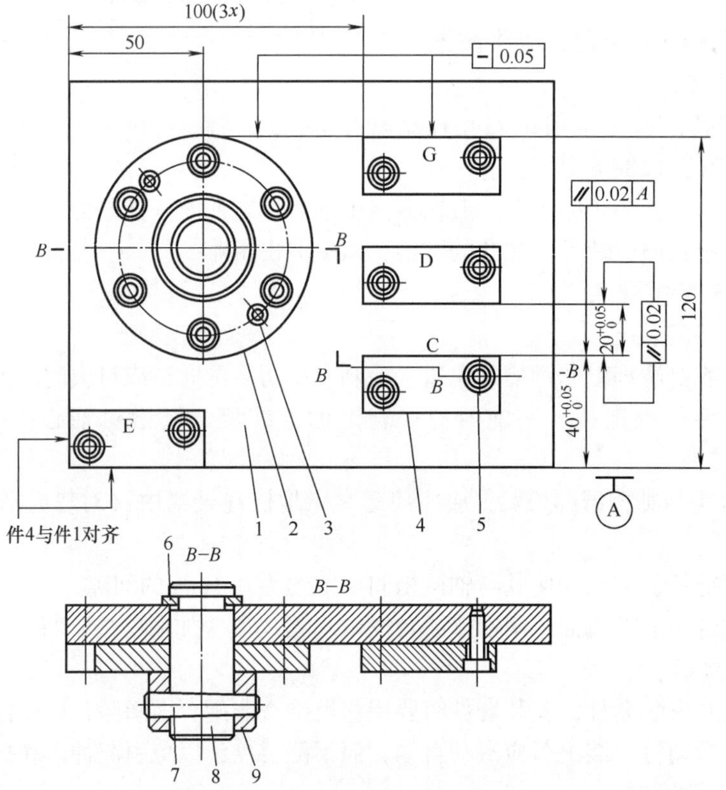

图 2-58　装配与调整训练项目装配图

1—平板　2—圆板　3—圆锥销　4—调整块（C、D、E、G）

5—螺钉　6—弹性挡圈　7—圆锥销　8—轴　9—轴套

1. 操作要求

经本规定作业培训后，应能：

① 认识、正确选择和使用装配用工、量具。

② 根据装配图要求，使装配件之间达到规定的尺寸精度、平行度等技术要求。

③ 掌握螺钉、销、弹性挡圈的装配技术。

2. 工具与附件

装配工具：平板及 V 形铁、弹性挡圈钳、麻花钻及锥铰刀、4mm 内六角扳手、塑料锤（200g）。

测量和检验用工具：量块、游标卡尺（150mm 和 200mm）、百分表及表座、刀口直尺（125mm）、塞尺、刀口角尺。

3. 额定时间

完成时间：2h。

4. 操作步骤（表2-6）

表2-6 装配与调整训练项目装配工艺

操作要求： 1. 能认识、正确选择和使用装配用工、量具 2. 根据装配图要求，使装配件之间达到规定的尺寸精度、平行度等技术要求 3. 掌握螺钉、销、弹性挡圈的装配技术 备注： 在本作业中，调整块C、D、E、G和圆板必须根据装配图样上的技术要求来装配	装配工具与量具： ·150mm和200mm游标卡尺 ·百分表及表座 ·125mm刀口直尺 ·刀口角尺 ·塞尺 ·平板及V形铁 ·量块 ·4mm内六角扳手 ·塑料锤（200g） ·麻花钻及锥铰刀 ·弹性挡圈钳

操作步骤	标准操作	解释
工作准备	熟悉任务	·图样与零件清单 ·装配任务 ·装配步骤
	初检	装配用资料和零件是否齐全
	选用工具	见装配工具与量具列表
	整理工作场地	·选择并整理工作场地 ·备齐工具和装配所需材料
	清洗	用清洁布清洁零件
装配调整块C	定位	零件C
	紧固	用手旋紧（能用塑料锤敲击而移动）
	调整	借助游标卡尺和塑料锤，调整尺寸100
	调整	用百分表和塑料锤，调整尺寸40
	固定	用工具旋紧
装配调整块D	定位	零件D
	紧固	用手旋紧（能用塑料锤敲击而移动）
	调整	用游标卡尺和塑料锤，调整尺寸100
	调整	用量块和塑料锤，在平板上调整尺寸20及其平行度
	固定	用工具旋紧
装配调整块E	定位	零件E
	紧固	用手旋紧（能用塑料锤敲击而移动）
	调整	用刀口直尺相对于两边进行调整
	固定	用工具旋紧
装配调整块G	定位	零件G
	紧固	用手旋紧（能用塑料锤敲击而移动）
	调整	用刀口直尺相对于调整块C和D，再用塑料锤调整尺寸100
	调整	借助游标卡尺和塑料锤调节尺寸120
	固定	用工具旋紧
装配圆板（2）	定位	圆板（2）
	紧固	用手旋紧（能用塑料锤敲击而移动）
	调整	借助游标卡尺和塑料锤调节尺寸50
	调整	用刀口直尺和塞尺调整其相对于调整块G的直线度
	检查	用轴（8）检查其与孔的配合情况

续表

操作步骤	标准操作	解　　释
装配圆板(2)	固定	用工具旋紧
	钻孔	用麻花钻在圆板上钻孔
	铰孔	用圆锥铰刀铰削销孔
	压入	将圆锥销(3)锤入销孔
装配轴(8)	定位	用弹性挡圈钳将弹性挡圈(6)装入轴(8)沟槽中
	定位	将轴压入圆板及平板孔中
装配轴套(9)	压入	将轴套(9)压入轴(8)上
	调整	使轴套与圆板间的轴向间隙适当,达到转动灵活
	钻孔	用麻花钻在轴和轴套上钻通孔
	铰孔	用圆锥铰刀铰削销孔
	压入	将圆锥销(7)锤入销孔
检查	最后检查	·百分表和表架 ·刀口直尺 ·量块 ·塞尺

思 考 题

1. 叙述将 C、D、E、G 和圆板装配在平板（图 2-58）上几种可能的正确顺序。

2. 在图 2-58 上，用箭头指明平板的装配基准面。

3. 调整和测量尺寸 $40^{+0.05}_{0}$（图 2-58）时所用的正确测量工具有哪些？如何测量？请画出草图说明。

4. 简述 C、D、E、G 的调整方法（图 2-58）。

5. 如何测量调整块 G 和圆板的直线度？

6. 如何测量调整块 D 与调整块 C 的尺寸 $20^{+0.05}_{0}$（图 2-58）？其最大尺寸和最小尺寸都是用什么量具来检查的？其平行度 0.02mm 又是如何测量的？

7. 画图示意圆板上六个螺钉的拧紧顺序（图 2-58），并叙述其装配要点。

8. 简述本次训练中弹性挡圈的装配要点。

9. 重要的螺纹连接如何控制预紧力？

10. 简述圆锥销的装配要点。

11. 简述平键的装配要点。

项目二　在线习题

配套课件

项目三

项目三

滚动轴承的装配

【学习目标】

1. 了解滚动轴承装配前的准备工作；
2. 能正确选择与熟练使用滚动轴承的装配工具；
3. 熟练掌握各类滚动轴承的装配和拆卸技术；
4. 掌握滚动轴承游隙的测量和调整方法；
5. 了解带座轴承的应用特点及其装配技术；
6. 养成良好的职业行为习惯，执行机械设备的质量标准；
7. 践行良好的劳动精神和工匠精神；
8. 增强制造强国、科技立国、产业报国的家国情怀。

【操作项目】

按图 3-55 进行 NU1006 与 6208 滚动轴承的装配与拆卸。

任务一　滚动轴承装配前的准备

思政引例

项目三任务一

配 套 视 频

项目三任务一中文教学视频

项目三任务一英文教学视频

滚动轴承是一种精密部件，认真做好装配前的准备工作，对保证装配质量和提高装配效率是十分重要的。

一、　轴承装配前的检查与防护措施

（1）按图样要求检查与滚动轴承相配的零件，如轴颈、箱体孔、端盖等表面的尺寸是否符合图样要求，是否有凹陷、毛刺、锈蚀和固体微粒等。并用汽油或煤油清洗，仔细擦净，然后涂上一层薄薄的油。

（2）检查密封件并更换损坏的密封件，对于橡胶密封圈则每次拆卸时都必须更换。

（3）在滚动轴承装配操作开始前，才能将新的滚动轴承从包装盒中取出，必须尽可能使它们不受灰尘污染。

（4）检查滚动轴承型号与图样是否一致，并清洗滚动轴承。如滚动轴承是用防锈油封存的，可用汽油或煤油擦洗滚动轴承内孔和外圈表面，并用软布擦净；对于用厚油和防

锈油脂封存的大型轴承，则需在装配前采用加热清洗的方法清洗。

(5) 装配环境中不得有金属微粒、锯屑、沙子等。最好在无尘室中装配滚动轴承，如果不可能的话，则用东西遮盖住所装配的设备，以保护滚动轴承免于周围灰尘的污染。

二、滚动轴承的清洗

使用过的滚动轴承，必须在装配前进行彻底清洗，而对于两端面带防尘盖、密封圈或涂有防锈和润滑两用油脂的滚动轴承，则不需进行清洗。但对于已损坏、很脏或塞满碳化油脂的滚动轴承，一般不再值得清洗，直接更换一个新的滚动轴承则更为经济与安全。

滚动轴承的清洗方法有两种：常温清洗和加热清洗。

1. 常温清洗

常温清洗是用汽油、煤油等油性溶剂清洗滚动轴承。清洗时要使用干净的清洗剂和工具，首先在一个大容器中进行清洗，然后在另一个容器中进行漂洗。干燥后立即用油脂或油涂抹滚动轴承，并采取保护措施防止灰尘污染滚动轴承。

2. 加热清洗

加热滚动清洗使用的清洗剂是闪点至少为250℃的轻质矿物油。清洗时，油必须加热至约120℃。把滚动轴承浸入油内，待防锈油脂溶化后即从油中取出，冷却后再用汽油或煤油清洗，擦净后涂油待用。加热清洗方法效果很好，且保留在滚动轴承内的油还能起到保护滚动轴承和防止腐蚀的作用。

三、滚动轴承在自然时效时的保护方法

在机床的装配中，轴上的一些滚动轴承的装配程序往往比较复杂，滚动轴承往往要暴露在外界环境中很长时间以进行自然时效处理，从而可能破坏以前的保护措施。因此，在装配这类滚动轴承时，要对滚动轴承采取相应的保护措施。

① 用防油纸或塑料薄膜将机器完全罩住是最佳的保护措施。如果不能罩住，则可以将暴露在外的滚动轴承单独遮住。如果没有防油纸或塑料薄膜，则可用软布将滚动轴承紧紧地包裹住以防止灰尘污染。

② 由纸板、薄金属片或塑料制成的圆板可以有效地保护滚动轴承。这类圆板可以按尺寸定做并安装在壳体中，但此时要给已安装好的滚动轴承涂上油脂并保证它们不与圆板接触，且拿掉圆板的时候，要擦掉最外层的油脂并涂上相同数量的新油脂。在剖分式的壳体中，可以将圆盘放在凹槽中作密封用。

③ 对于整体式的壳体，最佳的保护方法是用一个螺栓穿过圆板中间将圆板固定在壳体孔两端。当采用木制圆板时，由于木头中的酸性物质会产生腐蚀作用，这些木制圆板不能直接与壳体中的滚动轴承接触，但可在接触面之间放置防油纸或塑料纸。

任务二　圆柱孔滚动轴承的装配

一、滚动轴承装配方法的选择

滚动轴承的装配方法应根据滚动轴承装配方式、尺寸大小及滚动轴承的配合性质来

思政引例

项目三任务二

配　套　视　频

项目三任务二 中文教学视频1

项目三任务二 中文教学视频2

项目三任务二 英文教学视频1

项目三任务二 英文教学视频2

确定。

1. 滚动轴承的装配方式

根据滚动轴承与轴颈的结构，通常有四种滚动轴承的装配方式：

① 滚动轴承直接装在圆柱轴颈上，如图 3-1（a）所示，这是圆柱孔滚动轴承的常见装配形式。

② 滚动轴承直接装在圆锥轴颈上，如图 3-1（b）所示，这类装配形式适用于轴颈和轴承孔均为圆锥形的场合。

③ 滚动轴承装在紧定套上，如图 3-1（c）所示。

④ 滚动轴承装在退卸套上，如图 3-1（d）所示。

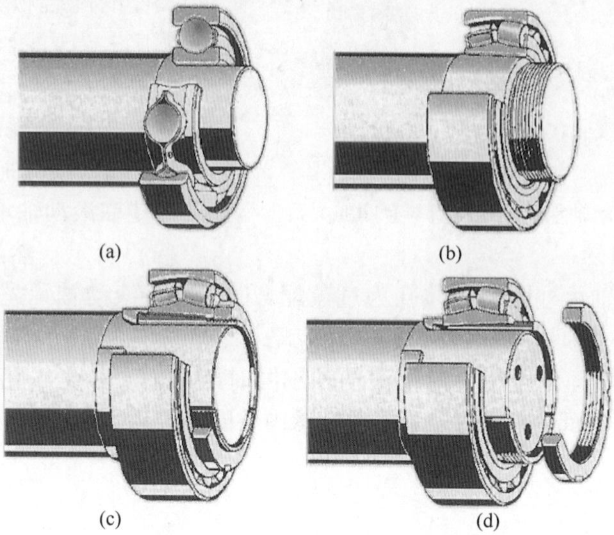

图 3-1　滚动轴承的装配方式

后两种装配形式适用于滚动轴承为圆锥孔，而轴颈为圆柱孔的场合。

2. 滚动轴承的尺寸

根据滚动轴承内孔的尺寸，可将滚动轴承分为三类：

① 小轴承。指孔径小于 80mm 的滚动轴承。

② 中等轴承。指孔径等于、大于 80mm，小于 200mm 的滚动轴承。

③ 大型轴承。指孔径等于、大于 200mm 的滚动轴承。

3. 滚动轴承的装配方法

根据滚动轴承装配方式和尺寸大小及其配合的性质，通常有四种装配方法：机械装配法、液压装配法、压油法、温差法。

二、圆柱孔滚动轴承的装配

1. 滚动轴承装配的基本原则

（1）装配滚动轴承时，不得直接敲击滚动轴承内外圈、保持架和滚动体。否则，会破坏滚动轴承的精度，降低滚动轴承的使用寿命。

（2）装配的压力应直接加在待配合的套圈端面上，绝不能通过滚动体传递压力。如图 3-2 所示，图 3-2（a）与图 3-2（b）均使装配压力通过滚动体传递载荷，而使滚动轴承变形，故为错误的装配施力方法。而图 3-2（c）和图 3-2（d）中装配力直接作用在需装配的套圈上，从而保证滚动轴承的精度不致破坏，故为正确的装配方法。

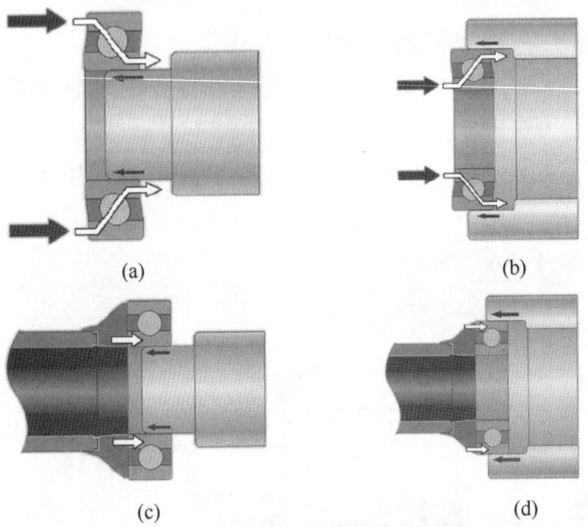

图 3-2　滚动轴承的装配压力与套圈的关系

2. 座圈的安装顺序

（1）不可分离型滚动轴承（如深沟球轴承等）。这种轴承应按座圈配合松紧程度决定其安装顺序。当内圈与轴颈为配合较紧的过盈配合，外圈与壳体孔为配合较松的过渡配合时，应先将滚动轴承装在轴上，压装时，将套筒垫在滚动轴承内圈上，如图 3-3（a）所示，然后连同轴一起装入壳体孔中。当滚动轴承外圈与壳体孔为过盈配合时，应将滚动轴承先压入壳体孔中，如图 3-3（b）所示，这时，所用套筒的外径应略小于壳体孔直径。当滚动轴承内圈与轴、外圈与壳体孔都是过盈配合时，应把滚动轴承同时压在轴上和壳体孔中，如图 3-3（c）所示，这种套筒的端面具有同时压紧滚动轴承内外圈的圆环。

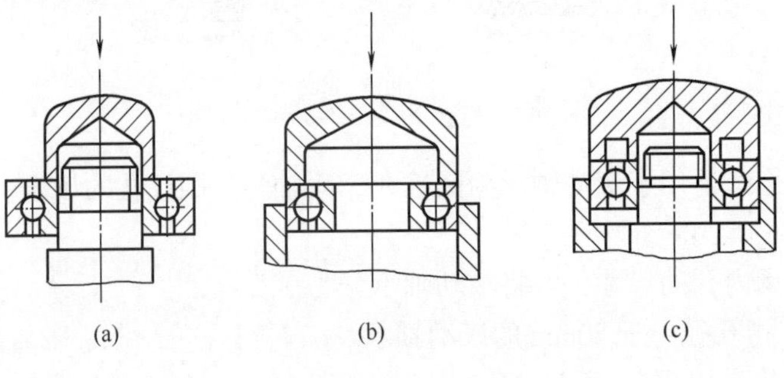

图 3-3　滚动轴承座圈的安装顺序

（2）分离型滚动轴承（如圆锥滚子轴承）。这种轴承由于外圈可以自由脱开，装配时内圈和滚动体一起装在轴上，外圈装在壳体孔内，然后再调整它们的游隙。

3. 滚动轴承座圈的压入方法

（1）套筒压入。这种方法仅适用于装配小滚动轴承。其配合过盈量较小，常用工具为冲击套筒与手锤，以保证滚动轴承套圈在压入时均匀敲入，如图 3-4 所示。

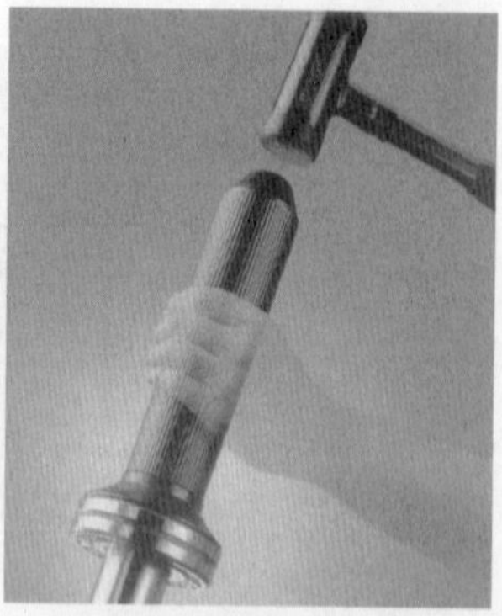

图 3-4　套筒压入法

（2）压力机压入。这种方法仅适用于装配中等滚动轴承。其配合过盈较大时，常用杠杆齿条式或螺旋式压力机压入滚动轴承，如图 3-5 所示。若压力不能满足还可以采用液压机压装滚动轴承。但均必须对轴或安装滚动轴承的壳体提供一个可靠的支承。

（3）温差法装配。这种方法一般适用于大型滚动轴承。随着滚动轴承尺寸的增大，其配合过盈量也增大，其所需装配力也随之增大，因此，可以将滚动轴承加热，然后与常温轴配合。滚动轴承和轴颈之间的温差取决于配合过盈量的大小和滚动轴承尺寸。当滚动轴承温度高于轴颈 80~90℃就可以安装了。一般滚动轴承加热温度为 110℃，不能将滚动轴承加热至 125℃以上，因为这将会引起材料性能的变化。更不允许用明火对滚动轴承进行加热，如图 3-6 所示。因为这样会导致滚动轴承材料中产生应力而变形，破坏滚动轴承的精度。

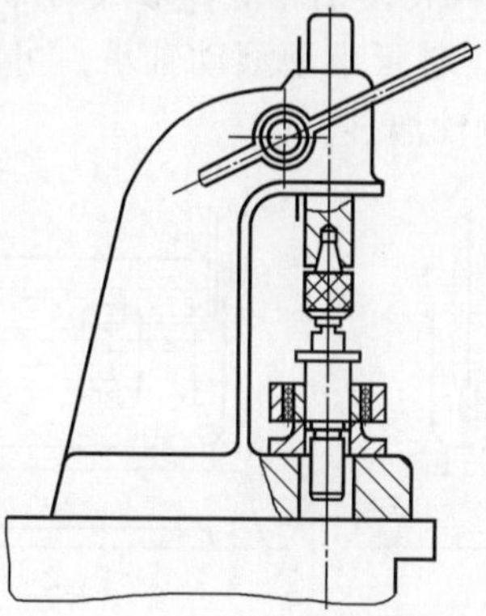

图 3-5　杠杆齿条式压力机压入滚动轴承

图 3-6　不允许用明火加热滚动轴承

安装时，应佩戴干净的专用防护手套搬运滚动轴承，如图 3-7 所示，将滚动轴承装至轴上与轴肩可靠接触，并始终按压滚动轴承直至滚动轴承与轴颈已紧密配合，以防止滚动轴承冷却时套圈与轴肩分离。

根据装配滚动轴承的类型，有四种不同的加热方法：

① 感应加热法。感应加热器主要适用于小滚动轴承和中等滚动轴承的加热，如图 3-8 所示。其感应加热的原理与变压器相似，其内部有一绕在铁芯上的初级绕组，而滚动轴承常作为一个次级绕组套在铁芯上，当通电时，通过感应作用对滚动轴承进行加热。利用感应加热器对滚动轴承进行加热后，必须进行消磁处理，以防止吸附金属微粒。

感应加热器的优点是，滚动轴承能够保持清洁；对滚动轴承无须预加热；加热迅速、效率高；工作安全、保护环境；油脂仍保留在滚动轴承中（带密封的滚动轴承）；能量消耗低；温度可以得到很好的控制。

② 电热板加热法。电热板主要用来加热小滚动轴承，如图 3-9 所示。其配置一个用

图 3-7　佩戴专用防护手套搬运滚动轴承

图 3-8　感应加热器

于电加热的铝板，可以同时加热几个滚动轴承。电热板通常配有一个温度调节装置，所以温度可以得到很好的控制。

③ 电炉加热法。将轴承置于封闭的自动控温电炉内加热，加热均匀，控温准确，加热快，适用于一批加热很多轴承的场合。

④ 油浴加热法。如图 3-10 所示，当采用油浴方法对滚动轴承加热时，将一个装满油的油箱放在加热元件上。为避免滚动轴承接触到比油温高得多的箱底，形成局部过热，加热时滚动轴承应搁在油箱内的网格上［图 3-10（a）］。对于小型滚动轴承，可以挂在油中加热［图 3-10（b）］。在加热过程中，必须仔细观测油温。

图 3-9　电热板

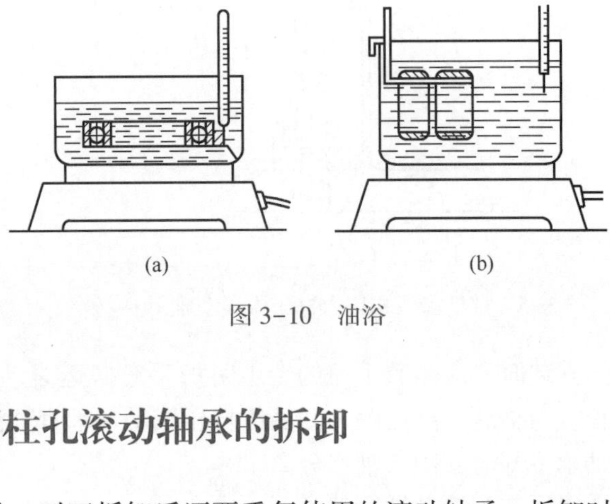

(a)　　(b)

图 3-10　油浴

任务三　圆柱孔滚动轴承的拆卸

滚动轴承的拆卸方法与其结构有关。对于拆卸后还要重复使用的滚动轴承，拆卸时不能损坏滚动轴承的配合表面，不能将拆卸的作用力加在滚动体上，要将力作用在紧配合的套圈上。为了使拆卸后的滚动轴承能够按照原先的位置和方向进行安装，建议拆卸时对滚动轴承的位置和方向做好标记。

拆卸圆柱孔滚动轴承的方法有四种：机械拆卸法、液压法、压油法、温差法。

思政引例

项目三任务三

配　套　视　频

项目三任务三
中文教学视频

项目三任务三
英文教学视频

一、机械拆卸法

机械拆卸法适用于具有紧（过盈）配合的小滚动轴承和中等滚动轴承的拆卸，拆卸工具为拉出器，也称拉拔器、拉马。

1. 轴上滚动轴承的拆卸

将滚动轴承从轴上拆卸时，拉马的爪应作用于滚动轴承的内圈，使拆卸力直接作用在滚动轴承的内圈上（图 3-11）。当没有足够的空间使拉马的爪作用于滚动轴承的内圈时，则可以将拉马的爪作用于外圈上。必须注意的是，为了使滚动轴承不致损坏，在拆卸时应固定扳手并旋转整个拉马，以拉动滚动轴承的外圈（图 3-12），从而保证拆卸力不会作用于同一点上。

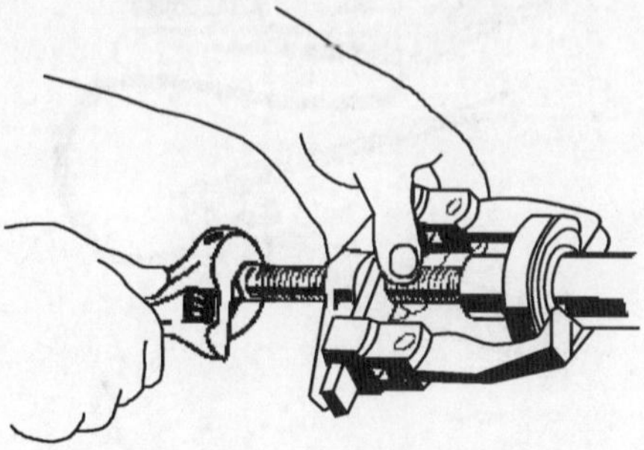

图 3-11　拉马作用于滚动轴承内圈

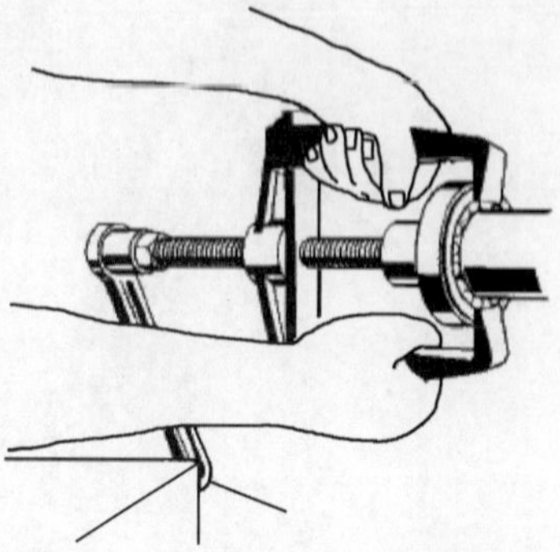

图 3-12　通过旋转拉马进行拆卸

2. 孔中滚动轴承的拆卸

当滚动轴承紧紧配合在壳体孔中时，则拆卸力必须作用在外圈上。

对于调心滚动轴承经常通过旋转内圈与滚动体，从而便于拉马作用在外圈上进行拆卸，如图 3-13 所示。

对于安装滚动轴承的孔中无轴肩的情况，则可以采用手锤敲击套筒的方法（图 3-14），从而通过拆卸外圈的方法拆卸整个滚动轴承。但要注意，不能取用有尘粒存在处的手锤，否则，这些尘粒会落在滚动轴承上从而导致轴承损坏。

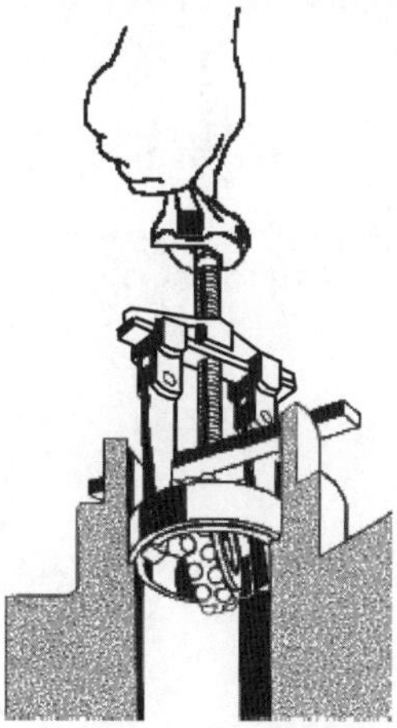

图 3-13　壳体中调心滚动轴承的拆卸

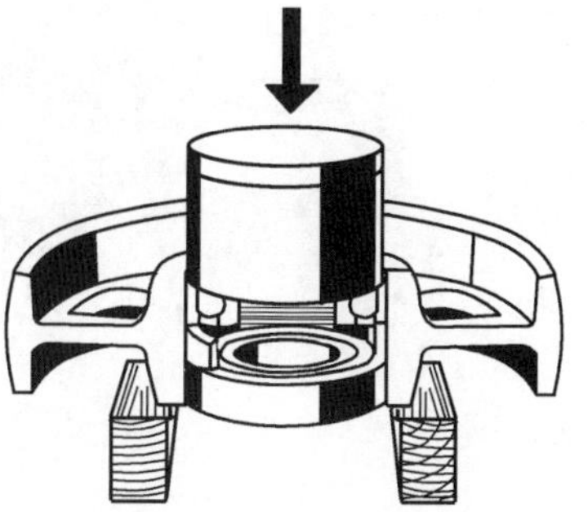

图 3-14　使用套筒拆卸滚动轴承

对于与轴和孔均为过盈配合的深沟球轴承，可以使用专门的拉马进行拆卸，如图 3-15 所示。拉马的臂必须小心地置于滚珠轴承内部，以夹紧滚动轴承的外圈。然后装上螺杆并旋转，直至拆下轴承。

二、液压法

液压法适用于具有紧配合的中等滚动轴承的拆卸。拆卸这类滚动轴承需要相当大的力。常用拆卸工具为液压拉马，其拆卸力可达 500kN，如图 3-16 所示。

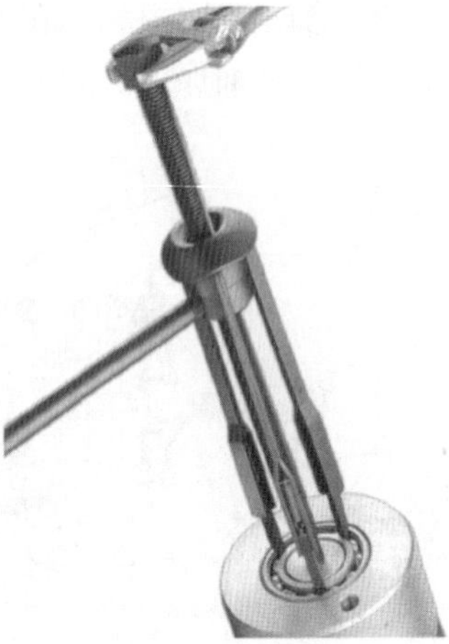

图 3-15　专用拉马拆卸滚动轴承

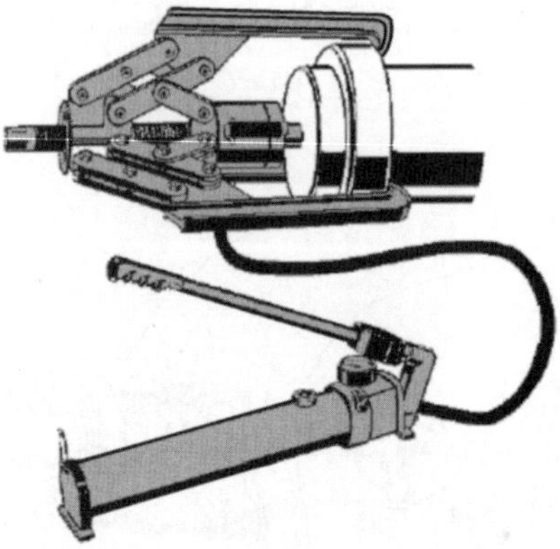

图 3-16　用液压拉马拆卸滚动轴承

三、压油法

压油法适用于中等滚动轴承和大型滚动轴承的拆卸，常用的拆卸工具为油压机，如图 3-17 所示。用这种方法操作时，油在高压作用下通过油路和轴承孔与轴颈之间的油槽挤压在轴孔之间，直至形成油膜，并将配合表面完全分开，从而使轴承孔与轴颈之间的摩擦力变得相当小，此时只需要很小的力就可以拆卸滚动轴承了。由于拆卸力很小，且拉马直接作用在滚动轴承的外圈上，因此，必须使用具有自定心的拉马。

使用压油法拆卸滚动轴承，拆卸方便，且可以节约大量的劳动力。

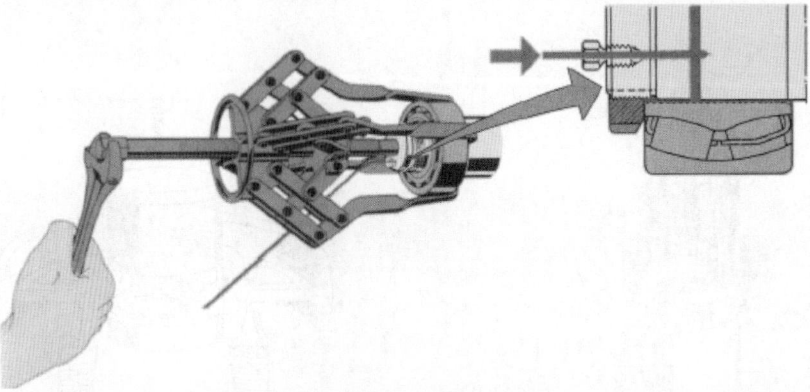

图 3-17　用压油法拆卸滚动轴承

四、温差法

温差法主要适用于圆柱滚子轴承内圈的拆卸。加热设备通常采用铝环，如图 3-18 所示。首先必须拆去圆柱滚子轴承外圈，在内圈滚道上涂上一层抗氧化油。然后将铝环加热至约 225℃，并将铝环包住圆柱滚子轴承的内圈。再夹紧铝环的两个手柄，使其紧紧夹着圆柱滚子轴承的内圈，直到圆柱滚子轴承拆卸后才将铝环移去。

如果圆柱滚子轴承内圈有不同的尺寸且必须经常拆卸，则使用感应加热器比较好（图 3-19）。将感应加热器套在圆柱滚子轴承内圈上并通电，感应加热器会自动抱紧圆柱滚子轴承内圈，且感应加热，握紧两边手柄，直至将圆柱滚子轴承拆卸下来。

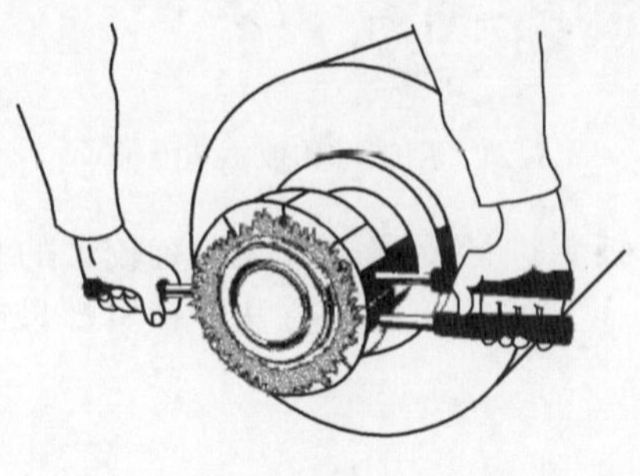

图 3-18　用铝环拆卸圆柱滚子轴承

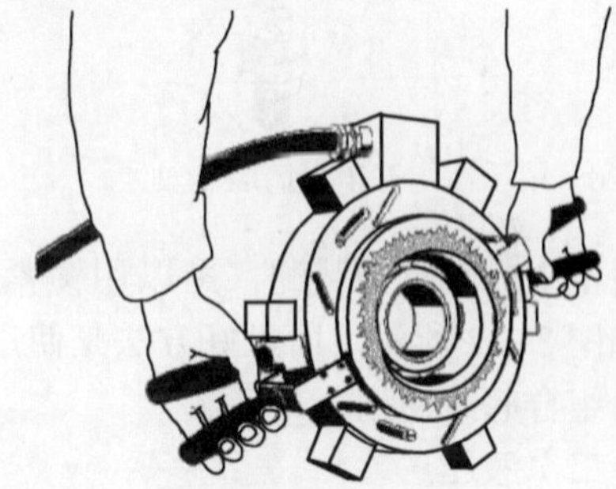

图 3-19　用感应加热器拆卸圆柱滚子轴承

任务四　圆锥孔滚动轴承的装配

思政引例

项目三任务四

配 套 视 频

项目三任务四中文教学视频1　项目三任务四中文教学视频2　项目三任务四中文教学视频3

项目三任务四英文教学视频1　项目三任务四英文教学视频2　项目三任务四英文教学视频3

圆锥孔滚动轴承的装配方法与圆柱孔滚动轴承的装配方法基本相同。小轴承的装配通常采用机械压入的方法，如用手锤敲击冲击套筒或锁紧螺母和扳手的方法。大型轴承的装配则采用液压螺母或压油法就可以容易地安装。在某些情况下，还可以采用温差法装配轴承。

一、装在圆锥轴颈上的圆锥孔滚动轴承的装配

（一）机械装配法

1. 用手锤与冲击套筒装配

为了避免损坏轴承，建议在轴颈配合面上涂上一层薄油。然后用手锤敲击作用于轴承内圈的套筒，将轴承装至轴上规定的位置，如图 3-20 所示。对于调心球轴承的装配位置，则必须通过旋转并倾斜轴承的方法检查轴承的游隙，以轴承能够易于旋转，但倾斜时又要感觉到一点阻力为装配到位。而对于调心滚子轴承的装配位置，则必须测量游隙的减

少量来保证轴承正确的装配位置。在高精密的应用中则不建议采用该种装配方法。

2. 用螺母和扳手装配

如果轴颈上有螺纹，则可以用螺母和扳手装配小型轴承，如图 3-21 所示。轴承装好后需检查其游隙。如果在装配时止动垫圈已安装到位，则必须对螺纹部分及螺母和止动垫圈的侧面进行润滑。

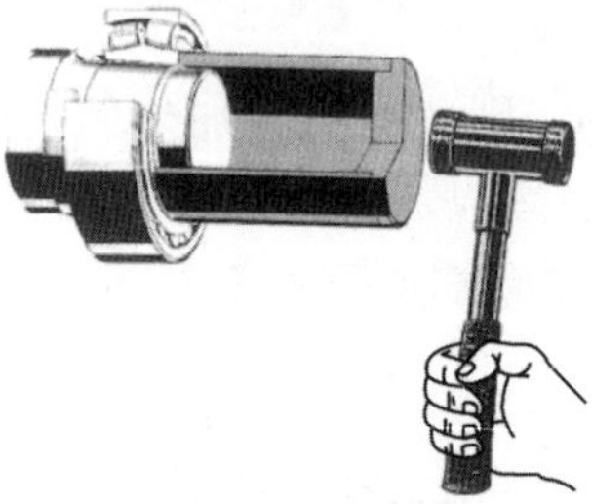
图 3-20　用手锤与冲击套筒装配轴承

图 3-21　用螺母和扳手装配轴承

对于中等轴承的装配，可以用锁紧螺母和冲击扳手进行装配，以保证有较大的装配力，如图 3-22 所示。而最好方法是使用液压螺母，甚至采用将压油方法和锁紧螺母或液压螺母组合起来使用。

（二）液压法

对于大于 50mm 的孔径内安装滚动轴承时，可以采用液压螺母进行装配，其装配简单，工作可靠。液压螺母包括两个部分（图 3-23），一个是带有内螺纹的螺母体，其侧面上有一环形沟槽，另一个是与沟槽相配合的环形活塞，其间有两个 O 形密封圈用于油腔的密封。当油压入油腔时，使活塞向外移动并产生足够的力用来装配或拆卸轴承。

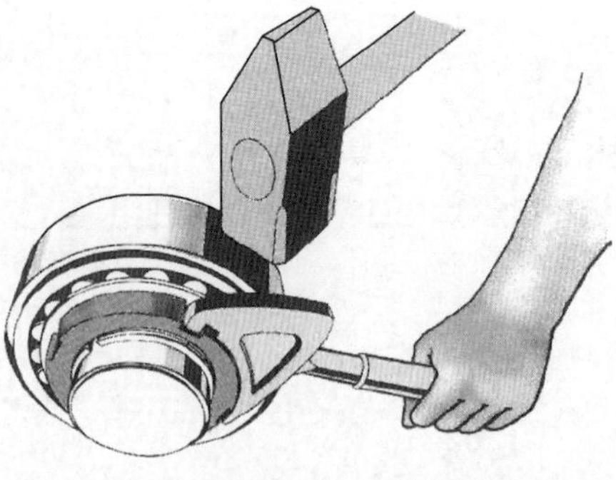
图 3-22　用锁紧螺母与冲击扳手装配轴承

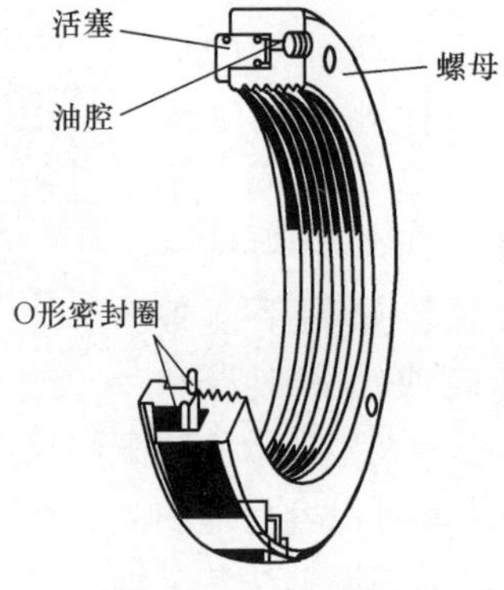

图 3-23　液压螺母

液压螺母有一个快速接头，以便于与液压泵连接。装配时，按如下步骤进行操作（图 3-24）：

① 将液压螺母旋于轴上并使其活塞朝向滚动轴承，然后用手旋紧螺母。

② 连接油管，将油压进液压螺母，直至轴承到达规定的装配位置。

③ 打开回油阀，拧紧螺母，这样活塞就被推回到起始位置，而油也流回了泵内。

④ 卸下液压螺母，装上止动垫圈和锁紧螺母。

（三）压油法

压油法适用于中等和大型滚动轴承的装配。如图 3-25 所示，利用油压机将油压入滚

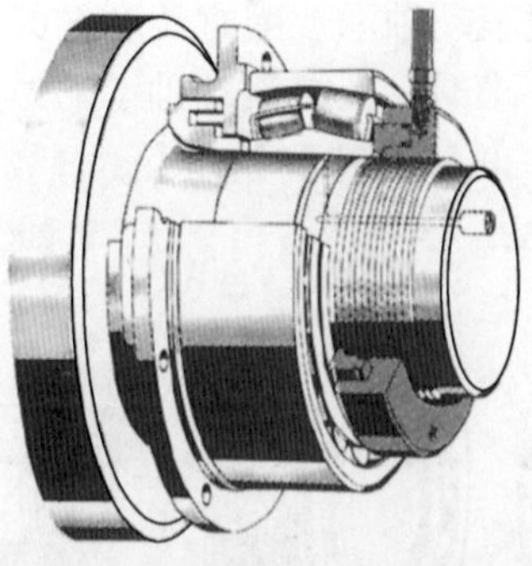

图 3-24　用液压螺母装配滚动轴承

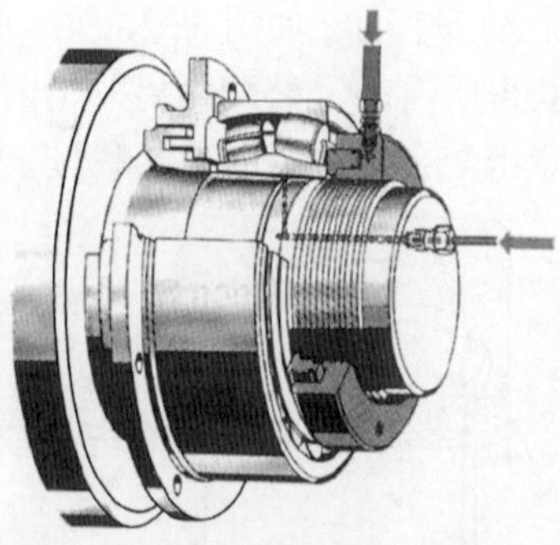

图 3-25　用压油法装配滚动轴承

动轴承和轴颈之间，直至两个零件配合面完全分开，从而使摩擦力减小至零。于是，只需要很小的力就可以装配滚动轴承了。这种方法装配简单，游隙可以得到很好的控制，装配精度高。

当滚动轴承装配至规定位置后，应将油释放，并等待 20min 之后，再最后一次检查游隙的大小。对于圆锥孔滚动轴承，最好将压油法和液压螺母组合使用。

应用压油法时应注意，即轴必须有输油的通道，这种通道一般在维修时加工。

（四）温差法

如果由于某种原因不能使用压油法或液压螺母，就可以选择温差法加热滚动轴承，常用感应加热器、加热箱或油浴等方法进行加热。在装配中最为重要的是滚动轴承与轴颈的相对轴向位移的测量与控制，常有以下几种方法。

1. 以轴肩定位的滚动轴承装配

① 将滚动轴承装至轴上直至其与轴颈接触良好，测量滚动轴承内圈与轴肩之间的距离 S，如图 3-26（a）所示。

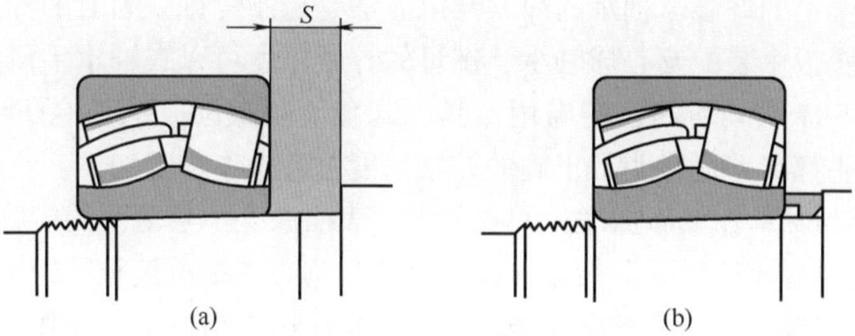

图 3-26　以轴肩定位的滚动轴承装配

② 查表确定滚动轴承轴向位移的减小量。

③ 将测得距离 S 减去查表确定的轴向位移减小量得到定位环的轴向尺寸，并据此加工出定位环，如图 3-26（b）所示。

④ 将定位环靠紧轴肩安装。

⑤ 将滚动轴承加热，并将其压至定位环，直至滚动轴承冷却并与轴配合紧密。

⑥ 用锁紧螺母固定滚动轴承。

⑦ 当滚动轴承冷却下来时，检查滚动轴承径向游隙。

2. 无轴肩定位的滚动轴承装配

这类滚动轴承的装配方法与以轴肩定位的装配程序相同，但测量所用基准面不是轴肩而是一个参考平面，如图 3-27 所示中为轴的端面。通过滚动轴承装配时长度 S 的增加或减小来获得所需的“装配距离”。当滚动轴承位置达到要求时，保持滚动轴承的位置直至其与轴紧密配合，再装上锁紧螺母。当滚动轴承冷却后，再检查其游隙大小。

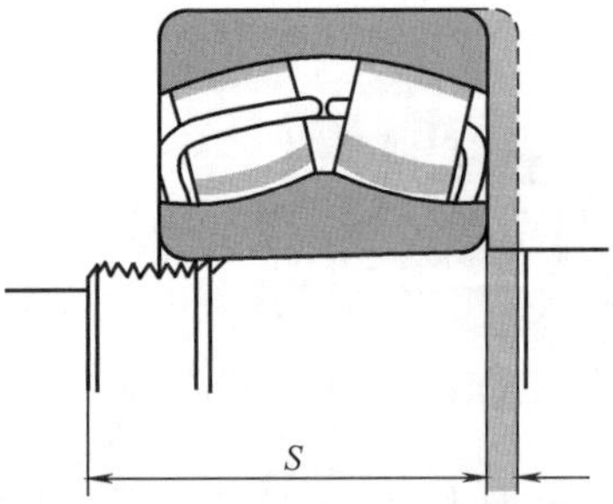

图 3-27　无轴肩定位的滚动轴承装配

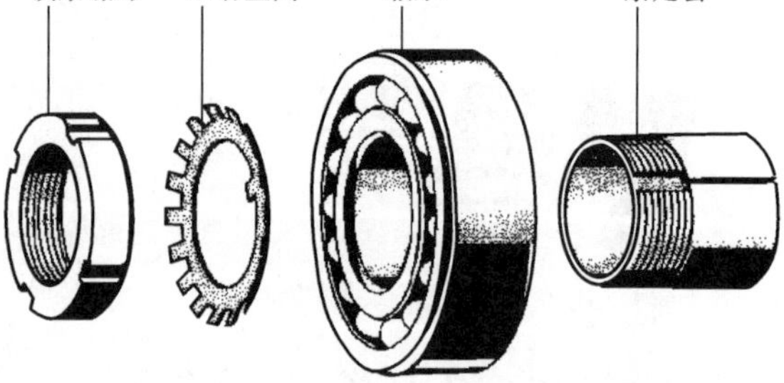

图 3-28　带紧定套的滚动轴承零件

二、装在紧定套上的滚动轴承的装配

调心球轴承和调心滚子轴承通常安装在紧定套或退卸套上，从而简化了滚动轴承的装配与拆卸，如图 3-28 所示。具有这种套的滚动轴承的内圈在装配时总是具有很紧的配合，其程度取决于滚动轴承相对于套的移动。随着滚动轴承与套的相对移动，滚动轴承内圈逐渐膨胀，而滚动轴承的原始径向游隙逐渐减小。

使用紧定套，滚动轴承依靠轴肩定位安装时，要求有一个能保证滚动轴承正确位置的距离套，该距离套必须能够让紧定套置于其下面。对于光杆轴，当要求紧定套在轴上的位置必须和拆卸的位置一样时，有必要对滚动轴承进行测试性装配以保证紧定套位于正确的位置。

1. 带紧定套的调心球轴承的装配

安装在紧定套上的调心球轴承的简易装配方法是控制螺母紧固时的拧紧角度。

如果使用钩头扳手装配调心球轴承，螺母的拧紧角度可以查轴承手册确定。另一种装配方法就是使用 SKF 公司所销售的专用工具。这套锁紧螺母扳手是专门用来装配调心球轴承的，每个扳手都清楚地标明了正确的拧紧角度。其操作步骤如下：

① 将紧定套和轴承孔表面擦净，并在紧定套表面涂上一层薄薄的矿物油。

② 用二硫化钼膏或类似润滑剂涂抹在螺纹和与调心球轴承接触的螺母侧面上。

③ 用手旋转螺母，直到其锥面接触。注意不得使用操纵杆进行操作，如图 3-29（a）所示。

④ 在轴上做个标记，与扳手上橙色标记的起点相对应，如图 3-29（b）所示。

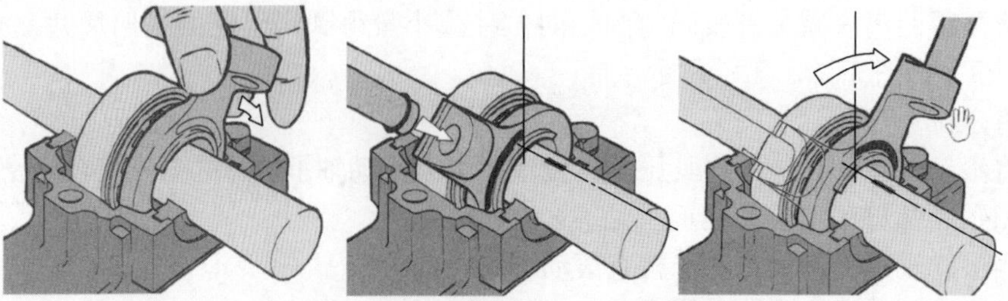

(a)　(b)　(c)

图 3-29　用控制拧紧角度的方法装配轴承

⑤ 用操纵杆拧紧螺母，直至轴上的标记与扳手上橙色标记的末端相对应，如图 3-29（c）所示。

⑥ 最后，用锁紧螺母锁紧，要注意拧紧螺母时紧定套不能旋转。

另一个正确装配锥孔调心球轴承的方法是测量调心球轴承内圈在锥形轴颈上的轴向位移。用这种方法操作时，首先将调心球轴承装在轴上，直至轴承孔与轴颈或紧定套接触，然后才开始进行上紧操作程序。

2. 带紧定套的调心滚子轴承的装配

在装配调心滚子轴承之前，首先必须用塞尺测量调心球轴承的径向游隙，因为径向间隙的减小量是对调心球轴承配合的过盈量的测量。

（1）轴向游隙的检查。在测量轴向游隙时，将调心球轴承放在干净的工作平面上，用一个略薄于游隙最小值的塞尺进行检查，且边旋转内圈边检查。

（2）径向游隙的测量。用塞尺插在最上部滚子旁边的滚子上面检查调心球轴承的原始游隙，如图 3-30 所示。在检查时，一边旋转调心球轴承一边用较厚的塞尺在相同的位置进行检查，直至在拉出塞尺时感觉到轻微的阻力为止，此时的塞尺厚度即为调心球轴承的原始间隙。

将调心球轴承压装至轴上，在调心球轴承压入过程中用塞尺在调心球轴承最低滚动体下面测量调心球轴承的径向游隙的减小量（图 3-31），此值可在滚动轴承的相应表中查出。

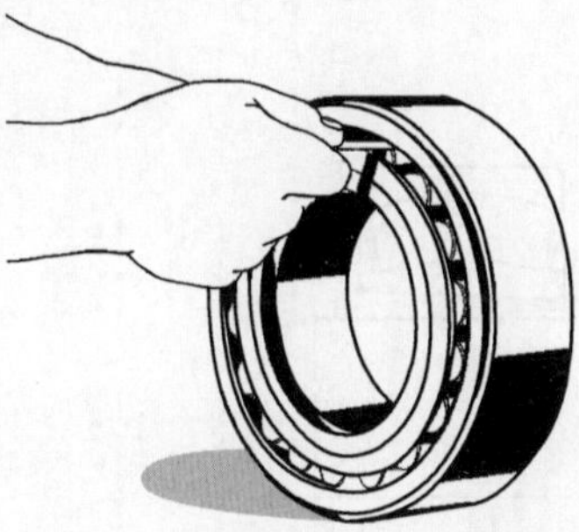

图 3-30　装配前调心滚子轴承径向游隙的测量

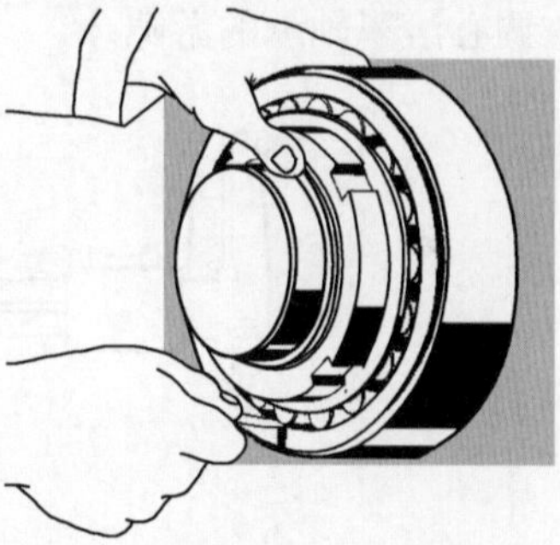

图 3-31　装配时调心滚子轴承径向游隙的测量

除了测量间隙减小量外，还可以控制调心滚子轴承内圈的轴向位移进行调心滚子轴承的装配。

装配调心滚子轴承，可以利用前面的方法，即利用螺母和扳手或液压螺母的方法装配调心滚子轴承。当调心滚子轴承是以一定位套筒定位时，可以用两个垫板来简化装配。该垫板可以由一组塞尺或校准垫板组成，其厚度等于调心滚子轴承所要求的轴向位移，如图 3-32（a）所示。

将紧定套放在定位套筒下面，将垫板压在定位套筒的端面上，并将调心滚子轴承压至轴上直至与垫板接触，拧紧锁紧螺母，但必须当心垫板会掉出，如图 3-32（b）所示。移开垫板并用冲击扳手拧紧螺母，将调心滚子轴承压至与定位套筒接触。然后拆下螺母，装上止动垫圈，再装上螺母，拧紧并锁定。

还有一种方法是利用温差法装配圆锥孔调心滚子轴承。

采用温差法装配，必须通过螺母的前端面来测量调心滚子轴承的轴向位移，装配时首

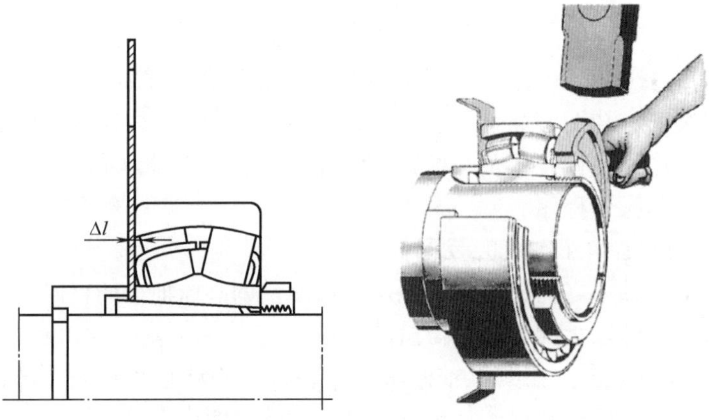

(a) (b)

图 3-32　用垫板装配圆锥孔调心滚子轴承

先必须将调心滚子轴承安装在紧定套上，并拧紧螺母，确保调心滚子轴承、紧定套和轴之间接触良好，然后测量紧定套小端与螺母之间的轴向距离，如图 3-33（a）所示。然后加热调心滚子轴承并将其安装在紧定套上，拧紧螺母并测量螺母端面与紧定套小端之间的距离，从而控制调心滚子轴承的轴向位移，如图 3-33（b）所示。等调心滚子轴承冷却后，必须检查调心滚子轴承的游隙。

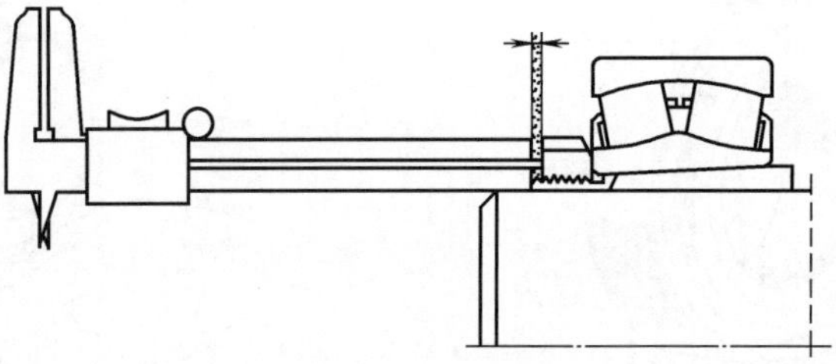

(a)

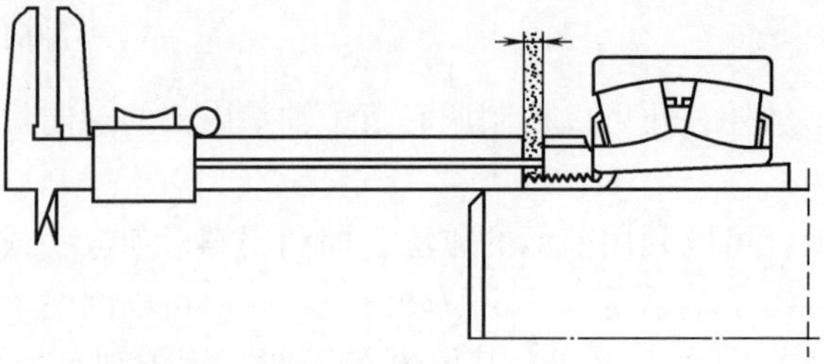

(b)

图 3-33　温差法装配圆锥孔调心滚子轴承

三、装在退卸套上的滚动轴承的装配

对于安装在退卸套上的滚动轴承的装配，其装配方法与装在紧定套上的滚动轴承的装配方法相同，即控制径向游隙或相对轴向位移的方法。装配时，退卸套压装在滚动轴承下面，而滚动轴承以轴肩或定位套定位。拆卸时将退卸套从滚动轴承下面拉出。

小滚动轴承通常采用机械法装配（如用冲击套筒和手锤），中等及以上滚动轴承用液压螺母或压油法。对于不能采用以上方法装配的滚动轴承可采用温差法装配。

1. 机械法装配

为防止退卸套装配后退出，建议使用一种专门制作的安装套筒，如图 3-34 所示，该安装套筒装于轴上或装在退卸套的孔中。除此，还可以通过安装锁紧螺母来防止退卸套的退出。

装配退卸套时应根据滚动轴承规定的径向游隙，用手锤和安装套筒将退卸套压至滚动轴承下面。如果轴上有螺纹，还可以用螺母和钩形扳手压装退卸套，如图 3-35 所示。当退卸套装配好以后，必须将其固定，如使用轴端挡圈进行轴向防松，如图 3-36 所示。

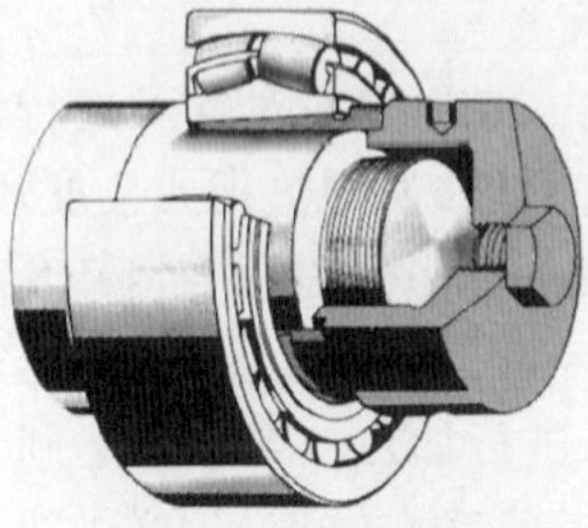
图 3-34　安装套筒的使用

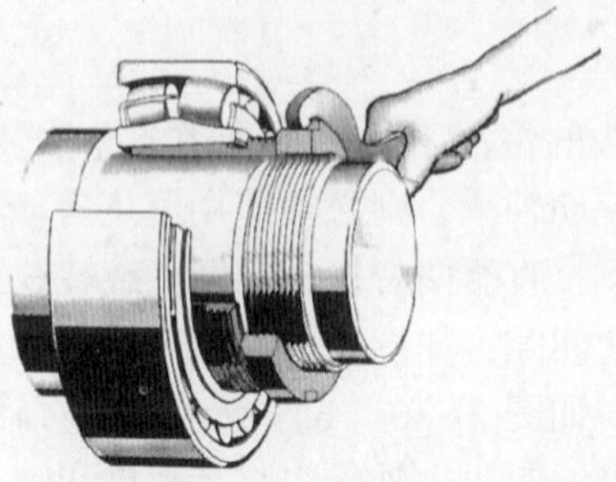
图 3-35　用螺母与扳手装配滚动轴承

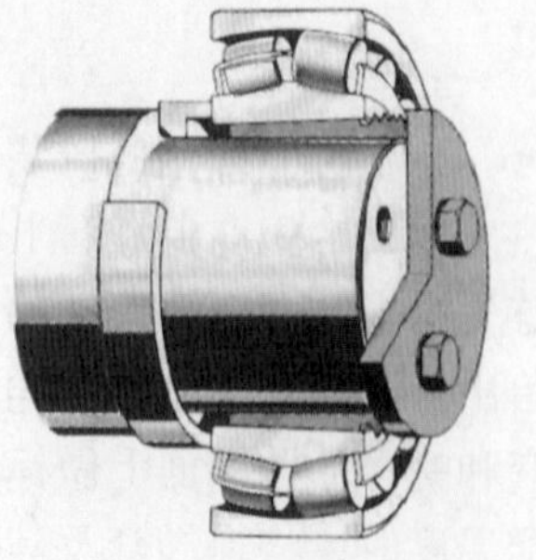
图 3-36　轴端挡圈的使用

2. 采用液压螺母或压油法

对于小型和中等滚动轴承的退卸套的装配只需使用液压螺母。而对于大型滚动轴承，可以采用压油法或压油法与液压螺母组合使用的方法。

根据轴的结构，液压螺母可以有以下不同的使用方法，如图 3-37 所示。

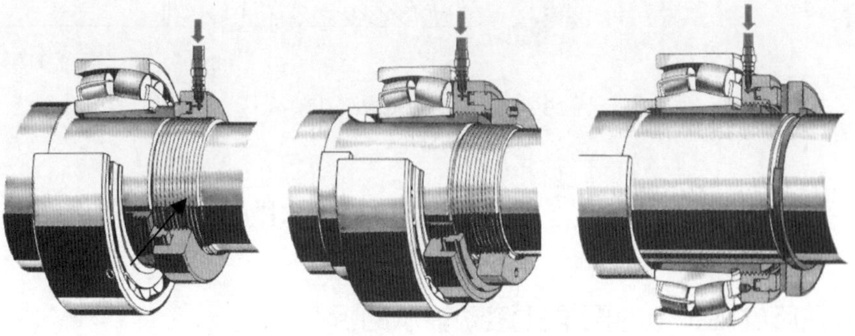
图 3-37　用液压螺母装配退卸套的几种方法

如果使用压油法，退卸套中必须加工油道，由于油道接头高出退卸套，装配时不可能使用螺母直接压靠退卸套。因此，对于带螺纹的轴，安装时可以使用锁紧螺母和定距环或轴套来固定退卸套，该轴套既能支承锁紧螺母又给油道接头留出了相应的空间。当退卸套位于轴端时，可以借助轴端挡圈和螺钉将退卸套压至滚动轴承内，如图 3-38 所示。

装配退卸套的最好办法是将压油法和液压螺母组合起来，但轴上必须有用于液压螺母活塞施力的结构。如果轴上有螺纹，就可以使用锁紧螺母，否则就要用组合支承环和一个挡圈，如图 3-39 所示。

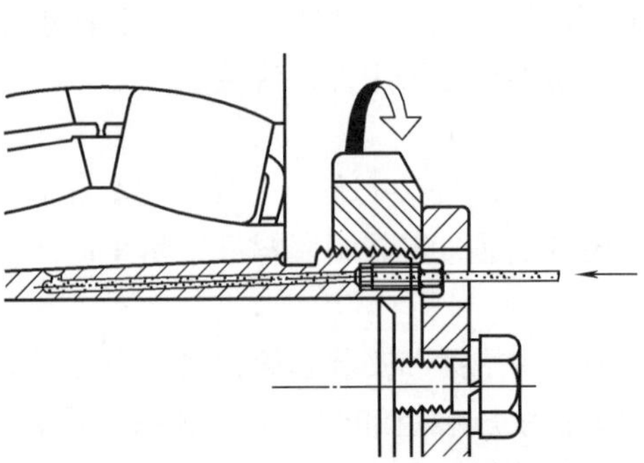

图 3-38　压油法装配退卸套

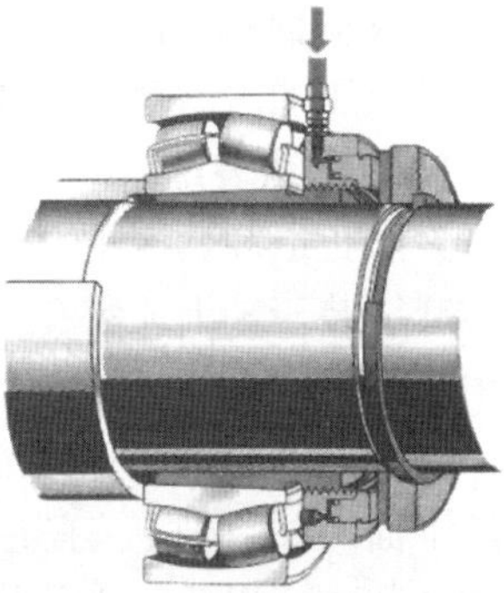

图 3-39　组合支承环的应用

3. 温差法

在不可能采用机械装配法的情况下，必须采用温差法装配，即装配前对轴承进行加热。对于装配在退卸套上的滚动轴承，则必须使用厚度等于轴向位移值的垫板或校准环。首先将退卸套压至滚动轴承下，直至两者接触良好。旋转锁紧螺母，并在螺母与退卸套间留出与装配轴向位移一样大的间隙，如图 3-40（a）所示。然后固定锁紧螺母或者在退卸套和螺母的前端面上做标记，如图 3-40（b）所示。再对轴承进行加热，当轴承达到装配温度时，将退卸套及其螺母一起压进轴承内直至螺母和轴承相互接触为止。但必须注意的是，退卸套必须固定在要求位置直至滚动轴承冷却为止。

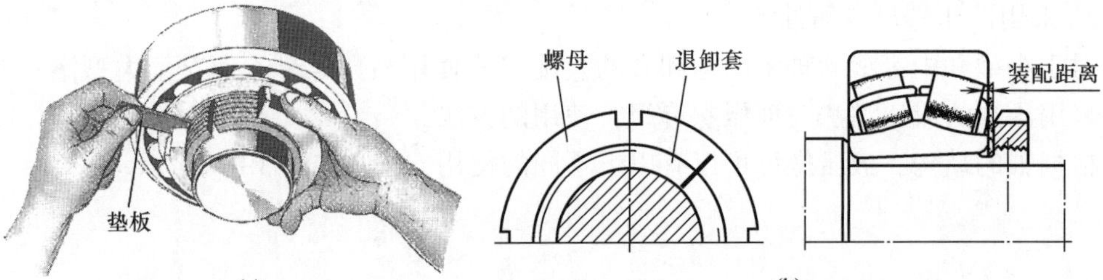

(a)　　(b)

图 3-40　温差法装配滚动轴承

任务五　圆锥孔滚动轴承的拆卸

一、装配在圆锥轴颈上的圆锥孔滚动轴承的拆卸

小滚动轴承可以用滚动轴承拉出器（也称拉拔器、拉马）拆卸。由于这类滚动轴承一般与轴配合较紧，所以拉马应直接作用于滚动轴承内圈上。如果拉出器不可能作用于滚动轴承内圈，且滚动轴承必须再次使用时，可将拉出器作用于滚动轴承外圈上，但拆卸时必须旋转外圈。

思政引例
项目三任务五

配套视频
项目三任务五中文教学视频
项目三任务五英文教学视频

中等滚动轴承在拆卸时通常需要

很大的力，这时不宜采用普通拉出器，最好采用自定心液压拉出器，如图 3-41 所示。

中等和大型滚动轴承在拆卸时采用压油法可以使拆卸更容易。拆卸滚动轴承时，油液在高压作用下通过油路和油槽进入轴颈和滚动轴承内圈之间。结果，油膜将接触面完全分开，并产生一个轴向力使滚动轴承滑离轴颈。

采用压油法拆卸装配在圆锥颈上的圆锥孔滚动轴承时，产生的拆卸力会使滚动轴承突然地离开轴颈。因此，必须在油膜产生之前，将锁紧螺母旋松一定距离或在轴上放置一个阻挡用零件，以防止滚动轴承完全飞出轴外，如图 3-42 所示。当压入的油经滚动轴承漏出时，这表明滚动轴承已与轴颈松脱，此时应立即解除油压。

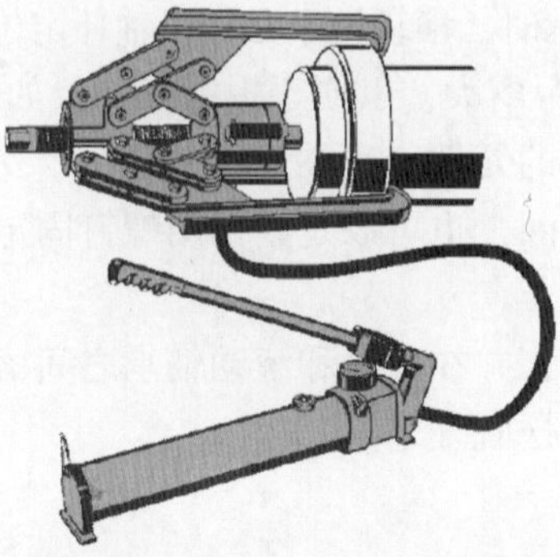

图 3-41 自定心液压拉出器

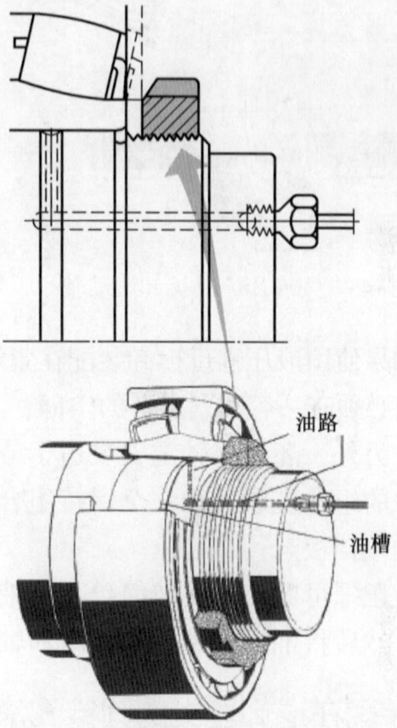

图 3-42 压油法拆卸滚动轴承

二、装配在紧定套上的圆锥孔滚动轴承的拆卸

调心球轴承和调心滚子轴承通常安装在紧定套或退卸套上。这种装配技术简化了滚动轴承的装配和拆卸。

装配在紧定套上的小型滚动轴承和中等滚动轴承可以用手锤敲击套筒的方法来拆卸，该套筒须直接作用于锁紧螺母（图 3-43）或滚动轴承内圈（图 3-44）。

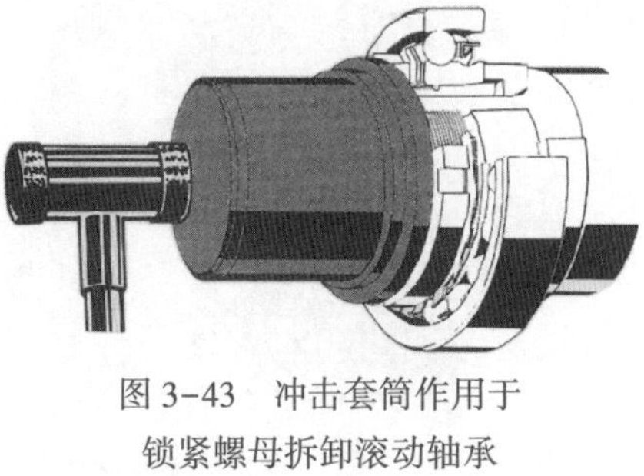

图 3-43 冲击套筒作用于锁紧螺母拆卸滚动轴承

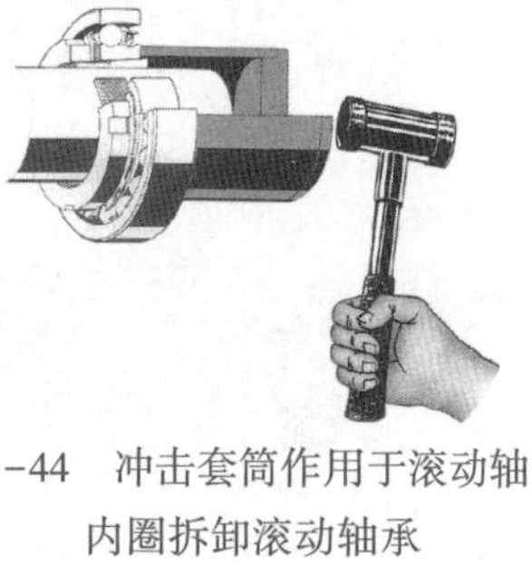

图 3-44 冲击套筒作用于滚动轴承内圈拆卸滚动轴承

如果所拆卸滚动轴承需重复使用，则必须在轴上标出紧定套的位置，将止动垫圈的外翅弯直，再将锁紧螺母回松几圈。然后将冲击套筒放在正确的位置，用无反弹力的手锤有力地敲击冲击套筒几下，这样滚动轴承就松开了。

如果不能用手锤和冲击套筒拆卸滚动轴承，必须使用专用工具，如图 3-45 和图 3-46 所示。

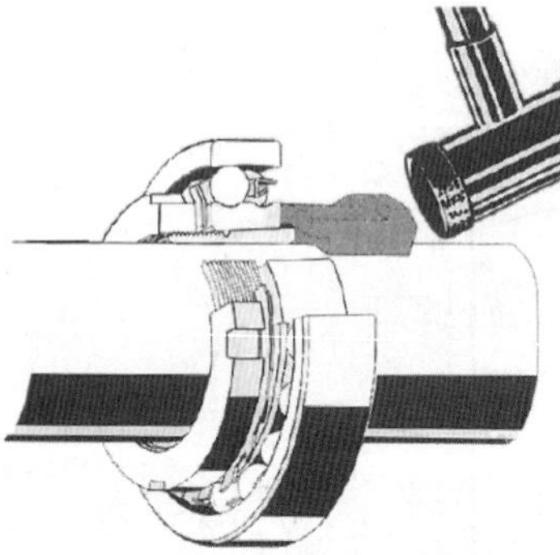

图 3-45　用专用工具拆卸滚动轴承

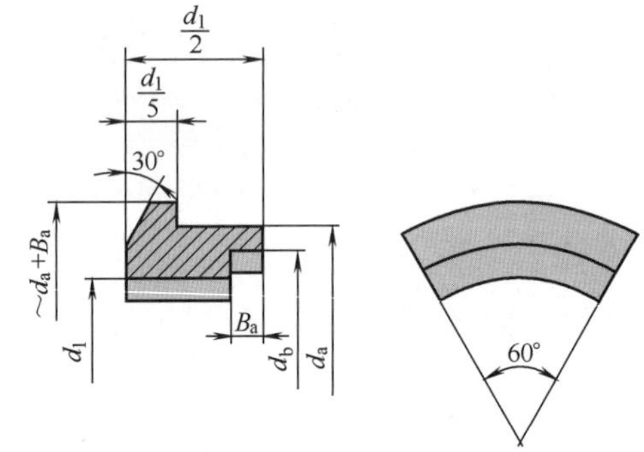

图 3-46　拆卸滚动轴承的专用工具示意图

如果使用液压螺母拆卸装配在紧定套上的滚动轴承时，滚动轴承必须以轴环定位，但该轴环内必须有一容纳紧定套的空间，其长度要比装配距离大，以便于拆卸操作，如图 3-47 所示。另外，还要在轴上安装适于液压螺母活塞施力的元件，这种元件包括一个安装在轴沟槽中的组合支承环和一个保持组合支承环位置的挡圈，也可以是一个用螺钉固定在轴端上的轴端挡板。

液压螺母的使用比较简单。将液压螺母装在轴上，并在螺母和滚动轴承之间留一个小间隙。然后将油压进螺母直至滚动轴承与紧定套之间松脱开来。

三、装配在退卸套上的圆锥孔滚动轴承的拆卸

对于装配在退卸套上的滚动轴承，为了防止退卸套在配合面之间摩擦力很小时滑离滚动轴承，一般采用一个螺母或锁紧挡板进行固定。

装配在退卸套上的小型或中等滚动轴承可以用一个锁紧螺母和钩形扳手或冲击扳手进行拆卸。如果退卸套超过了轴端，则可以用一个与退卸套孔径大致相等的圆板装在退卸套孔中以避免变形，如图 3-48 所示。

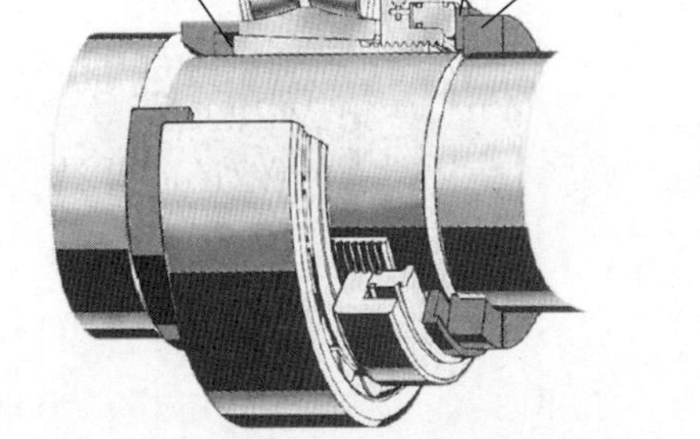

图 3-47　用液压螺母拆卸滚动轴承

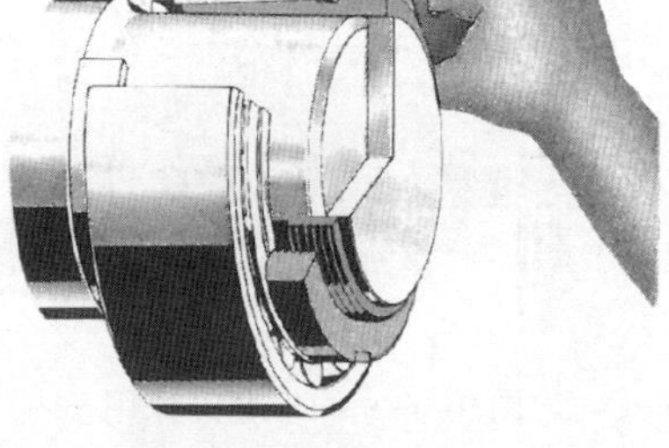

图 3-48　用钩形扳手拆卸滚动轴承

大型滚动轴承最好采用液压螺母拆卸。液压螺母旋入退卸套上的螺纹并使其活塞紧靠滚动轴承，然后将油压入螺母就可以将退卸套从滚动轴承中拉出，如图 3-49 所示。

用于大型滚动轴承装配的退卸套通常加工有油槽和两个油道。在用压油法拆卸时，油通过一个油路注入退卸套和轴之间，并通过另一个油路注入退卸套和滚动轴承之间，如图 3-50 所示。因此，只需较小的力就可拆卸滚动轴承了。除此，压油法和液压螺母还可以一起组合使用以拆卸大型滚动轴承。

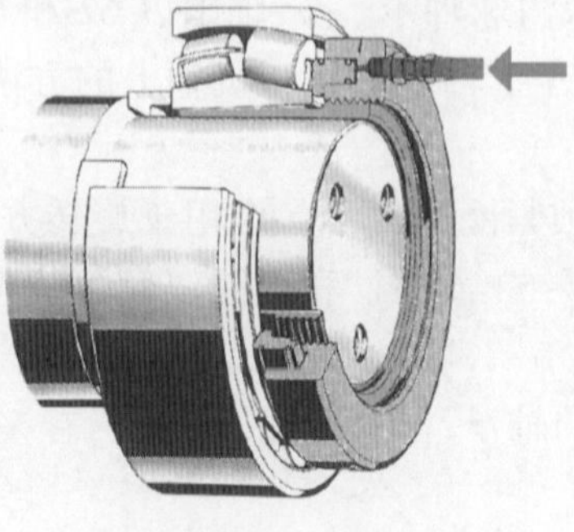
图 3-49　用液压螺母拆卸滚动轴承

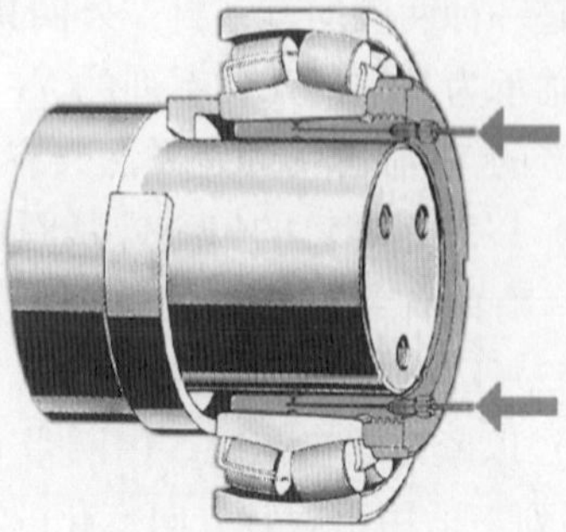
图 3-50　用压油法拆卸滚动轴承

任务六　带座轴承的装配

思政引例

项目三任务六

带座轴承单元是滚动轴承与座组合在一起的一种新结构轴承部件，其大部分滚动轴承都是外圈外径做成外球面，与带有球形内孔的轴承座安装在一起，结构形式多种多样，通用性和互换性好。这种轴承单元具有与普通轴承一样的载荷能力，有突出的调心性能和密封性能，可以在恶劣的环境下工作。轴承单元安装使用方便，能节省维修费用，近 20 年来，世界各国著名轴承生产厂家和公司都迅速发展这种轴承单元，并在纺织、农机、运输和工程机械等各个领域得到了广泛的应用。带座轴承单元中安装的轴承有向心球轴承或滚子轴承，其中量大面广的是外球面球轴承。

一、 Y-轴承的组成

带座轴承又称为带座轴承单元。带座外球面轴承单元是一种向心球（或滚子）轴承与座组合在一起的一种新结构轴承部件，如图 3-51 所示。

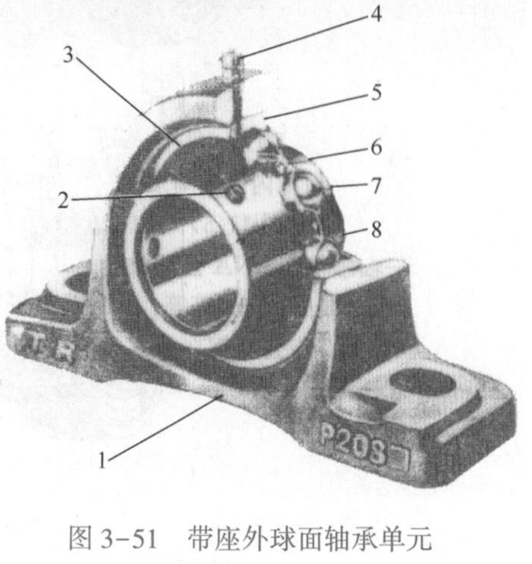

图 3-51　带座外球面轴承单元
1—铸铁座　2—紧定螺钉　3—挡圈　4—油嘴
5—外圈　6—保持架　7—钢球　8—内圈

我国目前生产的带座轴承主要是带座外球面球轴承，简称带座轴承（GB/T 27554—2011）。外球面球轴承 ISO 称为“Insert Bearing”，定义为具有球面外圈和宽内圈带有紧固装置的定心滚动轴承（见 ISO 5593）；瑞典 SKF 公司称为 Y-轴承、Y-轴承单元；美国称为宽内圈轴承；

德国 FAG 公司称为 S-轴承单元；德国 INA 公司称为 Ball Bearings Housing Units；日本 NSK 公司称为 Ball Bearings Units 等。

带座轴承种类繁多，使用方便，安装、维修费用下降，经济效果显著，在各种机械中的应用日益广泛。

Y-轴承组件包含：轴承和轴承座两部分。

1. Y-轴承

这是一种两侧均有密封，外圈具有球形表面的深沟球轴承。Y-轴承以 62 和 63 系列深沟球轴承为基础，几种系列的 Y-轴承的基本判别在于轴承固定于机轴上的方法。SKF 公司生产的 Y-轴承的固定方法共有四种：

（1）以紧定螺钉的偏心锁紧圈锁紧。具有偏心锁紧圈的轴承，应用于旋转方向恒定的场合。有两种系列：内圈单侧加长型 YET2 [图 3-52（a）] 和内圈双侧加长型 YEL2 [图 3-52（b）]。

（2）以紧定螺钉锁紧。内圈带有两个紧定螺钉的轴承 [图 3-52（c）]，有 YAR2 和 YAJ2 系列，适用于旋转方向变化的场合。

（3）紧定套锁紧。具有紧定套的轴承 [图 3-52（d）] 为 3680（00）系列，可用于旋转方向变化及转速较高且运行须比以上系列更平稳的场合。

（4）采用过盈配合来固定。如 17262（00）-2RS1 和 17263（00）-2RS1 系列标准内圈轴承，具有普通内径公差，可选用适当配合固定于机轴上 [图 3-52（e）]。这类轴承适用于高速、回转方向变化的场合。

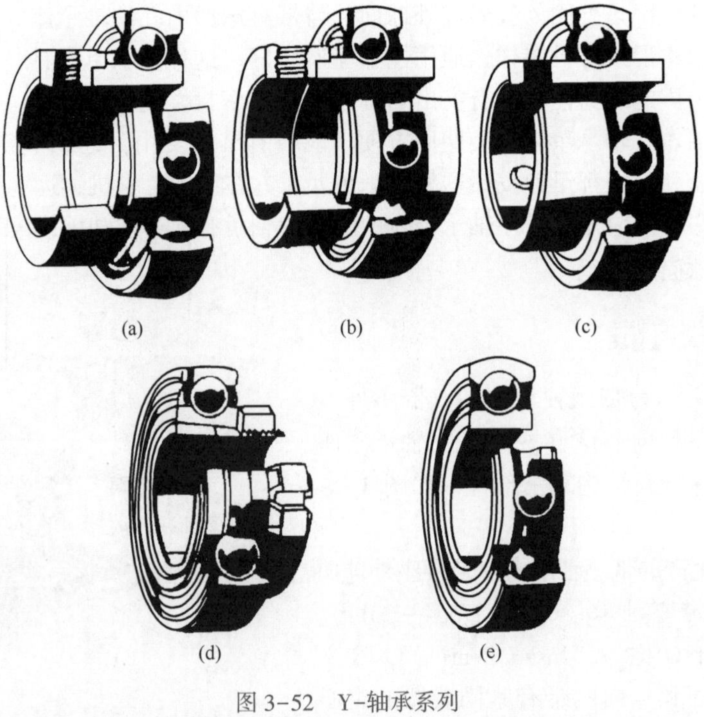

(a) (b) (c) (d) (e)

图 3-52 Y-轴承系列

（a）内圈单侧加长型 YET2 （b）内圈双侧加长型 YEL2 （c）YAR2 和 YAJ2 系列 （d）3680（00）系列 （e）17262（00）-2RS1 系列

2. Y-轴承座

由铸铁或冲压钢板制造而成，壳体内有球形内孔。$D=12\sim100$mm。

二、 Y-轴承的特点

Y-轴承具有较强的自动调心能力，能自动纠正装配时产生的误差，但是不允许有轴向位移。因此不能用于可分离类型的轴承。它们主要用于支承短轴和热膨胀较小的场合。轴较小的热伸长可由轴承的轴向游隙所补偿。

装有偏心锁紧圈的Y-轴承的缺点是，这种轴承不适宜用于旋转方向需改变的轴承结构中。因为在偏心锁紧圈紧固方向改变转动方向时，偏心锁紧圈可能会自由振动。

三、 Y-轴承的装配

装配Y-轴承（图3-53），在轴承座尚未牢固地装配在基础件上时，不得将Y-轴承固定在轴上，这样才能使轴承在轴上具有正确的位置，从而使轴承不致承受不必要的应力。Y-轴承安装很方便，只需套装在轴上，然后将其锁紧在轴上。

图3-53　将轴承放入轴承座内

本任务只介绍带偏心锁紧圈的Y-轴承的装配。

1. Y-轴承的装配

在轴承座凹口处，将Y-轴承垂直地插入轴承壳体孔内，然后旋转成正确位置，如图3-54所示。此时，可使用轴等附件插入轴承内旋转轴承。

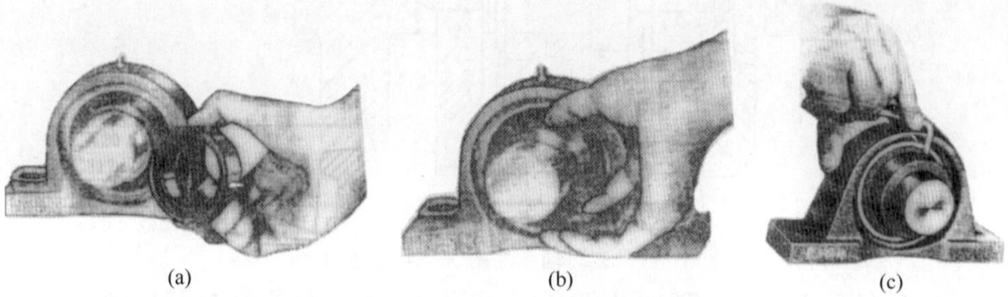

(a)　(b)　(c)

图3-54　带偏心锁紧圈Y-轴承的安装

放置轴承时，应确保在轴承旋转进入其正确位置后，轴承的润滑油孔应正对着轴承壳体内的润滑沟槽。

2. 偏心锁紧圈的安装

这种轴承内圈加长端有一偏心凸台，偏心锁紧圈一侧也有偏心凹槽，安装在轴上时，偏心凸台和偏心凹槽对好［图3-54（a）］，先向轴旋转方向转紧偏心锁紧圈［图3-54（b）］，再拧紧偏心锁紧圈上的紧定螺钉［图3-54（c）］，推荐的扭紧力矩，如表3-1所示。这类轴承要求机械运转方向一定。若机械运转方向不定，建议将轴两端的轴承以相反方向锁紧。

表 3-1　扭紧力矩

轴承型号		扭紧力矩		螺钉尺寸
TR	GB	N·cm	kgf·cm	
SA201～SA205	UE201～SA205	540	55	M6×1
NA201～NA205	UEL201～UEL205			
SA206，NA206	UE206，UEL206	1130	115	M8×1（M6×1）
SA207～SA210 NA207～NA210	UE207～UE210 UEL207～UEL210	2160	220	M10×1.25 （M8×1）
NA211～NA212	UEL211～UEL212	3250	330	M12×1.5（M10×1.25）

任务七　装配操作：滚动轴承装配训练项目

根据如图 3-55 所示的滚动轴承装配训练项目装配图，完成如下实训项目。

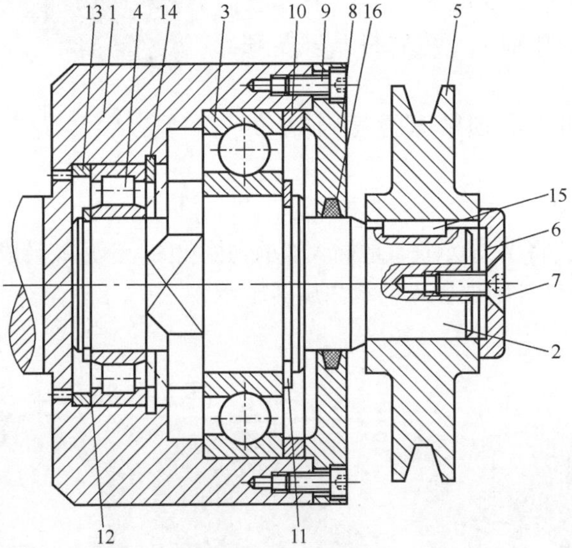

图 3-55　滚动轴承装配训练项目装配图

1—箱体　2—轴　3—6208 滚动轴承　4—NU1006 滚动轴承　5—带轮　6—轴端挡圈
7—沉头螺钉　8—轴承盖　9—内六角圆柱头螺钉　10、13—套筒
11、12—轴用弹性挡圈　14—孔用弹性挡圈　15—键　16—毛毡圈

1. 操作要求

进行该练习后，应能：

① 区分并说出圆柱滚动轴承和深沟球轴承的用途。

② 正确地装配或拆卸圆柱滚动轴承和深沟球轴承。

③ 认识并正确地使用装配和拆卸滚动轴承所需的工具。

④ 根据有关标准，对滚动轴承及轴颈、壳体孔进行所需的检查。

⑤ 制定该设备拆卸的步骤。

2. 工具与附件

工具：5mm 内六角螺钉扳手；拉马；钢锤；塑料锤；冲击套筒；弹性挡圈钳；一字起子；塞尺；Arcanol L 71 润滑脂；清洁布。

测量和检验用工具：150mm 游标卡尺；25～50mm 外径千分尺；50～75mm 内径千分尺；75～100mm 内径千分尺。

3. 额定时间

完成时间：4 小时。

一、检查安装轴与孔的尺寸精度

根据图 3-56 检查安装轴与孔的尺寸精度并做好如下工作。

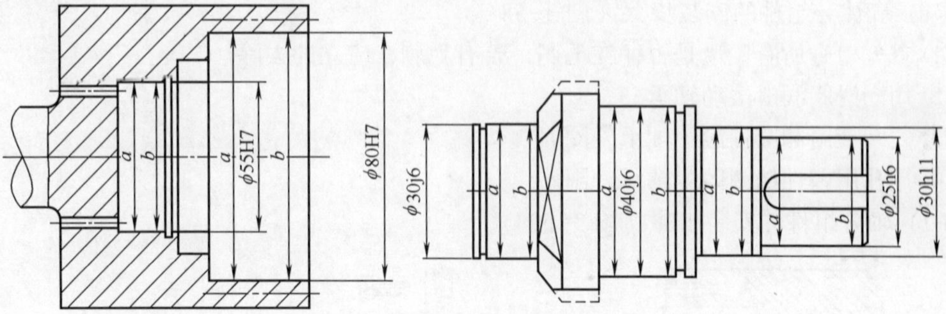

图 3-56　轴与孔的尺寸精度检查

（1）查表确定各轴与孔的尺寸、极限偏差和尺寸公差等，并将数据填入表 3-2 中。

表 3-2　　记录表 1

尺寸	极限偏差/μm	尺寸公差/μm	公差的半值/μm
φ55H7			
φ80H7			
φ30j6			
φ40j6			
φ25h6			
φ30h11			

（2）根据测量结果填写表 3-3，并判断各尺寸是否合格。

表 3-3　　记录表 2

直径	实际尺寸/mm						实际形状误差/μm				合格	不合格
	平面 1			平面 2			圆度		圆柱度			
	截面 *a*	截面 *b*	平均值	截面 *a*	截面 *b*	平均值	截面 *a*	截面 *b*	平面 1	平面 2		
φ55H7												
φ80H7												
φ30j6												
φ40j6												
φ25h6												
φ30h11												

注：① 平面 1 和平面 2 是指同一截面的两个互相垂直的测量平面。

② 圆度和圆柱度不应超过尺寸公差的一半。

③ 平面 1 和平面 2 处的实际尺寸取其截面 *a* 和截面 *b* 处的平均值。

二、滚动轴承的润滑

在滚动轴承安装时，通常在滚动轴承内加注润滑脂以进行润滑，且滚动轴承两边需留有一定的空间以容纳从滚动轴承中飞溅出来的油脂。有时为了密封的需要，也在滚动轴承的两边空间中加注润滑脂，但只能充填其空间的一半。如果填入的润滑脂太多，将会由于温度的升高而使润滑脂过早地失去作用。

本装置采用的是 FAG 滚动轴承用 Arcanol L 71 润滑脂。

三、装配步骤

如图 3-57 所示，滚动轴承部件的装配。

（1）壳体分组件的安装步骤（图 3-58）。

① 首先检查所有锐边是否存在毛刺，若有毛刺，应立即去除。

② 用润滑脂润滑滚动轴承。

③ 安装套筒和圆柱滚子轴承外圈。

④ 用孔用弹性挡圈固定轴承外圈。

（2）轴分组件的安装步骤（图 3-59）。

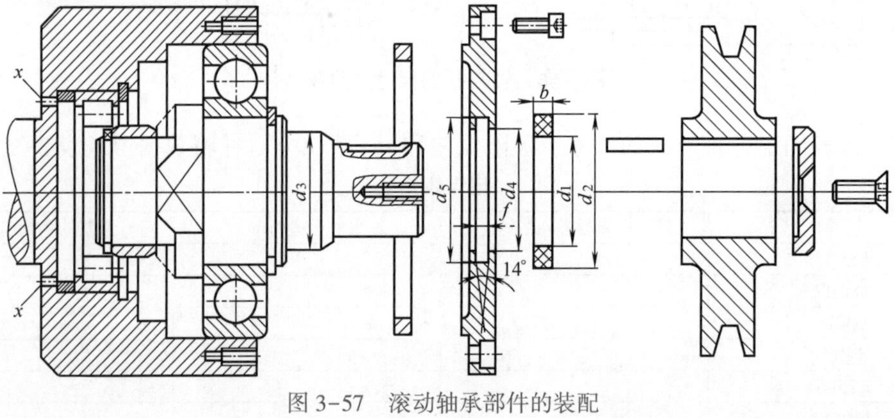

图 3-57　滚动轴承部件的装配

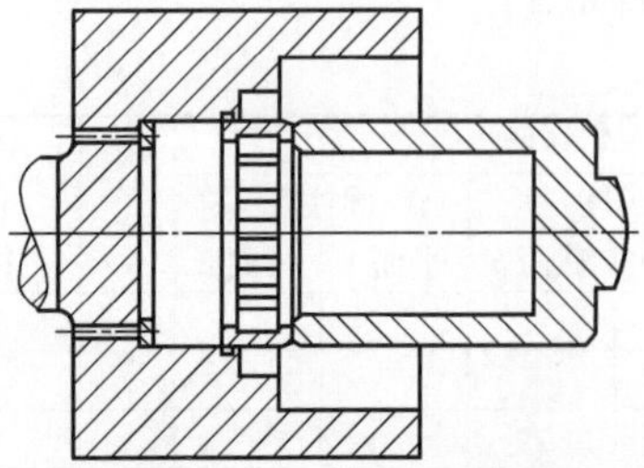

图 3-58　壳体分组件的装配

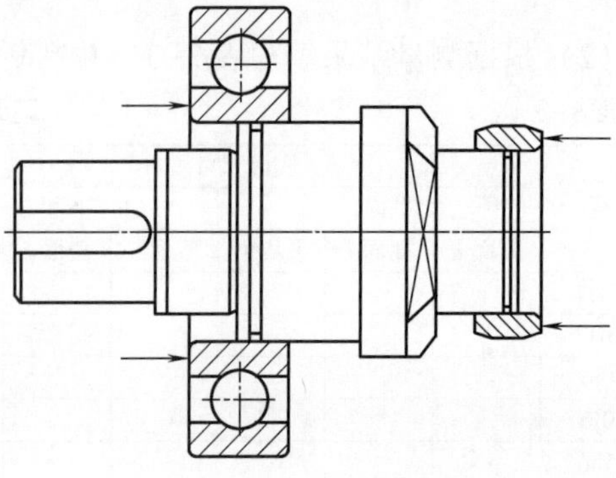

图 3-59　轴分组件的装配

① 将圆柱滚子轴承内圈压入轴上，用 0.03mm 的塞尺检查其是否与轴肩接触。

② 将深沟球轴承压入轴上，并检查其与轴肩是否接触，方法同上。

③ 分别用轴用弹性挡圈固定两轴承。

（3）将轴分组件仔细地压入壳体分组件内，且在压入时要注意辅之以轻微的旋转，以防止圆柱滚子轴承的内圈被划伤。

（4）安装毛毡圈。根据毛毡圈的产品标准，查表确定表 3-4 中的值：

表 3-4　　记录表 3

直径	d_1	d_2	b	d_3	d_4	d_5	f
标准值							

将毛毡圈塞入轴承盖槽内。

（5）装配定位套筒。

（6）装配轴承盖。用螺钉紧固轴承盖，并用内六角扳手使其固定。

（7）装配键。将键涂油并压入键槽内。

（8）装配带轮。在轴颈表面涂油，将带轮压入轴上与轴肩接触，并用螺钉固定轴端挡圈。

（9）检查带轮的运转情况。

四、操作思考题

① 安装毛毡圈时，应有哪些操作？

② 将轴分组件压入壳体分组中时应注意什么？

③ 在图中壳体上有两个孔（图 3-57 中标有 x 处）的作用是什么？

④ 该装置两个轴承在其组合中分别起什么作用？

⑤ 键的作用是什么？

五、滚动轴承的拆卸

根据如图 3-55 所示的滚动轴承装配训练项目装配图，在下列括号内填写该装置的拆卸步骤数字，并按此顺序进行拆卸。

（　）拆卸内六角圆柱头螺钉 9 和轴承盖 8。

（　）拆卸沉头螺钉 7 和轴端挡圈 6。

（　）将毛毡圈 16 从轴承盖中取出。

（　）拆卸定位套筒 10。

（　）拆卸带轮 5。

（　）拆卸键 15。

（　）将轴 2 和深沟球轴承（6208 滚动轴承）3、圆柱滚子轴承（NU1006 滚动轴承）内圈 4 组成的轴分组件从壳体中拆卸下来。

（　）拆卸轴用弹性挡圈 12。

（　）拆卸圆柱滚子轴承（NU 1006 滚动轴承）4 内圈。

（　）拆卸套筒 13 和圆柱滚子轴承（NU1006 滚动轴承）4 外圈。

（　）拆卸轴用弹性挡圈 11。

（　）拆卸深沟球轴承（6208 滚动轴承）3。

（　）拆卸孔用弹性挡圈 14。

（　）清洗所有零件，并将所有零件涂油。

思　考　题

1. 一滚动轴承的代号为 22320 EK C3，根据表 3-5 确定该轴承装配后的最小径向游隙。

表 3-5　　调心滚子轴承（锥孔）的装配　　单位：mm

轴承孔径 d		轴承径向游隙的减小量		轴向位移量				轴承装配后的最小径向游隙		
				锥度 1∶12		锥度 1∶30				
大于	至	最小	最大	最小	最大	最小	最大	标准	C3	C4
24	30	0.015	0.020	0.3	0.35	—	—	0.015	0.020	0.035
30	40	0.020	0.025	0.35	0.4	—	—	0.015	0.025	0.040
40	50	0.025	0.030	0.4	0.45	—	—	0.020	0.030	0.050
50	65	0.030	0.040	0.45	0.6	—	—	0.025	0.035	0.055
65	80	0.040	0.050	0.6	0.75	—	—	0.025	0.040	0.070
80	100	0.045	0.060	0.7	0.9	1.7	2.2	0.035	0.050	0.080
100	120	0.050	0.070	0.75	1.1	1.9	2.7	0.050	0.065	0.100
120	140	0.065	0.090	1.1	1.4	2.7	3.5	0.055	0.080	0.110
140	160	0.075	0.100	1.2	1.6	3.0	4.0	0.055	0.090	0.130
160	180	0.080	0.110	1.3	1.7	3.2	4.2	0.060	0.100	0.150
180	200	0.090	0.130	1.4	2.0	3.5	5.0	0.070	0.100	0.160
200	225	0.100	0.140	1.6	2.2	4.0	5.5	0.080	0.120	0.180

2. 滚动轴承装配前的检查与防护措施有哪些？
3. 滚动轴承清洗的方法有哪些？简述其操作要点。
4. 简述滚动轴承装配的基本原则。
5. 用机械法拆卸滚动轴承时，如何确定滚动轴承的安装顺序？
6. 感应加热器加热的优点有哪些？加热时应控制的温度是多少？
7. 铝环加热器用于给哪一类滚动轴承加热？其操作要点有哪些？
8. 简述用液压螺母装配锥孔滚动轴承的操作要点。
9. 简述带紧定套的调心球轴承的装配技术。
10. 采用压油法拆卸装配在圆锥颈上的圆锥孔滚动轴承时，应如何进行操作？
11. 简述装配在紧定套上的圆锥孔滚动轴承的拆卸方法。
12. 简述装配在退卸套上的圆锥孔滚动轴承的拆卸方法。
13. 简述带座轴承的组成和应用特点。

项目三　在线习题

项目四

配套课件

项目四

密封件的装配

【学习目标】

1. 了解密封的基本原理；
2. 了解常用密封件的种类及其应用场合；
3. 会正确选择各类密封件的装配工具，并能熟练使用；
4. 掌握常用密封件的装配与拆卸技术；
5. 养成良好的职业行为习惯，践行良好的劳动精神和工匠精神；
6. 增强制造强国、科技立国、产业报国的家国情怀。

【操作项目】

1. O 形密封圈的装配（图 4-47）。
2. 油封的装配（图 4-49）。

任务一　O 形密封圈的装配

思政引例

项目四任务一

配套视频

项目四任务一中文教学视频1　项目四任务一中文教学视频2　项目四任务一英文教学视频1　项目四任务一英文教学视频2

在机械设备中，密封件是必不可少的零件，它主要起着阻止介质泄漏和防止污物侵入的作用。在装配中要求其所造成的磨损和摩擦力应尽量地小，但要能长期地保持密封功能。

密封件可分为两大主要类型，即静密封件和动密封件。静密封件用于被密封零件之间无相对运动的场合，如密封垫和密封胶。动密封件用于被密封零件之间有相对运动的场合，如油封和机械式密封件。

O 形密封圈是截面形状为圆形的圆形密封元件，如图 4-1 所示。大多数的 O 形密封圈由弹性橡胶制成，它具有良好的密封性，是一种压缩性密封圈，同时又具有自封能力，所以使用范围很宽，密封压力从 1.33×10^{-5}Pa 的真空到 400MPa 的高压（动密封可达 35MPa）。如果材料选择适当，温度范围为-60~200℃。在多数情况下，O 形密封圈是安装在沟槽内的。其结构简单，成本低廉，使用方便，密封性不受运动方向的影响，因此得到了广泛的运用。

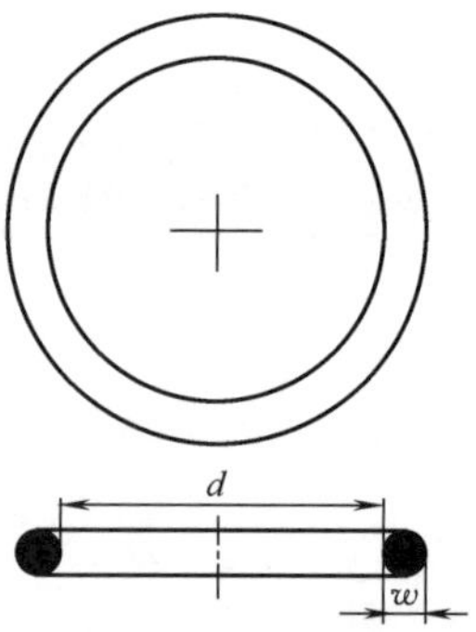

图 4-1　O 形密封圈
d—O 形密封圈内径　*w*—O 形密封圈截面直径

一、 O 形密封圈密封的原理

O 形密封圈的作用是将被密封零件结合面间的间隙封住或切断泄漏通道，从而使被堵塞的介质不能通过 O 形密封圈。这样的密封原理既能应用在动态场合下，又能应用在静态场合下。在动态场合下，O 形密封圈可应用于滑动和旋转运动中，所以 O 形密封圈是一种极为通用的密封元件。

作为静密封件（图 4-2），为了保证良好的密封效果，O 形密封圈应有一定的预压缩量，预压缩量的大小对密封性能影响较大。过小时密封性能不好，易泄漏；过大则压缩应力增大，使 O 形密封圈容易在沟槽中产生扭曲，加快磨损，缩短寿命。预压缩量通常为 15%~25%，但其在径向安装和轴向安装时还稍有不同。作为动密封件（图 4-3），其预压缩量为 8%~20%，但用于液体介质和气体介质时摩擦力稍有不同。在应用中，具有较小截面的 O 形密封圈应比较大截面的预压缩量更大一些，以适应沟槽较大的尺寸公差。

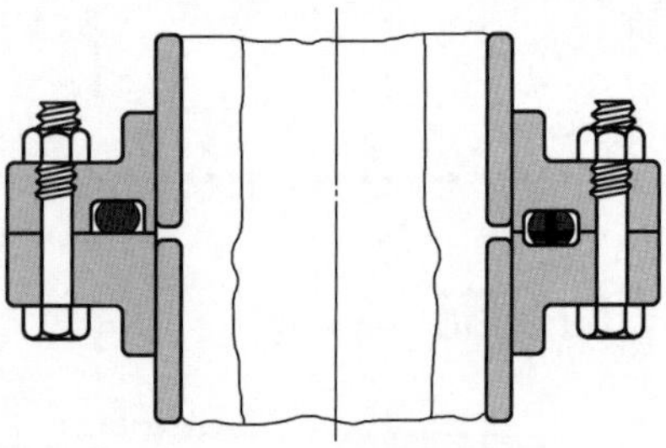
图 4-2　静密封件

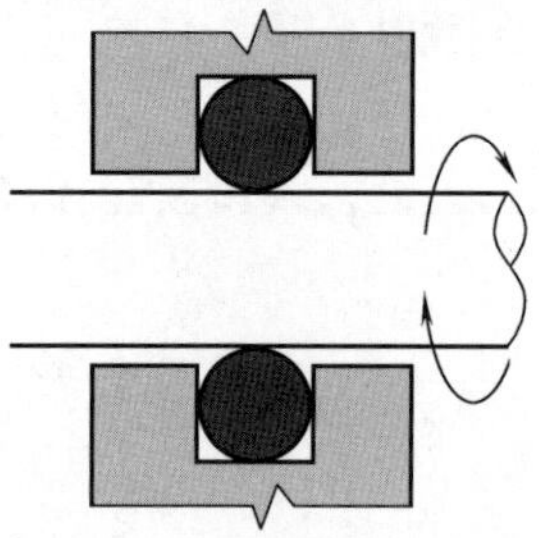
图 4-3　动密封件

综上所述，只要 O 形密封圈的预压缩量正确，即可形成一个可靠的密封。除此，在液压油缸中，O 形密封圈又受到油压作用而发生变形，并被挤压到堵塞液体泄漏通道的一侧，紧贴槽侧和缸的内壁，从而使密封作用加强（图 4-4）。并随着油压的增加，密封性能越好（一般称这种性能为自封性）。

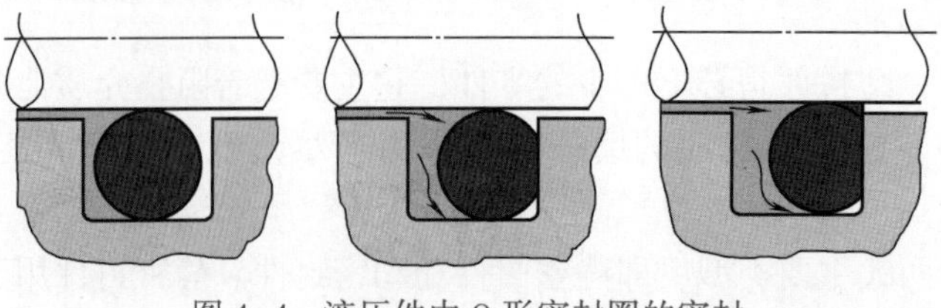
图 4-4　液压件中 O 形密封圈的密封

二、 O 形密封圈的永久性变形

O 形密封圈在外加载荷或变形去除后，都具有迅速恢复其原来形状的能力。但是在长期使用以后，几乎总有某种程度的变形仍然不能恢复，这种现象被称作“永久性变形”。由此，O 形密封圈的密封能力下降。为了衡量 O 形密封圈的“残余弹性”，常用永久性变形来表示 O 形密封圈的密封能力和恢复至其原有厚度的能力。永久性变形用百分率来表示：

$$C=\{(t_0-t_1)/(t_0-t_s)\}\times100\%$$

式中：C 为 O 形密封圈的永久性变形；t_0 为 O 形密封圈未受工作压力时的初始直径；t_s 为 O 形密封圈受工作压力后的截面厚度；t_1 为 O 形密封圈在工作压力去除后的截面厚度。

C 值越小，密封效果越好。如图 4-5 所示为 O 形密封圈的永久性变形。当温度升高时，压缩性永久性变形的值也将增加。

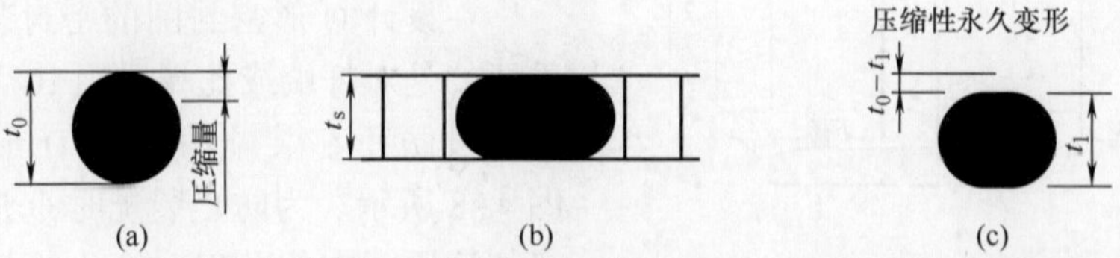

图 4-5 压缩性永久性变形

（a）O 形密封圈原有截面 （b）O 形密封圈截面受压 （c）恢复后 O 形密封圈截面

O 形密封圈的弹性橡胶越软，则密封圈调节自身适应密封面的能力越佳，特别在低压情况下，密封能力越强；O 形密封圈的化合物越软，则使 O 形密封圈变形所需的力越小；在动态情况下，软弹性橡胶的摩擦因数比硬的化合物的摩擦因数大，但后者在具有与弹性橡胶密封圈有相同变形时所需的压力也较大；温度升高时，弹性橡胶会变得越软，并随使用时间会发生硬化现象，这是弹性橡胶老化的结果（硫化过程进展缓慢）。

三、O 形密封圈的挤入缝隙现象

对于一定硬度的橡胶，当介质压力过大或被密封零件间的间隙过大时，都可能发生 O 形密封圈被挤入间隙内的危险，从而导致 O 形密封圈的损坏，失去密封作用，如图 4-6 所示。所以，O 形密封圈的压缩量和间隙宽度都十分重要。

密封的间隙宽度应由介质压力来确定。如果介质压力增大，则许用间隙宽度应相应减小。但是也可以改用硬度高的橡胶密封圈，可以有效地防止 O 形密封圈被挤入缝隙。还可以使用挡圈来阻止挤入缝隙现象，如图 4-7 所示。

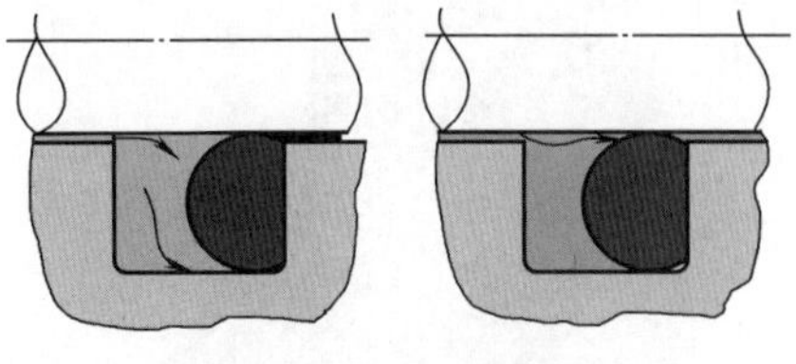

图 4-6 O 形密封圈的损坏

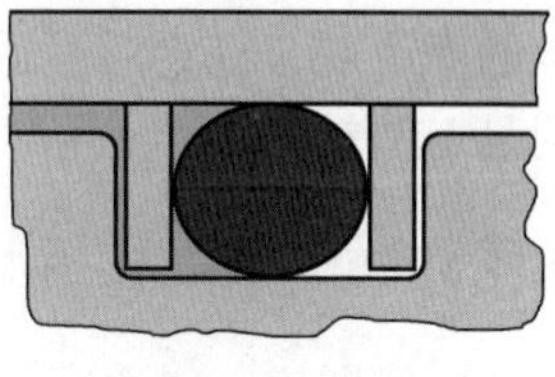

图 4-7 挡圈

四、O 形密封圈的贮存

根据弹性橡胶的类型，硫化 O 形密封圈的贮存期在 3~20 年。但在实际操作中，若能加强检查，贮存期还可更长些。

下面是有关贮存的一些建议：

① 环境温度为不超过 25℃。

② 环境应干燥。

③ 防止阳光和含紫外线的灯光照射。

④ 空气特别是含臭氧的空气易使橡胶老化，所以应将 O 形密封圈贮存于无流动空气的场所，且贮存处禁止有臭氧产生的设备存在。

⑤ 贮存期间，避免与液体、金属接触。

⑥ O 形密封圈在保存时应不受任何作用力，例如，严禁将 O 形密封圈悬挂在钉子上。

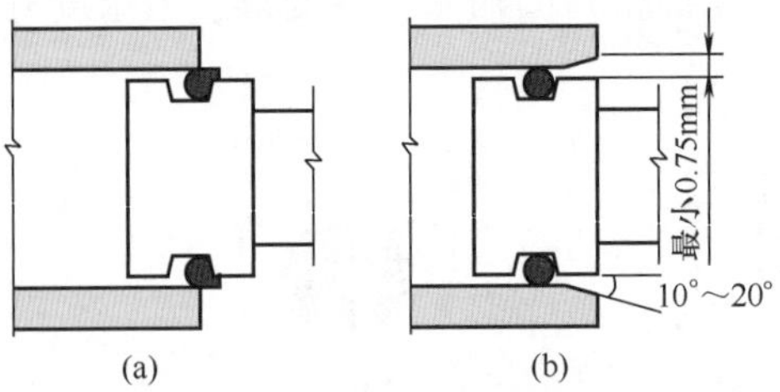

图 4-8 正确的倒角
（a）错误 （b）正确

五、O 形密封圈密封装置的倒角

在设计 O 形密封圈的密封装置时，最为重要的是对杆端或孔端采用 10°~20°的倒角，这样可防止在装配时损坏 O 形密封圈，如图 4-8 所示。为防止装配时 O 形密封圈通过诸如液压阀内的孔口时产生挤坏现象，也必须将孔口倒角或倒圆，如图 4-9 所示。

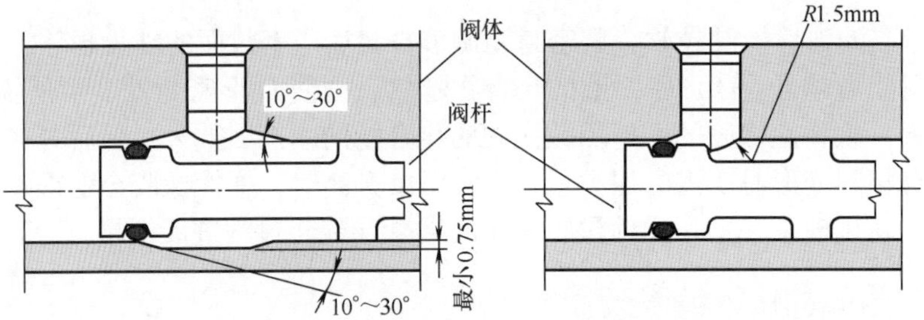

图 4-9 液压阀内的倒角和倒圆

六、润滑

装配时，无论 O 形密封圈是用于静态或动态条件，O 形密封圈和金属零件都必须有良好的润滑。由于某些润滑剂对有些橡胶产品有不良影响（可造成膨胀或收缩），所以建议采用惰性润滑剂。所有以矿物油、动物油、植物油或脂为基础的润滑剂，都绝对不适用于 O 形密封圈的润滑，特别是 EP 橡胶中。

七、O 形密封圈的装配和拆卸工具

在许多装配实践中，O 形密封圈的装配和拆卸成了难题。大多数情况是 O 形密封圈的位置难以接近或尺寸太小，因此没有好的工具，操作几乎就不可能进行。在此介绍一种“O 形密封圈装配和拆卸工具套件”（图 4-10），它可使 O 形密封圈的装配与拆卸较易进行。这套工具由能防止多种液体侵蚀的不锈钢制成，以防止多种液体的侵蚀。

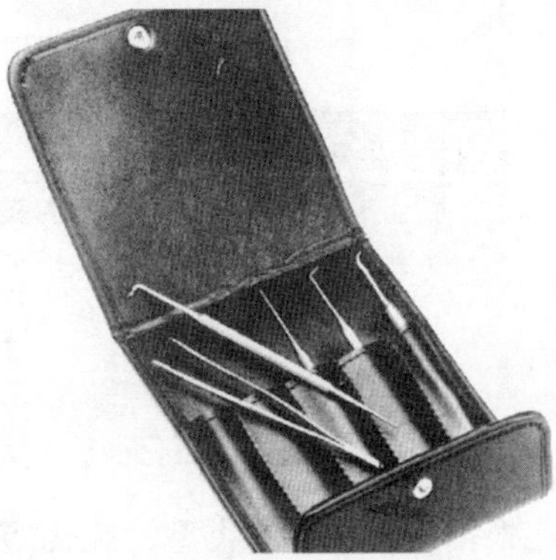

图 4-10 O 形密封圈装配和拆卸工具套件

1. 尖锥

如图 4-11 所示，此工具用于将小型 O 形密封圈从难以接近的位置上拆卸下来。但尖锥易于损坏 O 形密封圈，故适用于不重要的场合。

2. 弯锥

如图 4-12 所示，这种弯锥用于将 O 形密封圈从难以接近的位置中拆卸下来。操作时，将此工具放入沟槽内，同时转动手柄并将手柄推向孔壁，从而将 O 形密封圈从沟槽中卸出来。

3. 曲锥

如图 4-13 所示，这种曲锥用于将 O 形密封圈从沟槽中拆卸下来，也用于将 O 形密封圈拉入沟槽内。

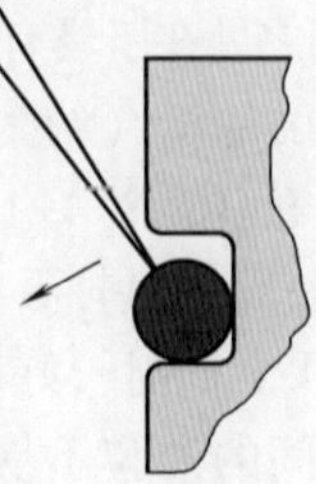

图 4-11 尖锥

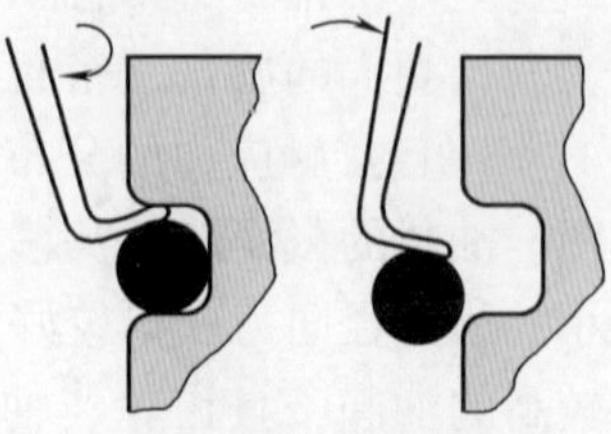

图 4-12 弯锥

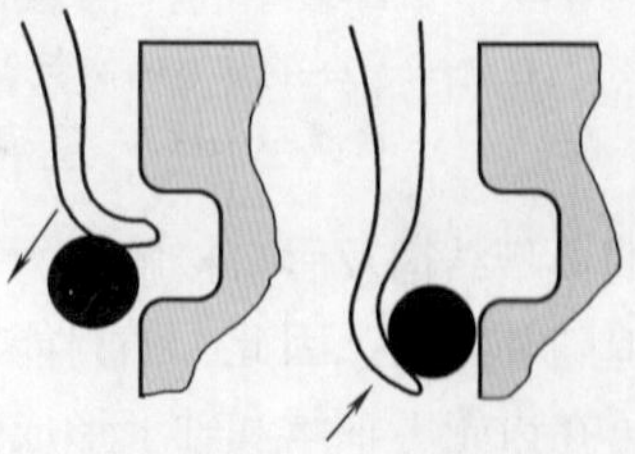

图 4-13 曲锥

4. 装配钩

如图 4-14 所示，此工具用于将 O 形密封圈放入沟槽内。操作时，首先必须将 O 形密封圈推过沟槽；再用此工具的背将 O 形密封圈的一部分推入沟槽内，然后用其尖端将 O 形密封圈的另一部分完全地安装到位。

5. 镊子

此工具适用于不易用手对 O 形密封圈进行润滑的场合。该工具可以将 O 形密封圈浸入液体润滑剂中，并将其送至需密封的地方。

6. 刮刀

如图 4-15 所示，此工具适用于拆卸接近外表面处的 O 形密封圈。也可用于将 O 形密封圈放入沟槽中和向已安装的 O 形密封圈添加润滑剂。

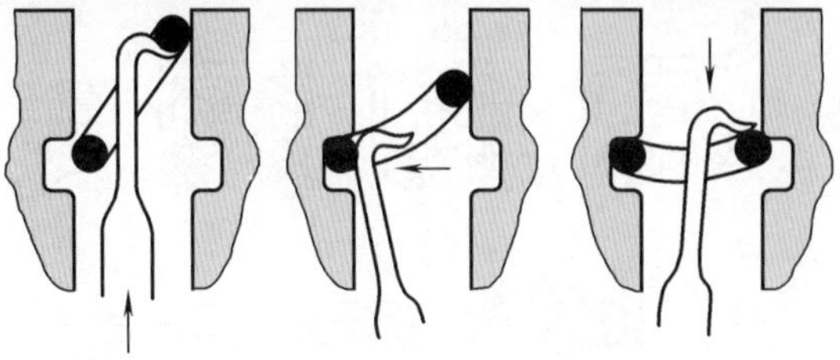

图 4-14 装配钩

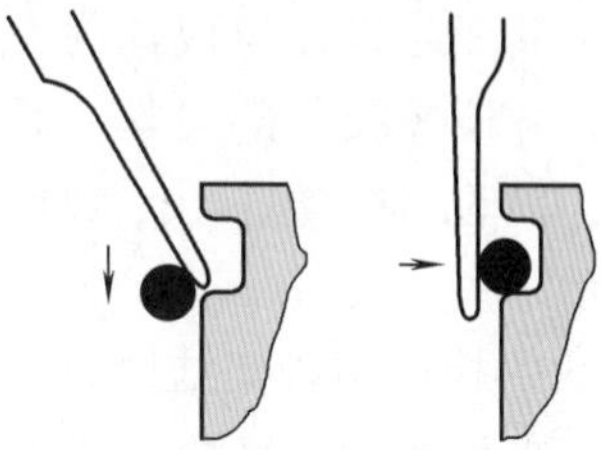

图 4-15 刮刀

任务二 油封的装配

油封是一种最常用的密封件，它适用在工作压力小于 0.3MPa 的条件下对润滑油和润滑脂的密封。有时，也可用于其他的液体、气体以及粉状和颗粒状的固体物质的密封。油

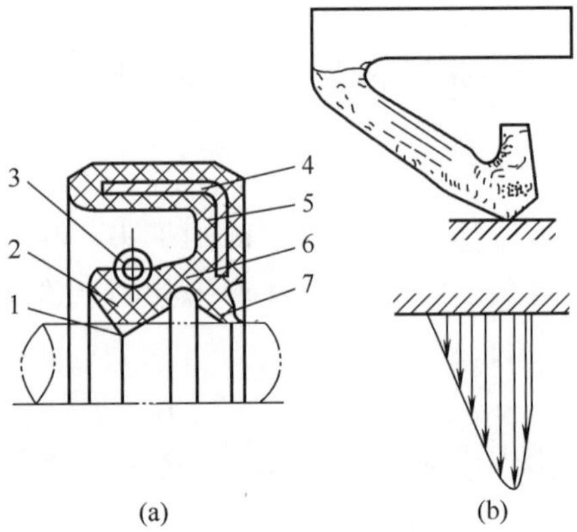

图 4-16　油封结构及唇口接触应力示意图
1—唇口　2—冠部　3—弹簧　4—骨架
5—底部　6—腰部　7—副唇

思政引例

项目四任务二

配　套　视　频

项目四任务二
中文教学视频

项目四任务二
英文教学视频

封常用于各种机械的轴承处，特别是滚动轴承部位。其功用在于把油腔和外界隔离，对内封油，对外防尘。

油封与其他唇形密封不同之处在于具有回弹能力更大的唇部，密封接触面宽度很窄（约为 0.5mm）且接触应力的分布图形呈尖角形。图 4-16 为油封的典型结构及唇口接触应力示意图。油封的截面形状及箍紧弹簧，使唇口对轴具有较好的追随补偿性。因此，油封能以较小的唇口径向力获得较好的密封效果。同时，好的润滑油可在齿轮、轴承和轴上形成强度较高的油膜，且齿轮、轴承配合面间的油膜不易被破坏。然而，当将轴从机器中拆卸下来时，油封上的密封唇在轴上产生足够的压力可将油膜破坏，使润滑油仍保持在机器内部，但又不会引起太大的摩擦和磨损。

一、油封的类型

图 4-17 为常用油封的类型。

1. 粘接结构

这种结构的特点在于橡胶部分和金属骨架可以分别加工制造，再由胶粘接在一起，成为外露骨架型，有制造简单、价格便宜等优点。美国、日本等国多采用此种结构。它们的截面形状，如图 4-17（a）所示。

2. 装配结构

它是把橡胶唇部、金属骨架和弹簧圈三者装配起来而组成油封。它具有内外骨架，并把橡胶唇部夹紧。通常还有一个挡板，以防弹簧脱出，如图 4-17（b）所示。

3. 橡胶包骨架结构

它是把冲压好的金属骨架包在橡胶之中，成为内包骨架型，其制造工艺稍微复杂一些。但刚度好，易装配，且钢板材料要求不高，如图 4-17（c）所示。

4. 全胶油封

这种油封无骨架，有的甚至无弹簧，整体由橡胶模压成型。其特点是刚性差，

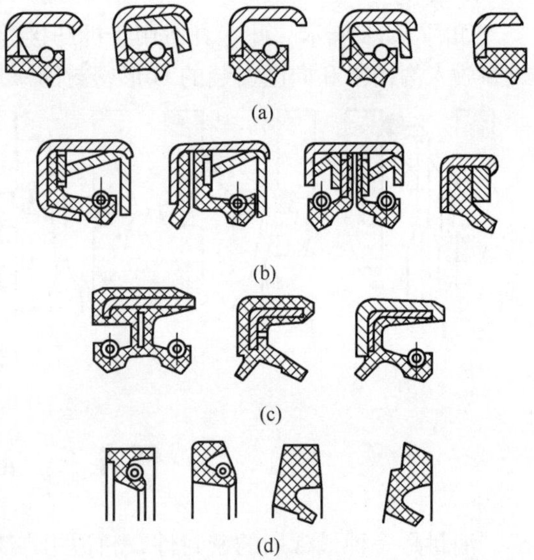

图 4-17　常用油封的类型

易产生塑性变形。但是它可以切口使用，这对于不能从轴端装入而又必须用油封的部位是仅有的一种形式，如图 4-17（d）所示。

二、油封的材料

由于油封处于大气和油的环境中，所以要求其材料的耐油性、耐大气老化性能良好；同时油封也常处于灰尘、泥水的环境中，且有很高的转速，因此要求其耐磨性和耐热性良好。对于某些特殊情况，例如，油封用来密封化学品时，则要求其材料应与介质相适应。

用作油封的橡胶主要是丁腈橡胶、丙烯酸酯橡胶和聚氨酯橡胶，特殊情况用到硅橡胶、氟橡胶和聚四氟乙烯树脂。丁腈橡胶的耐油性能优异；聚氨酯橡胶的耐磨性能突出；而硅橡胶耐高、低温性能都很好；氟橡胶则较耐高温。

此外，油封还用到骨架材料和弹簧材料。前者常用一般冷压或热轧钢板、钢带，只有海水及腐蚀性介质才用不锈钢板；后者用一般弹簧钢丝、琴钢丝或不锈钢丝等。

三、油封的润滑

旋转轴或滑动轴上的每个油封都需要对其相互运动的密封表面进行一定的润滑，以防止装配和运动时油封的损坏。当油封用于对油或脂密封时，润滑油封的润滑剂已经存在。而用于水的密封时，油封也具备了通常的润滑作用。但是，将油封用于非润滑性介质的密封时，则必须采取专门的预防措施。在这种情况下，可采用一前一后安装两个油封，并在其中间的空间中填入油或脂，如图 4-18 所示。当采用带防尘唇的油封时，可在密封唇和防尘唇间填满润滑脂，如图 4-19 所示，这些润滑剂还将带走因摩擦而产生的热量。

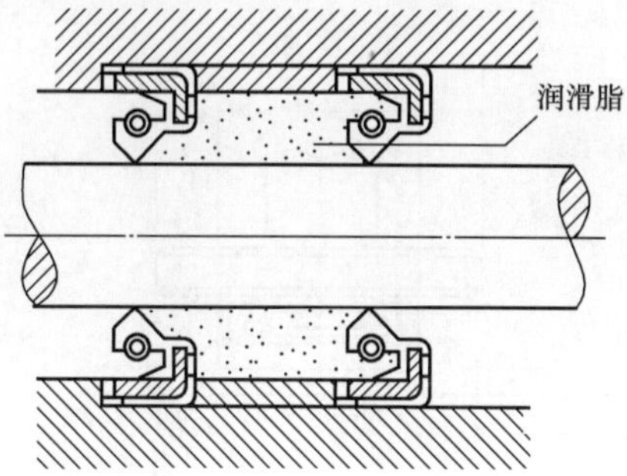

图 4-18　油封一前一后安装

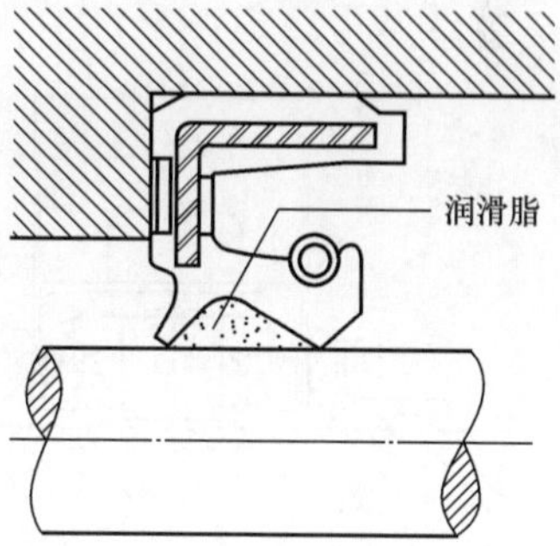

图 4-19　带防尘唇的油封

四、油封的安装

安装油封时必须十分小心。首先要对油封、轴以及孔进行严格的清理与清洗。为了使油封易于套装到轴上，必须事先在轴和油封上涂抹润滑油或脂。由于安装时油封扩张，为安装方便起见，轴端应有导入倒角，锐边倒圆，其角度应为 30°～50°，如图 4-20 所示，倒角上不应有毛刺、尖角和粗糙的机加工痕迹。为了装配方便，腔体孔口至少有 2mm 长度的倒角，其角度应为 15°～30°，不允许有毛刺，如图 4-21 所示。

当轴上有键槽、螺纹或其他不规则部位时，为防止密封唇沿着轴表面滑动而损坏油封，轴的这些部分必须事先包裹起来，可以用油纸将其包裹，或用防护套、金属或塑料安装套将其盖住，如图 4-21 所示。

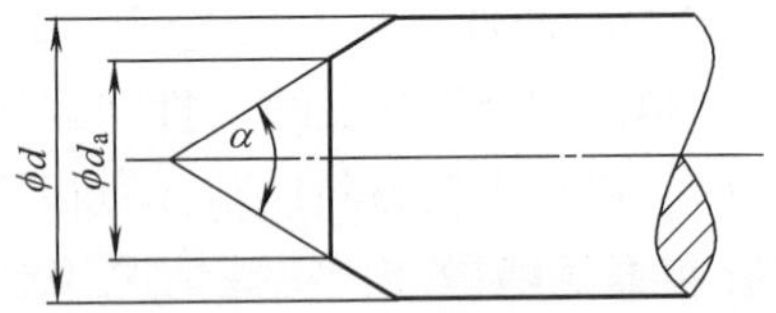

图 4-20　导入倒角的应用

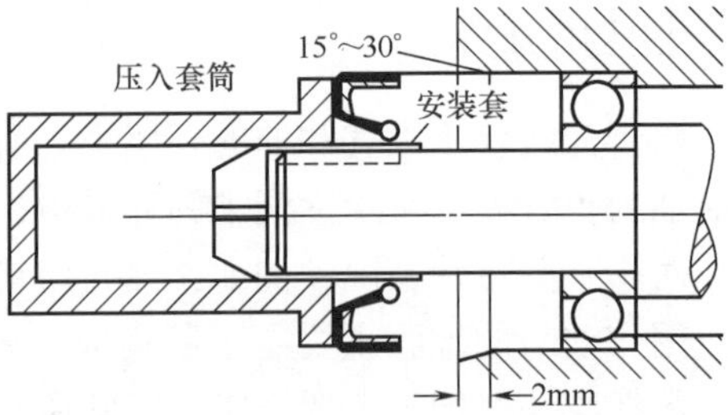

图 4-21　压入套筒与安装套

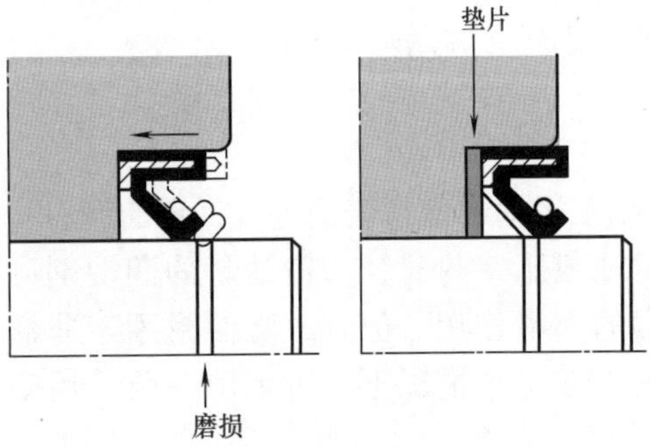

图 4-22　垫片的应用

在安装油封时，最为重要的是必须将油封均匀地压入孔内。采用的压入套筒要能使压力通过油封刚性较好的部分传递。为安装顺利起见，建议在孔内涂点油。如果轴的表面因磨损而泄漏，则可用多种方法进行修复。例如，改用不同型号的油封，通过使用更大或更小尺寸的油封，使密封面发生变动；也可以采用垫片或套筒改变密封面位置，如图 4-22 所示。

安装油封时推荐使用的方法如图 4-23 所示。

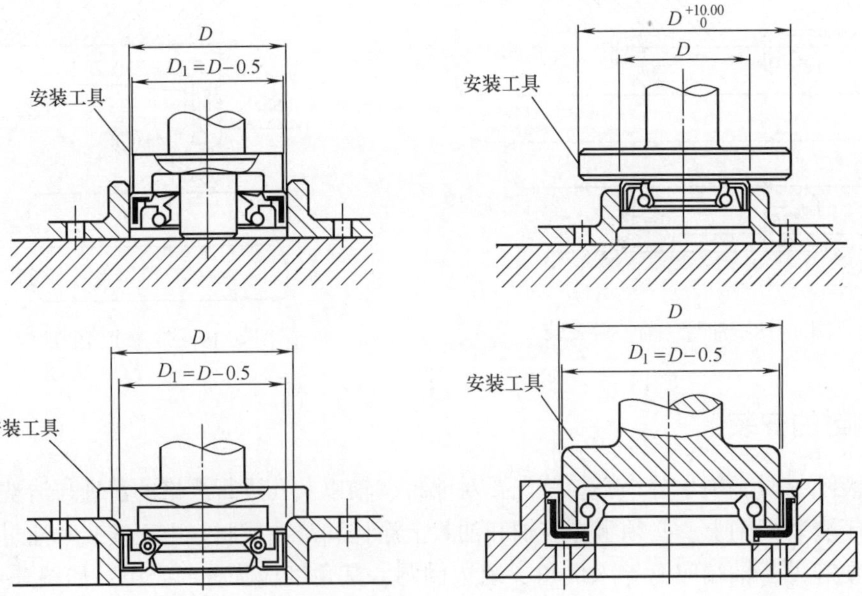

图 4-23　正确的油封安装方法

在安装油封时，应避免采用如图 4-24 所示的方法，防止产生油封的变形。

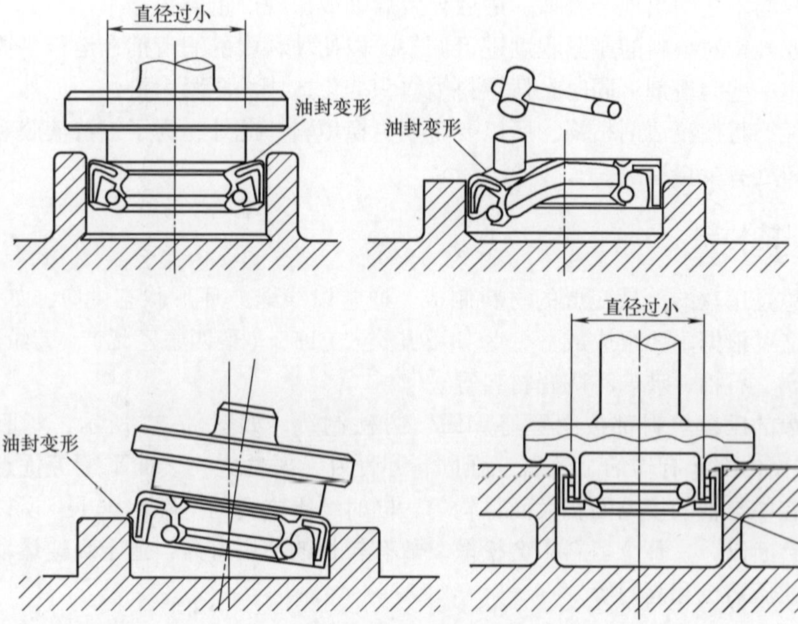

图 4-24　不正确的油封安装方法

任务三　压盖填料的装填

思政引例
项目四任务三

配 套 视 频
项目四任务三
中文教学视频
项目四任务三
英文教学视频

压盖填料结构主要用作动密封件，它广泛用作离心泵和压缩泵、真空泵、搅拌机和船舶螺旋桨的转轴密封，活塞泵、往复式压缩机、制冷机的往复运动轴的密封，以及各种阀门阀杆的旋转密封等，如图 4-25 所示。压盖填料的功能是对运动零件密封，防止液体泄漏。

一、压盖填料的密封机理

填料装入填料腔以后，经压盖对它作轴向压缩，当轴与填料有相对运动时，由于填料的塑性，使它产生径向力，并与轴紧密接触。与此同时，填料中浸渍的润滑剂被挤出，在接触面之间形成油膜。由于接触状态并不是特别均匀的，接触部位便出现“边界润滑”状态，称为“轴承效应”；而未接触的凹部形成小油槽，有较厚的油膜，接触部位与非接触部位组成一道不规则的迷宫，起阻止液流泄漏的作用，此称“迷宫效应”。这就是填料密封的机理。显然，良好的密封在于能维持“轴承效应”和“迷宫效应”。也就是说，要保持良好的润滑和适当的压紧。若润滑不良，或压得过紧都会使油膜

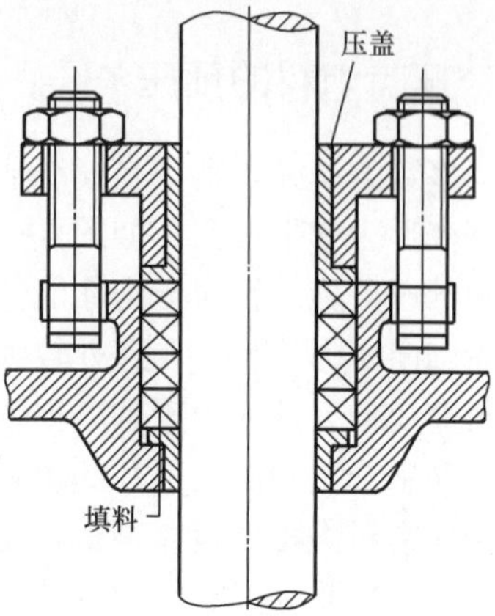

图 4-25　压盖填料的结构

中断，造成填料与轴之间出现干摩擦，最后导致烧轴或出现严重磨损。

为此，需要经常对填料的压紧程度进行调整，以便填料中的润滑剂在运行一段时间流失之后，再挤出一些润滑剂，同时补偿填料因体积变化造成的压紧力松弛。显然，这样经常挤压填料，最终将使浸渍剂枯竭，所以要定期更换填料。此外，为了维持液膜和带走摩擦热，需使填料处有少量泄漏。

二、压盖填料的材料

压盖填料总是用软的、易变形的材料制成，通常以线绳或环形状态供应，如图 4-26 所示。其材料又可根据主要组成成分分为如下几类：PTFE（聚四氟乙烯）、芳纶、石墨、植物纤维、金属、石棉、玻璃和陶瓷材料等。

目前，多数的压盖填料都按“穿心编织”方法制造。如图 4-27 所示，每股绳都呈 45°穿过填料截面内部，有均匀、致密、强固、弹性好、柔性大、表面平整等优点。由于其堵塞在密封腔中与轴的接触面积大而且均匀，同时纤维之间的空隙比较小，所以密封性很好。且一股磨断以后，整个填料不会松散。故有较长的使用寿命，适于高速运动轴，如转子泵、往复式压缩机和阀门等。

图 4-26　填料的不同类型

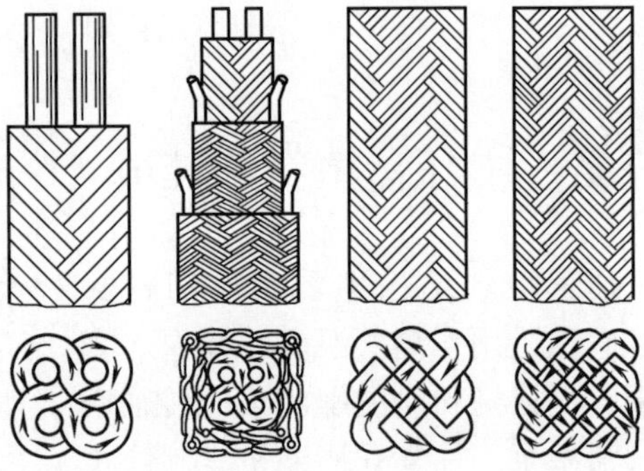

图 4-27　填料的不同编织方法

三、压盖填料的预压

多数的压盖填料都是编织成方形截面的，当其按实际尺寸加工并绕在轴或杆上时，填料将变形为梯形截面，如图 4-28 所示。一般的普通填料盒内装有 4~7 个填料环，所以，必须给压盖施加很大压力才能使梯形截面重新回到原来的方形截面。填料盒深处的填料环所受轴向压力不足，压盖处较大，向内逐渐减小。其结果是，径向密封力沿填料盒纵向方向由高变低，从而出现轴磨损的严重危险。

如果选用预压至尺寸的填料环，则密封效果更好。只需施加很小的轴向压紧力，即可使径向密封力沿填料盒全长均匀地增加，所需的轴向压紧力也明显地比未预压填料环低。如图 4-29 所示，填料的受力特性是线性的，所以得到的是更均匀并能够更好调整的密封。

四、封液环

封液环是位于填料之间的一个附加环，其用途是对密封装置进行冷却和润滑，如

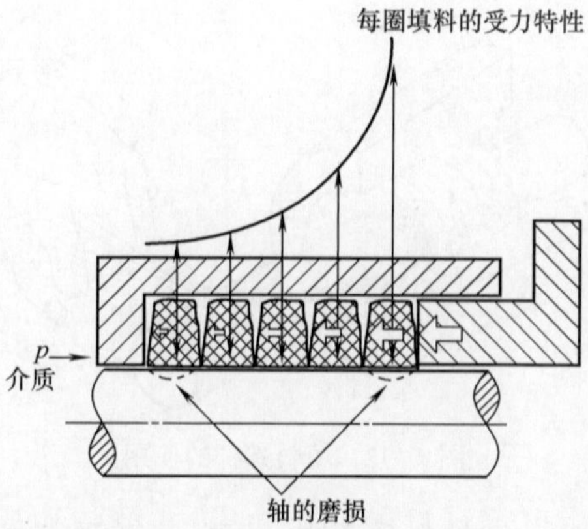

图 4-28　未受预压填料的受力特性

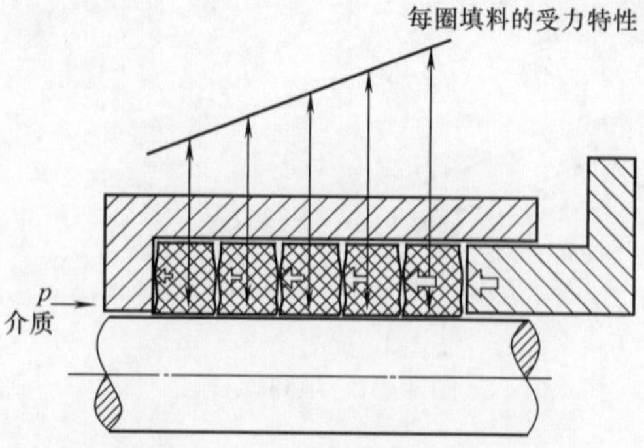

图 4-29　预压填料的受力特性

图 4-30 所示。

为能向密封装置输送润滑液，填料盒上应有供封液环和外部空间连接的小孔。建议封液环的宽度尺寸是填料环的两倍（2*S*）。这样，当因填料体积减小而造成封液环移位距离达 1.5*S* 时，可不致堵住封液环润滑（冷却或冲洗）用的小孔。

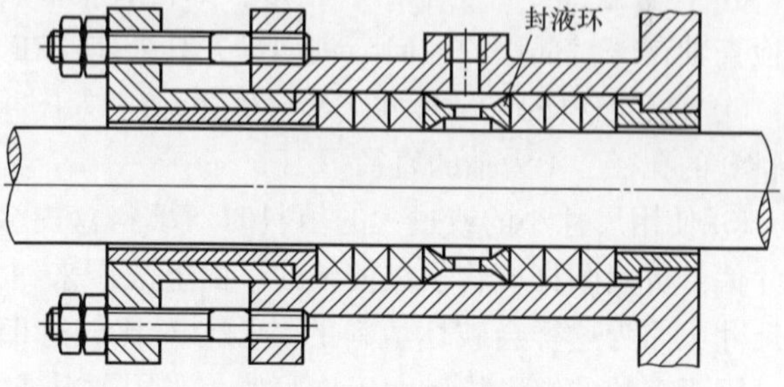

图 4-30　封液环的应用

五、填料的跑合

在新填料处于跑合阶段时，由于摩擦而引起的热会使密封处于高温下工作的危险。必须注意的是，多数泵的填料压盖都是用合成材料制成，在高温时很快就会烧毁，此后即不能使用。所以，必须严格地控制热量的产生，当发觉填料过热时，设备必须停车，经短时间冷却后出现均衡的泄漏后，才可让设备重新投入运行。这种过程需要经过多次重复后，才会使轴的泄漏量达到要求，且温度保持不变。

在填料的使用中，润滑对填料的寿命和密封性有极大的影响。特别当旋转或直线运动的杆的表面速度很大时，润滑显得尤为重要。常用的润滑方式有：利用介质自身进行润滑；采用专门的润滑装置，例如封液环；填料自身浸渍润滑剂。如果条件许可，则应使填料盒保持连续小量的泄漏，这样可使填料以及填料盒和轴的运行寿命延长。如不允许有泄漏，则填料的压紧应使泄漏刚好停止即可，而在干燥状态下运行的填料环数应限制为最少量。

六、压盖填料的装填

压盖填料合理装填的步骤为：

① 用填料螺杆（图 4-31）将结构中原有的旧压盖填料（包括填料盒底部的环）从填

料盒中清除出去，如图 4-32 所示。

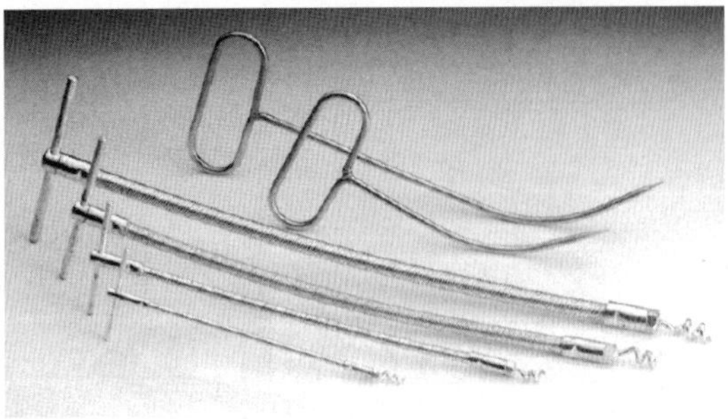

图 4-31　填料螺杆

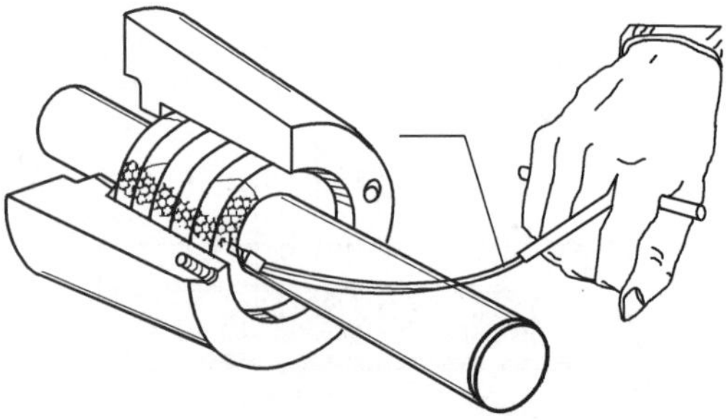

图 4-32　填料螺杆的使用

② 清洗轴、杆或主轴，并从填料盒中清除所有的旧填料残留物。填料腔表面应做到清洁、光滑。

③ 检查全部零件功能是否正常，如检查轴表面是否有划伤、毛刺等现象。并用百分表检查轴在密封部位的径向圆跳动量，其公差应在允许范围内。

④ 确定填料的正确尺寸：$S=(B-A)/2$。如图 4-33 所示，其中 S 为填料的厚度，B 为填料盒的孔径，A 为轴的直径。

⑤ 使用尺寸小的或过大的填料时，填料盒内会出现不必要的变形和应力。较小量的尺寸偏差可用圆杆或管子在较硬的平面上滚压来纠正，如图 4-34 所示。严禁用锤击来纠正尺寸，因为这样会破坏填料的结构。对比较陈旧的设备，如泵和阀门，则必须小心操作，因为多数的缝隙均已大于许可值。采用塑料或石墨的填料时，若间隙太大，则填料挤入间隙的危险特别高。这时可采用塑料或金属的挡圈，即可消除此种挤入危险，如图 4-35 所示。

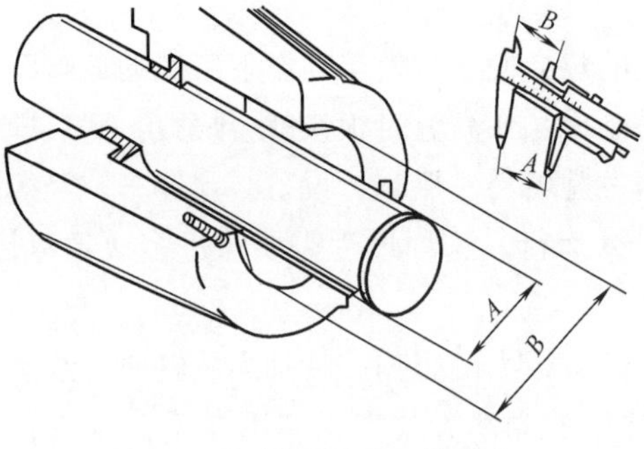

图 4-33　填料尺寸 S 的确定

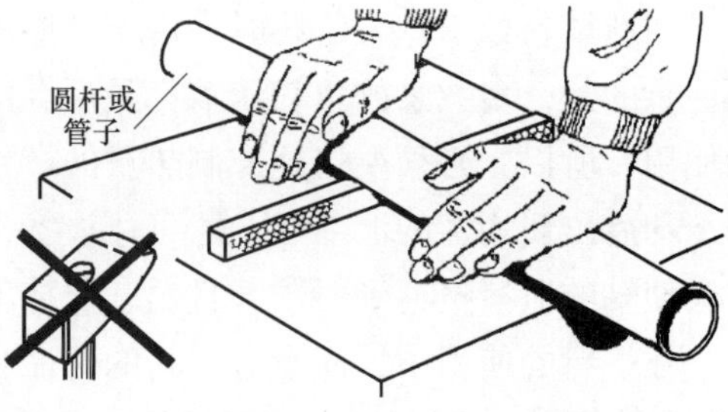

图 4-34　较厚填料的滚压

⑥ 对成卷包装的填料，严禁将新填料成螺旋状装入填料盒中，而应小心地将其切成具有平行切面的单独填料环后再安装。使用时应先取一根与轴径同尺寸的木棒，将填料缠绕其上，再用刀切断填料，如图 4-36 所示。含润滑脂的软编织填料和塑料填料最好使切口呈 30°斜面。因为过斜的切口会使端部易于磨损和破碎，特别在较小轴径时影响其密封能力。对于硬质填料或金属填料则应优先使切口呈 45°斜面。对切断后的每一节填料，不应让它松散，更不应将它拉直，而应取与填料同宽度的纸带把每节填料呈圆环形包扎好（纸带接口应粘接起来），置于洁净处，成批的填料应装成一箱。

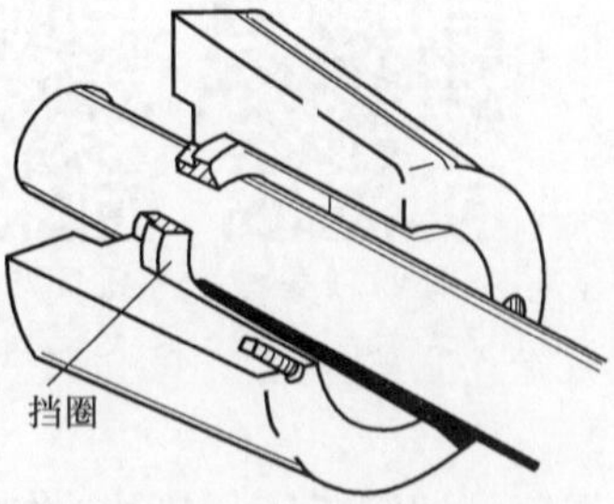

图 4-35　挡圈的应用

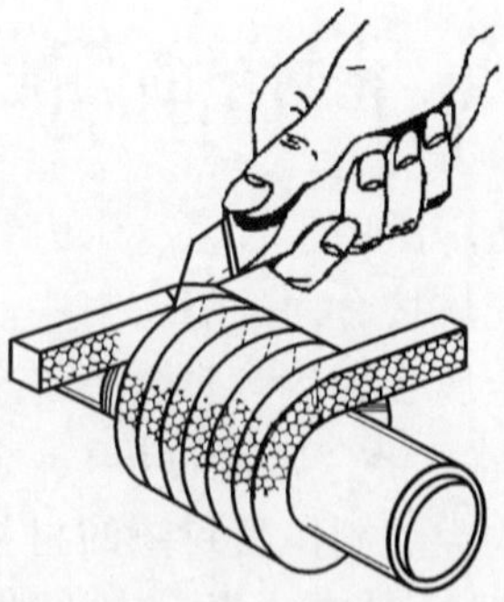

图 4-36　填料的切断

⑦ 装填时应一根根装填，不得一次装填几根。方法是取一根填料，将纸带撕去，用足量的石墨润滑脂或二硫化钼润滑脂、硅脂对填料进行润滑，再用双手各持填料接口的一端，沿轴向拉开使之呈螺旋形，再从切口处套入轴上。注意不得沿径向拉开，以免接口不齐。如图 4-37 所示为填料的轴向拉开。

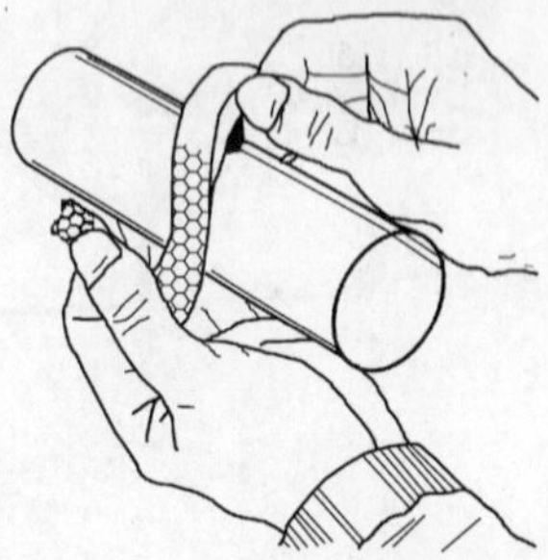

图 4-37　填料的轴向拉开

⑧ 取一只与填料腔同尺寸的木质两半轴套，合于轴上，将填料推入腔的深部，并用压盖对木轴套施加一定的压力使填料得到预压缩，如图 4-38 所示。预压缩量为 5%～10%，最大到 20%。再将轴转动一周，取出木轴套。

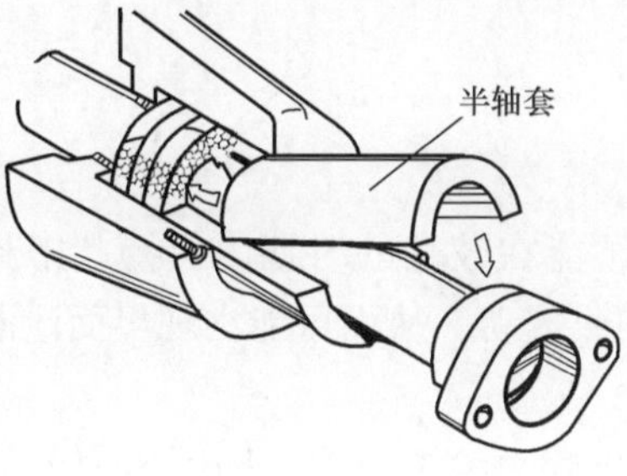

图 4-38　填料的压入

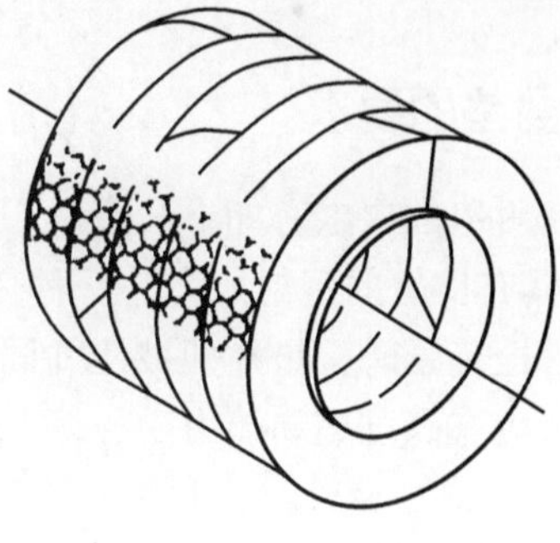

图 4-39　填料切口的错位

⑨ 以同样的方法装填第二根、第三根填料。但需注意，填料环的切口应相互错开 60°以上，以防切口泄漏，如图 4-39 所示。对于金属带缠绕填料，应使缠绕方向顺着轴的转向。另一个注意点是填料切口必须闭合良好。

⑩ 最后一根填料装填完毕后，应用压盖压紧，但压紧力不宜过大，操作时特别要注意使压盖绝对地垂直于衬套，防止在填料盒的填料内产生不必要的应力。同时用手转动主轴，使装配后的压紧力趋于抛物线分布，然后再略微放松一下压盖，装填即完成。

⑪ 进行运转试验，以检查是否达到密封要求和验证发热程度。若不能密封，可再将填料压紧一些；若发热过大，将它放松一些。如此调整到只呈滴状泄漏和发热不大时为止（填料部位的温升只能比环境温度高出 30～40℃），才可正式投入使用。

任务四　密封垫的装配

思政引例
项目四任务四

配套视频
项目四任务四 中文教学视频
项目四任务四 英文教学视频

密封垫广泛用于管道、压力容器以及各种壳体接合面的静密封中。密封垫有非金属密封垫、非金属与金属组合密封垫（半金属密封垫）、金属密封垫三大类。制作密封垫的材料通常以卷装和片装形式出售，并可用各种形状的密封垫制作工具切割成密封垫片，如图 4-40 所示。除此，也有按所需尺寸和形状制成的密封垫片供应，这些密封垫片大多是具有金属面层和弹性内层的半金属密封垫片。

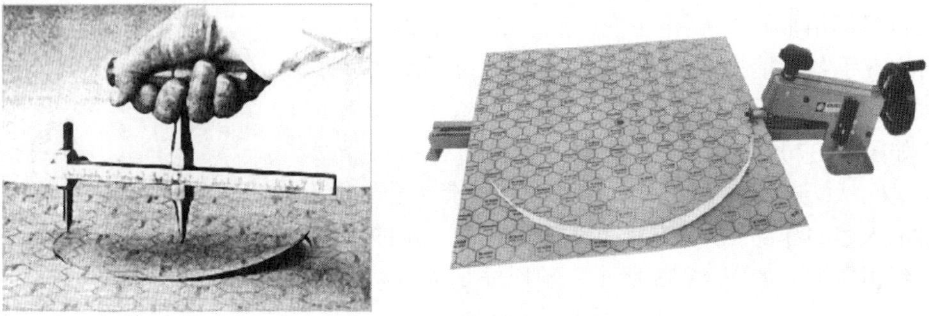

图 4-40　密封垫制作工具

一、密封垫的要求

对密封垫的要求有如下几点：

① 具有良好的密封能力。一种良好的密封垫必须能在较长的时期内保持其密封的能力。当螺栓旋紧时，垫片即被压并同时发生径向延伸或蠕动，从而可能出现界面泄漏，所以密封垫应有高抗蠕动能力。

② 具有高致密性。密封垫具有高的致密性可防止产生渗透泄漏，即因压力差而导致介质从高压侧通过密封垫的微缝隙渗漏到低压侧。

③ 具有较高的抗高温和抗化学腐蚀能力。

所以，在选择密封垫材料时，必须根据内部压力、温度、外部压力、抗化学腐蚀能力、密封面的形状和表面条件等进行决定。

二、密封垫的材料

密封垫的材料有金属、非金属和半金属三大类。

（1）纤维。如棉、麻、石棉、皮革等纤维材质制成的密封垫，具有良好的防水、防油和防汽油能力，经常用于内燃机的管道法兰。

（2）软木。软木密封垫的优点是可用于被密封表面不太光滑的场所，特别适用于填料盖，观察窗盖板和曲轴箱盖，但不适用于高压和高温场合。

(3) 纸。纸的厚度必须是0.5mm左右，用于防水、防油或防气场合的密封，其压力和温度不能太高，在水泵、汽油泵、法兰和箱盖上都有应用。

(4) 橡胶。可用于被密封表面不太光滑的场合，其工作压力和温度不能太高。橡胶有天然橡胶和合成橡胶两种。由于天然橡胶易于被石油和油脂所破坏，所以现今主要使用合成橡胶。因为橡胶是一种柔性物质，所以经常在水管中用作密封垫片。

(5) 铜。铜质密封垫只可用于表面粗糙度好的小型表面上。其适用于高温和高压，可使用于高压管道和火花塞上，通常将其装于沟槽内。

(6) 塑料。聚四氟乙烯（PTFE或Teflon）是塑料中最常使用的密封材料，具有良好的防酸、防溶解和防气的能力，与其他物质间的摩擦力十分微小。由于其价格上的优势和优良的特性，已经被广泛用作密封垫材料。

(7) 钢。薄钢板制成的密封件十分坚硬，只可应用在被密封表面十分平滑且不变形的场合。这类钢质密封材料具有良好的抗高温和抗高压能力，可用于内燃机的汽缸盖和进气管上作为密封垫片。

(8) 液体垫片。目前，液体垫片的使用有日益增加的趋势。液体垫片由硅橡胶密封胶和厌氧密封胶等产品制成。密封胶通常在被密封表面上形成一个连续的成线状的封闭胶圈，螺钉孔周围需环绕涂胶，如图4-41所示。

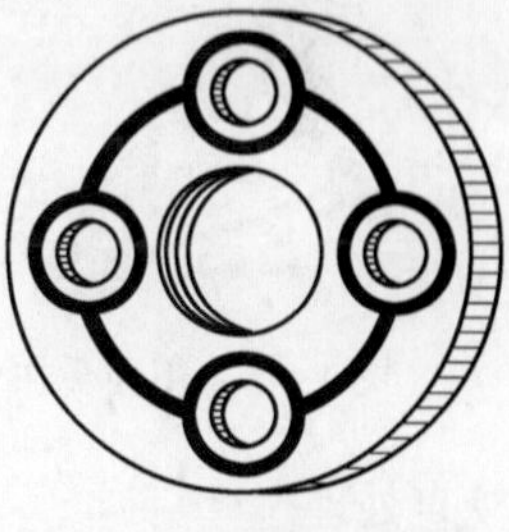

图4-41 密封胶的应用

涂胶时应注意：

① 根据密封面宽度和密封间隙来决定挤出胶条的直径。

② 用胶量不宜多，尽量减少挤出密封面之外的胶量。

三、密封垫的制作

根据材料厚度等，密封垫有不同的制作方法。

如果旧的密封垫仍完整无缺，则可复制其形状和尺寸，也可从被密封零件上直接复制。

以下为密封垫制作中的几个注意事项：

① 如果轮廓形状是基本完整的，则可将旧密封垫覆盖在新材料上并描下来，然后将密封垫剪出，如图4-42所示。

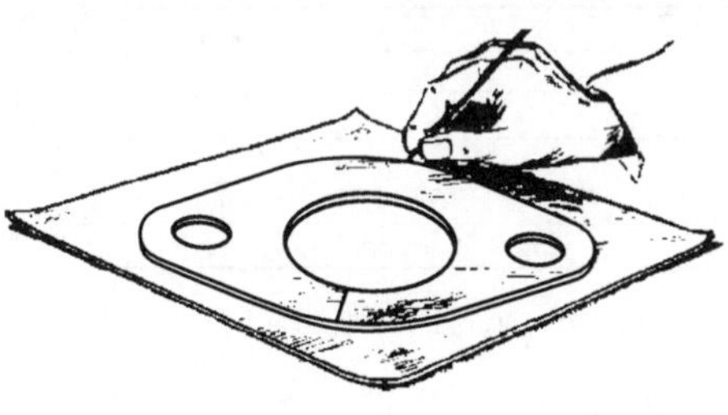

图4-42 密封垫的复制

② 对于薄型密封垫的制作，可将材料直接覆盖在法兰上，并用拇指沿着法兰边缘按压，从而使密封垫轮廓显出，然后将其剪出，如图4-43所示。

③ 对于较厚密封垫的制作，则可将材料直接覆盖在法兰上，并用塑料手锤沿着边缘轻轻敲打，即可使轮廓显出，然后切制密封垫。注意：**不得敲打在密封垫上**，如图4-44所示。

④ 圆形的密封垫可以用密封垫制作工具来切制，如图4-40所示。

⑤ 对于密封垫上的螺栓、双头螺栓、定位销和类似零件的孔，可以使用冲头在硬木上将孔冲出，但在加工中应确保不能损坏密封垫，如图4-45所示。在制作中，应考虑到

图 4-43　薄型密封垫的制作

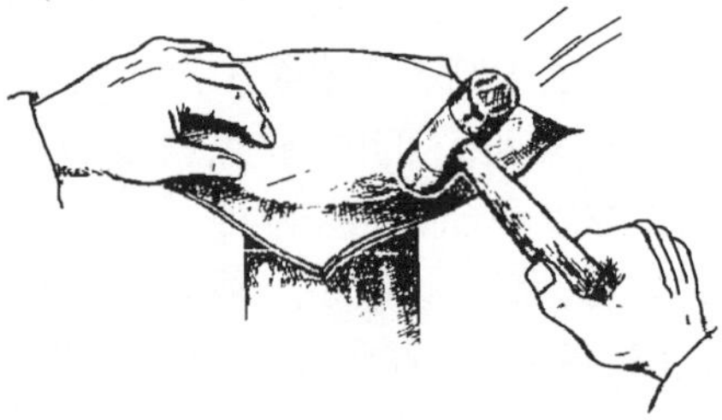

图 4-44　较厚密封垫的制作

密封垫在受压后的变形程度，所以，密封垫上的孔径应制作得稍大些，以保证安装后，其通道或管道在装配后不会减小。

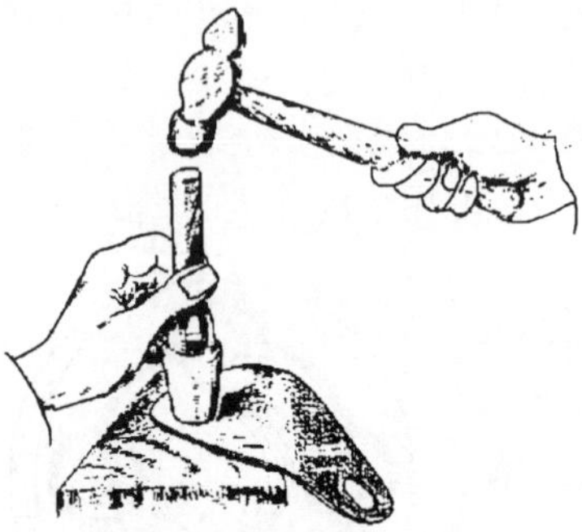

图 4-45　用冲头加工孔

四、密封垫的安装

在安装密封垫时，应注意以下几点：

① 应将两个被密封表面清洗干净，并清除旧密封垫的残留物。

② 检查被密封表面是否平直，是否已受损坏。平直度可用直尺来检查。如果法兰产生变形，则必须进行校直处理。

③ 安装密封垫时必须在密封垫上稍微涂抹润滑脂，这样也可防止移动。

④ 安装时，拧紧成组螺母时要做到分次逐步拧紧。并应根据螺栓的分布情况，按一定的顺序拧紧螺母。在拧紧长方形布置的成组螺母时，应从中间开始，逐步向两边对称地扩展；在拧紧圆形或方形布置的成组螺母时，必须对称地进行，如图 4-46 所示。

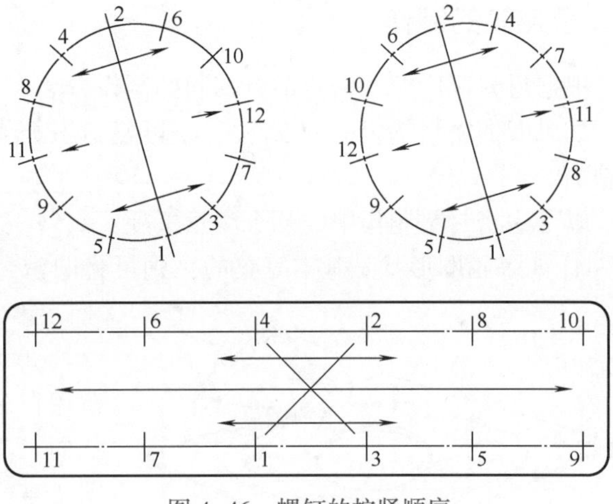

图 4-46　螺钉的拧紧顺序

⑤ 全部螺栓或螺母必须用相同的力矩旋紧，所以，建议使用扭矩扳手。

⑥ 检验所安装的密封垫是否达到密封要求。

任务五　装配操作：密封件装配训练项目

一、O 形密封圈装配训练项目操作指导

根据如图 4-47 所示的 O 形密封圈装配训练项目装配图，完成如下实训项目。

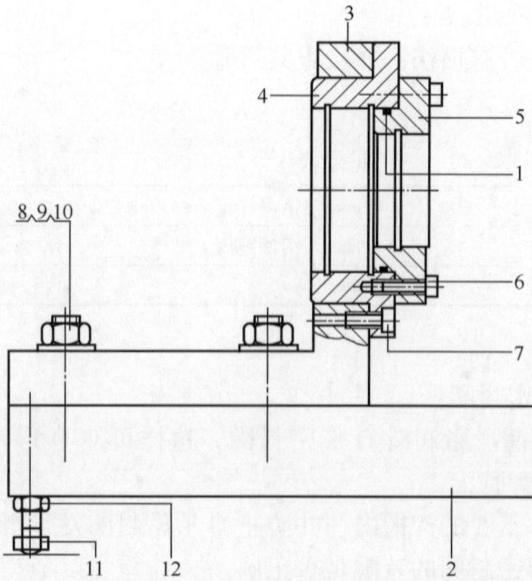

图 4-47 O 形密封圈装配训练项目装配图

1—O 形密封圈 2—底座 3—直角支承座 4—套杯 5—端盖 6、7—螺钉
8—螺栓 9—垫圈 10、12—螺母 11—调整螺钉

1. 操作要求

经本作业训练后，应能：

① 了解 O 形密封圈的用途。

② 掌握 O 形密封圈的装配和拆卸技术。

③ 正确地选择和使用 O 形密封圈的装配与拆卸工具。

④ 根据沟槽和 O 形密封圈的标准，学会查表选取 O 形密封圈及其沟槽的正确尺寸，并会进行所需的尺寸检查。

⑤ 说出 O 形密封圈的若干用途。

2. 工具与附件

工具：5mm 内六角孔扳手；O 形密封圈装配和拆卸专用套件；无酸凡士林；清洁布。

测量和检验用工具：150mm 游标卡尺；50～75mm 外径千分尺；50～75mm 内径千分尺。

3. 额定时间

完成时间：2h。

4. 操作步骤

（1）O 形密封圈和沟槽的检查。

装配 O 形密封圈前，必须检查沟槽的所有尺寸（图 4-48）。

① 测量下列各项，以确定 O 形密封圈沟槽的深度（E）：端盖轴颈直径（D_1），沟槽直径（d），安装孔的直径（D）。

② 测量沟槽宽度（F）。

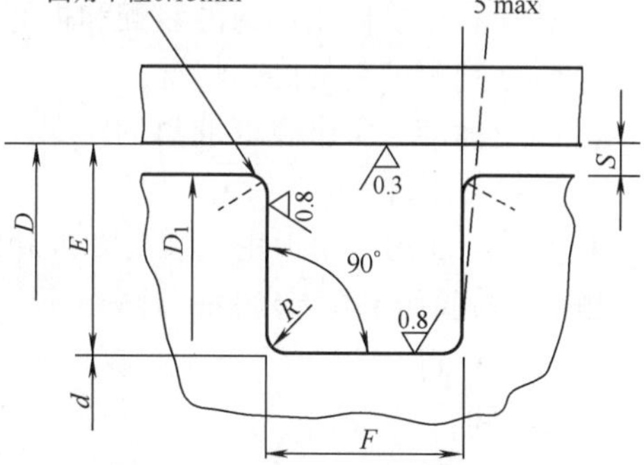

图 4-48 O 形密封圈沟槽的尺寸

③ 精确地检验沟槽表面质量。

④ 检查 O 形密封圈上是否有损伤，并检查其尺寸。

将所得测量值记入表 4-1。

表 4-1　　记录表 1

端盖轴颈直径 D_1	mm	槽沟深度 $E=(D-d)/2$	mm
沟槽直径 d	mm	沟槽宽度 F	mm
孔径 D	mm		

（2）装配 O 形密封圈。

按下列步骤，装配 O 形密封圈：

① 用无酸凡士林或其他润滑脂润滑 O 形密封圈，这样可使 O 形密封圈更易于装入，同时使其有良好润滑，防止磨损。

② 将 O 形密封圈放入端盖 5 的沟槽内，并防止 O 形密封圈发生扭曲变形。

③ 请指导老师检查 O 形密封圈的装配是否正确。

④ 将端盖装入套杯 4 的圆柱孔中，并用螺钉 6 将其旋紧。注意应均匀地拧紧螺钉，因为只有这样才可使密封圈正确地滑入圆柱孔内。

⑤ 请指导教师进行全面检查。

（3）拆卸 O 形密封圈。

按下列步骤，拆卸 O 形密封圈：

① 用内六角扳手拆卸三个螺钉 6。

② 拆卸端盖 5。如果端盖难于从孔中退出，可以用两个螺钉拧入另外两个起盖螺孔中从而将端盖从孔中顶出。

③ 用 O 形密封圈拆卸工具将 O 形密封圈从沟槽中取出。

二、油封装配训练项目操作指导

油封装配训练项目装配图，如图 4-49 所示。

1. 操作要求

经本作业训练后，应能：

① 了解油封的作用与应用场合。

② 掌握油封的装配和拆卸技术。

③ 选择和正确使用油封的装配和拆卸工具。

④ 学会判定油封的磨损情况。

⑤ 利用标准，学会查取油封的尺寸。

2. 工具与附件

工具：5mm 内六角扳手；装配和拆卸油封用套筒；塑料手锤；无酸凡士林；清洗布。

测量和检验用工具：150mm 游标卡尺；25~50mm 外径千分尺；25~50mm 内径千分尺。

3. 额定时间

完成时间：2 小时。

4. 操作步骤

（1）油封和安装孔径的检验。

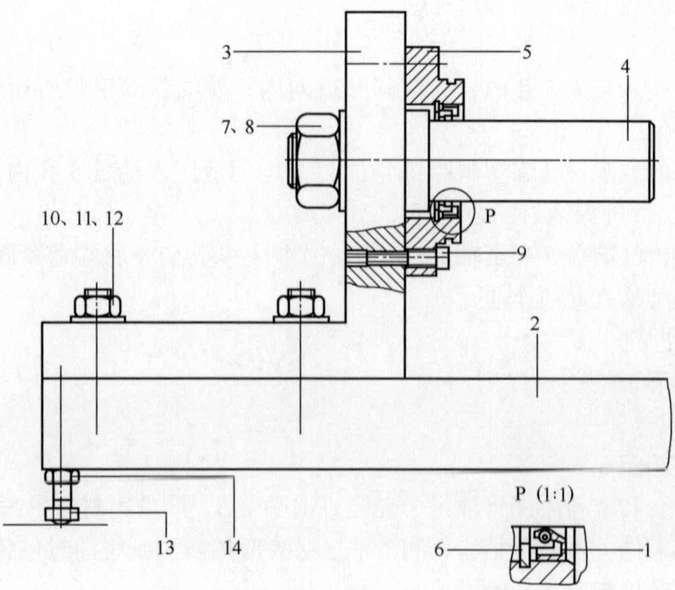

图 4-49　油封装配训练项目装配图

1—油封　2—底座　3—直角支承座　4—轴　5—端盖　6—弹性挡圈
7、12、14—螺母　8、11—垫圈　9—螺钉　10—螺栓　13—调整螺钉

在油封装配开始前，必须首先对下列各项进行检验和测量：

① 利用所学知识，确定实习所用油封的类型。

② 测量油封的各个尺寸（图 4-50），并将之与标准中表格的数值进行比较。

③ 检验油封是否有损坏和磨损的现象。

④ 清洗各个零件：油封、轴和安装孔。

⑤ 用内径千分尺测量安装油封孔的孔径。

⑥ 用外径千分尺测量轴径。

将测得值记录在表 4-2 中。

表 4-2　　记录表 2

类　　型	
外径 *D*	mm
内径 *d*	mm
宽度 *H*	mm
产　品　标　准　号	
壳体的孔径	mm
轴径	mm
壳体的孔径公差 H8	μm
轴的公差 h11	μm

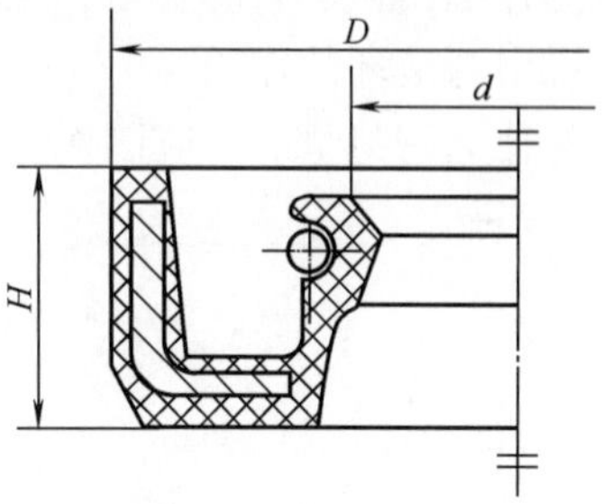

图 4-50　油封的尺寸

（2）油封的装配。

按下列步骤装配油封：

① 将轴 4 装至直角支承座 3 上，并用螺母 7 和垫圈 8 紧固。

② 在油封 1 和轴上稍稍涂抹无酸凡士林。

③ 用少许无酸凡士林稍稍润滑孔壁。

④ 在端盖内装上弹性挡圈 6。

⑤ 将油封 1 装入端盖 5 孔内，并使其开口向内，使油封的密封唇始终保持朝向介质所在方向。

⑥ 使用合适的装配衬套和塑料手锤将油封 1 均匀地压入端盖 5 孔内。严禁用塑料手锤直接敲打油封，并确保油封配合良好。

⑦ 将装有油封的端盖 5 套至轴上，并用三个圆柱头螺钉 9 将端盖紧固。

⑧ 请指导教师检查此项作业。

（3）油封的拆卸。

按下列步骤拆卸油封：

① 拆卸端盖 5。

② 拆卸弹性挡圈 6。

③ 用塑料衬套和塑料手锤将油封 1 轻轻打出端盖 5。严禁用塑料手锤直接敲打油封。

④ 清洗全部零件，然后稍稍涂上润滑油。必要时用防潮纸将油封包装起来。

⑤ 请指导教师检查。

思　考　题

1. 简述 O 形密封圈密封的原理。
2. 如何防止缝隙挤入现象？
3. 如何理解永久变形？
4. 如何贮存 O 形密封圈？
5. 装配和拆卸 O 形密封圈时的工具有哪些？并说出其操作方法。
6. 油封内的螺旋弹簧的作用是什么？
7. 使用油封进行密封时，当密封处磨损后应如何进行既经济又快速的维修？
8. 为什么装配时要对油封进行润滑？
9. 简述油封的安装技术要点。
10. 为什么压盖填料的切口相互间不能放置在同一条直线上？
11. 说出封液环的作用。
12. 为什么密封垫的孔应制作得稍大些？

项目四　在线习题

配套课件

项目五

项目五

传动机构的装配

【学习目标】

1. 掌握传动轮校准的原理及其技术；
2. 熟练掌握齿轮齿侧间隙的测量方法；
3. 掌握链条的下垂量确定方法及链条的装配技术；
4. 掌握同步带张紧量的测量与调整技术；
5. 掌握滚珠丝杠副的装配与润滑方法；
6. 了解夹紧套的工作原理及其装配技术；
7. 养成良好的职业行为习惯，执行机械设备的质量标准；
8. 践行良好的劳动精神和工匠精神；
9. 增强制造强国、科技立国、产业报国的家国情怀。

【操作项目】

齿轮传动机构的装配训练项目，如图 5-36 所示。

思政引例

项目五任务一

配 套 视 频

项目五任务一
中文教学视频

项目五任务一
英文教学视频

任务一　轮子的校准

凡链传动、齿轮传动和带传动等各种传动装置的轮子在使用前都首先必须校准其位置，使两个传动轮中间平面重合，这样，传动机构才能够正确运行。由于传动轮的宽度基本相等，正确装配时，两传动轮端面应处于同一直线上，因此，这种两轮子相对位置的校准也称为校直。

链轮、齿轮和带轮的位置的校准对于传动机构的良好运行极为重要。校准良好的轮子可保证传动装置能良好地运行和有较长的使用寿命。如图 5-1 所示为校准不当的实例，轮子之间出现倾斜角和轴向偏移量过大的现象，其后果是导致皮带及轮的擦伤和损坏；如果是链轮或齿轮传动，则链条或轮齿会迅速磨损，损耗加大。同时，轴承和联轴器也将磨损加剧，因摩擦而在轴承内产生的热量也会增加，从而缩短轴承的使用寿命。

一、轮子的水平校准

滑动各个轴或轮子，使两个传动轮彼此端面处于同一直线，并使用直尺或刀口直尺来检查两个链轮的位置是否处于同一直线上，如图 5-2 所示。

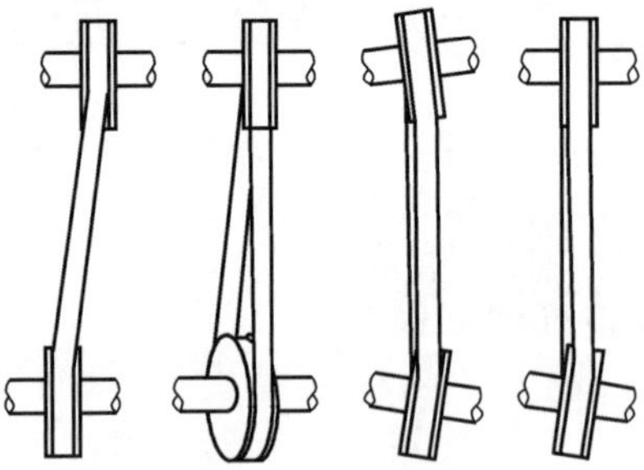

图 5-1　不当的校准

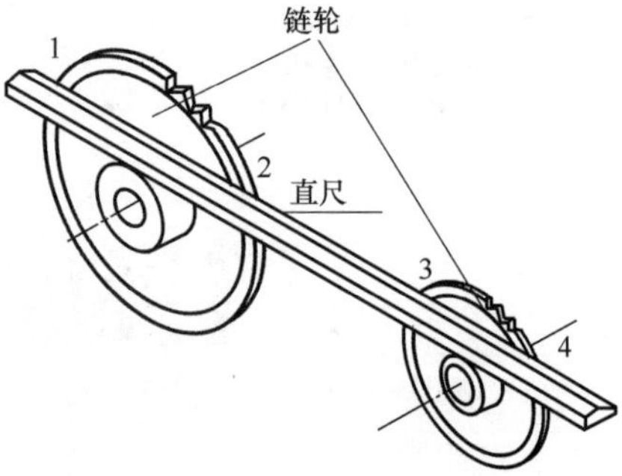

图 5-2　轮子的水平校准

1~4—测点

二、轮子的垂直校准

1. 找出轮子端面跳动误差

使用百分表来找出轮子端面跳动量的最大点和最小点（即轮子端面跳动误差），并将这些点处于同一条水平中心线上，对于小轮也需这样做。若全部点均已处在一条中心线上，则轮子的端面跳动误差不会影响轮子垂直方向校准的测量值。

2. 测量直尺与轮子端面的间隙值

以小轮为基准面，用直尺分别在轮子的中心线上方（最好接近轮子的上端）和下方（最好接近轮子的下端）测量直尺或刀口直尺与轮子端面之间的间隙值。如果在大轮的上方和下方之间测量出差值，则可用在轴承组件下填入垫片的方法来校正其两轮垂直方向的相对位置误差。一般最大偏差量不应超过 0.10mm，如图 5-3 所示。

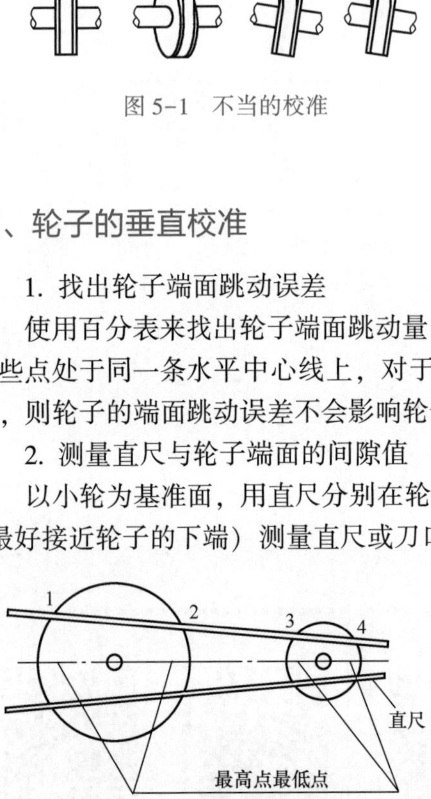

图 5-3　轮子的垂直校准

1~4—测点

3. 轮子垂直方向偏移量的计算

如图 5-4 所示，以电动机上的轮子的端面作为基准面，如果：

① 直尺在大轮 a 点刚好触及轮子，而 b 点不触及，则必须在前端轴承座（靠近轮子处）下面填垫片。

② 直尺在 b 点刚好触及轮子，而 a 点不触及，则必须在后端轴承座下面填垫片。

直尺在 a 点和 b 点处与轮子端面的间隙差就是要测量的值。

用下列公式，可计算出垫片的厚度：

$$M_A/M_V=V_A/V$$

将公式改写成：

$$V=(V_A\cdot M_V)/M_A$$

式中：M_A 为测量距离（即测量点 a 与 b 的距离，近似等于大轮的直径）；M_V 为测量的差值；V_A 为两轴承座间的距离；V 为垫片的厚度。

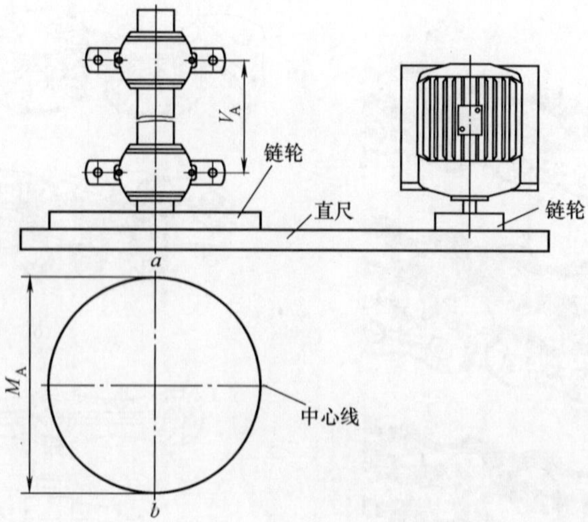

图 5-4　校准装置结构

本例中：$M_A=400$（mm），$M_V=0.3$（mm）（b 点处），$V_A=534$（mm）

V 即

$$V=(534\times0.3)/400=0.4(\text{mm})$$

因为直尺在 b 点不能触及轮子，故应将 0.4mm 的垫片填入前端轴承座下面。

待轮子均已处于正确位置后，即可紧固轴承组件。

任务二　链传动机构的装配

思政引例

项目五任务二

配套视频

项目五任务二中文教学视频

项目五任务二英文教学视频

链传动是由两个链轮和连接它们的链条组成，通过链和链轮的啮合来传递运动和动力。链传动的最广泛应用的例子是自行车的链条，曲柄轴的旋转运动经链传动传递至后轮轴上。

常用的传动链有套筒滚子链［图 5-5（a）］，如自行车链，它属于最普通型式的链，是一种传动链。除传动链外，还有输送链，此时链条可直接用作传输物体或将特制的运输零件固定其上。齿形链和弯板链也都属于传动链。齿形链［图 5-5（b）］常用于大型农业机器的驱动装置上，例如联合收割机上。弯板链［图 5-5（c）］则有时用于游乐园内的过山车上。

一、链传动的优缺点

链传动有许多优点：不会产生打滑现象，平均传动比准确；一条链可同时驱动多根轴；对于潮湿和温度变化适应性好，能在恶劣环境条件下工作；只要润滑条件良好和维护得当，使用寿命很长，效率高。

当然，链传动也有不少缺点：对污物极敏感；润滑必不可少；工作时有噪声；不宜用于高速传动装置；工作时有振动。

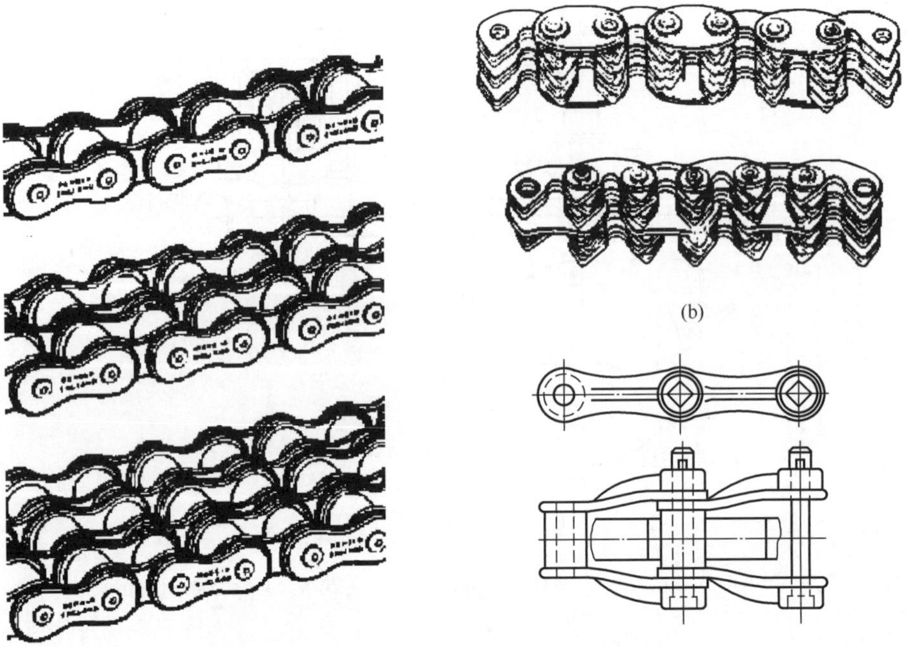
(a)　(b)　(c)

图 5-5　链的种类

（a）套筒滚子链　（b）齿形链　（c）弯板链

二、链条的结构

链传动装置至少由两个链轮和一条链条所构成。链条为钢制，由链节构成。套筒滚子链的每个链节由外链片、内链片、销、套筒和滚子所构成，如图 5-6 所示。

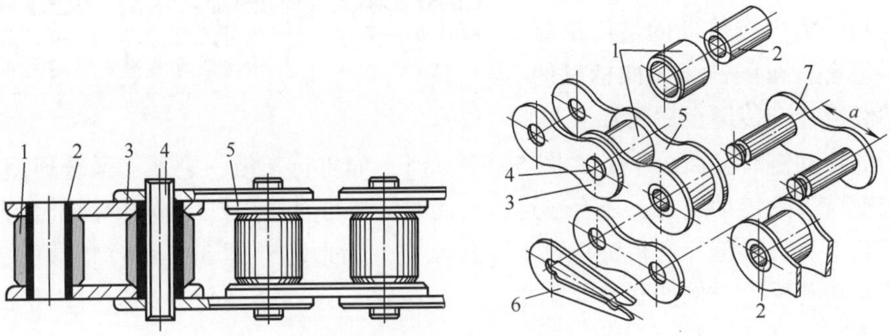

图 5-6　套筒滚子链的结构

1—碎硬的钢滚子　2—套筒　3—外链片　4—钢销　5—内链片

6—弹簧卡片　7—连接链片　*a*—节距

三、链条的选用

选用链传动时，必须先决定链条的类型。链条供应商备有各种图表可供选择链条类型时参考。图 5-7 是选用链条时参考用的图表之一。

例：需为某机器的驱动装置选用链传动。电动机功率为 1kW，高速轴的转速为 150r/min。从图表中可找到传动装置适用的链条。

利用图 5-7，可以根据最小链轮的转速和传递的功率确定链条的类型。在本例中，可选择节距为 1/2（12.7mm）的链条。

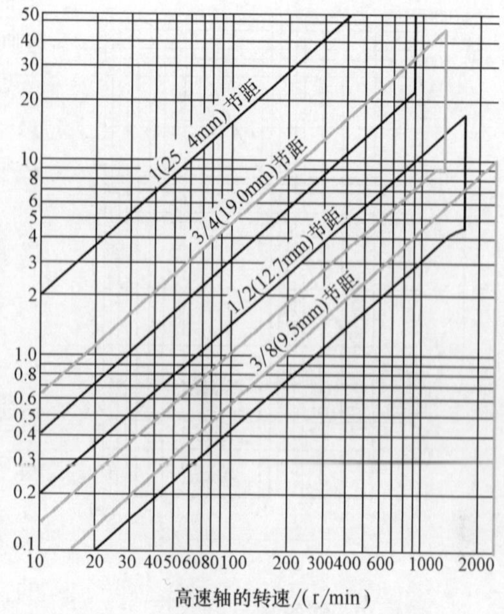

图 5-7　选用链条的图表示例

链条类型选定后，就可以根据轴的直径、两轴间的中心距和传动比查图表确定链轮的直径和链条的长度，并可以确定链条的主要尺寸：节距 a；滚了宽度 b；滚子直径 d，如图 5-8 所示。

四、链条的张紧

如果链条的装配和运行都能遵照说明书的要求，则此链条必能获得最佳的使用寿命。

所谓链条安装正确，即为链条下垂量正确，且链轮位置校准正确。

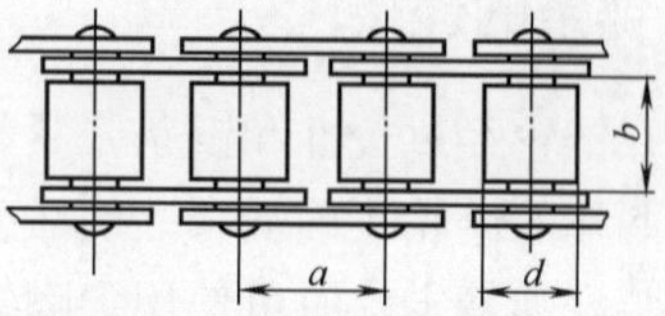

图 5-8　链条的主要尺寸

链条在工作过程中，由于铰链的销轴与套筒间承受较大的比压，传动时彼此又产生相对转动，因而导致铰链磨损，使铰链的实际节距变长，从而使链条下垂量增大（图 5-9）。当下垂量过大时（链条张紧量过低），会产生链条与链轮啮合不良和链条的振动现象，因此必须对链条进行张紧。

张紧的方法很多。当链传动的中心距可调整时，可通过调节中心距来控制张紧程度；当中心距不能调整时，可设置张紧轮，或在链条磨损变长后从中取掉 1~2 个链节，以恢复原来的长度。张紧轮一般是紧压在松边靠近小链轮处。张紧轮可以是无齿的滚轮，张紧轮的直径应与小链轮的直径相近。

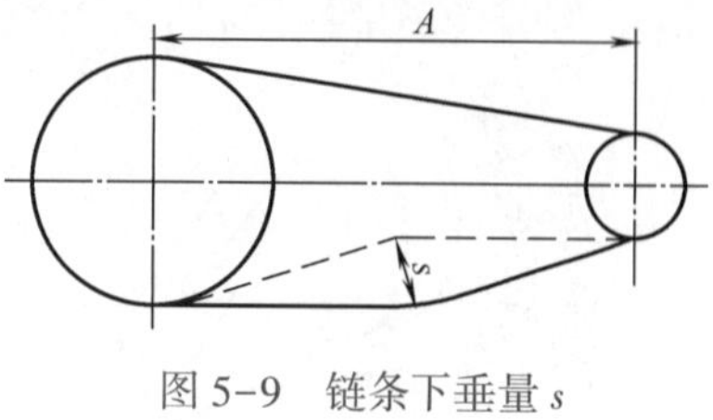

图 5-9　链条下垂量 s

链条的下垂量必须定期检查。其值可根据如图 5-10 所示来确定。

为确定链条的下垂量，必须先测量出两轴间的中心距 A，然后用 100 来除这个轴间距离。即

$$s = A/100\ (\text{mm})$$

根据计算后得到的值，在横坐标轴找出对应的点，并垂直地画出一条直线，直至和图

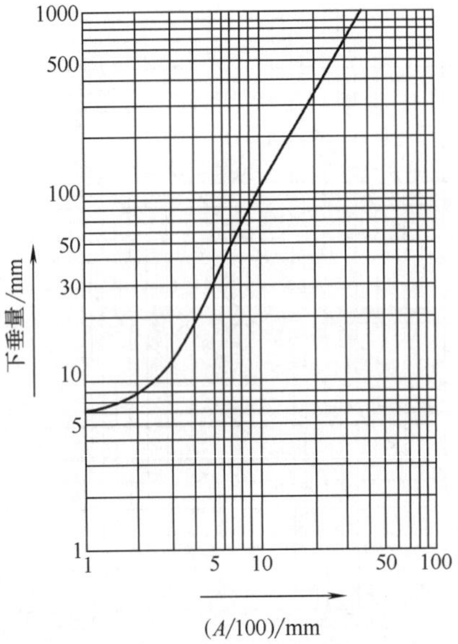

图 5-10　链条下垂量的确定

中曲线相交。从垂直直线和曲线相交点开始，向左画一条水平直线，该水平直线与纵坐标轴的交点处的值即为链条应有的最大下垂量。

如果链条伸长量已超过其原有长度 3% 时，必须将此链条更换。

例：一链传动的中心距 $A = 500$mm，确定其最大下垂量。

水平坐标轴上必须画出的值为：

$$500 \div 100 = 5\ (\text{mm})$$

在图表上，从 5mm 处垂直向上画一条直线，直至直线和曲线相交。从相交点向左画一根水平直线。由此可得，链条应有的下垂量为 30mm。

也可在链条的松边用手来测试下垂度。如果下垂量 s 为 2~4 倍链条的宽度，将被视为可接受的，尽管这个数字是随着轴的间距而变化。此外，如果轴的间距是 1m、大于 1m 或链条垂直悬挂，由于链条的本身重量可能引起链条的运动，则需要约最大下垂量的 1/2。

五、链条的连接

在链轮经过校准和链条张紧轮装配后，即可安装链条。在装配连接链片时，应确保链条与两端的链轮正确啮合。然后，用连接链片将链条的两端连接起来，如图 5-11 所示。

装配弹簧卡片时可使用尖嘴钳。应确保弹簧卡片的开口方向与链条的运动方向相反，以免运动中受到碰撞而脱落，如图 5-12 所示。

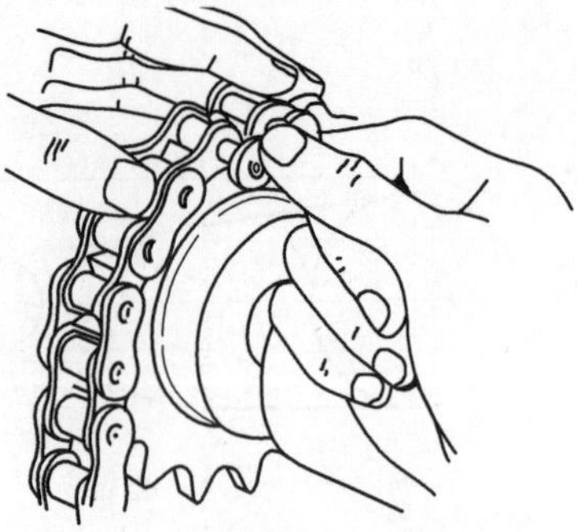

图 5-11　装配连接链片

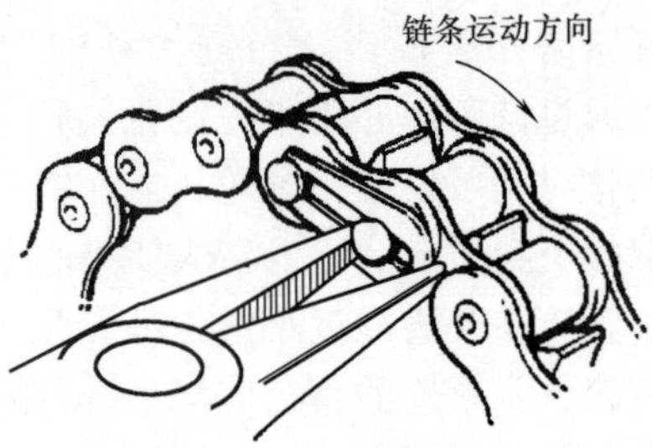

图 5-12　装配弹簧卡片

六、链条装配要点

链条和链轮的良好运行和使用寿命主要取决于装配过程中的下列各点：

① 链轮的位置经正确的校准。

② 链条有正确的下垂量。

③ 链条与链轮啮合良好，如图 5–13 和图 5–14 所示。

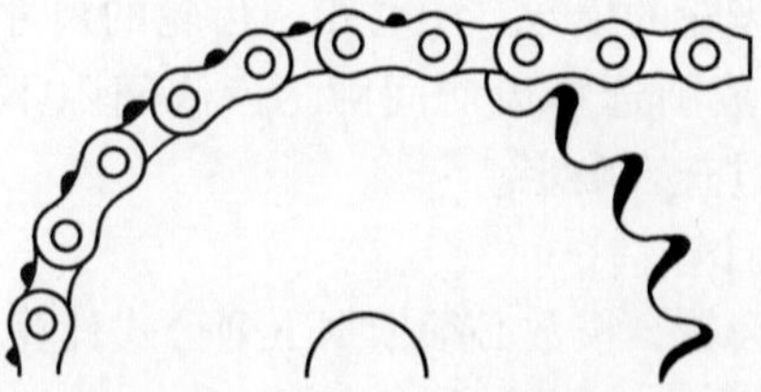

图 5–13　链条的正确啮合

图 5–14　已磨损链条的不正确啮合

④ 链条运行自由，严禁和他物（如链条罩壳）相擦碰。

⑤ 润滑状态良好。润滑油应加在松边上，因这时链处于松弛状态，有利于润滑油渗入各摩擦面之间。

⑥ 链条张紧轮的正确安装，且永远将其装配在链条的无负载部分。

任务三　齿轮传动机构的装配

思政引例

项目五任务三

配 套 视 频

项目五任务三
中文教学视频

项目五任务三
英文教学视频

齿轮传动是机械中常用的传动方式之一，它是依靠轮齿间的啮合来传递运动和扭矩的。齿轮传动的主要优点是：传动功率和速度的适用范围广；具有恒定的传动比，平稳性较高；传动效率高；工作可靠；使用寿命长；结构紧凑。其缺点是：制造和安装精度要求高，价格较贵；精度低时，振动和噪声较大；不宜用于轴向距离大的传动等。

齿轮的种类较多，选择哪种类型取决于传动的目的和功能，例如，传送功率的大小；齿轮的速度；旋转的方向；中心距或轴的位置等。

在本项目操作中，使用的是外啮合直齿圆柱齿轮传动，因此，本任务将对该类齿轮传动做进一步介绍。

直齿圆柱齿轮传动是一种应用最为广泛的齿轮传动（图 5–15），在传动中，齿轮间传递的力与齿面垂直，无轴向分力，齿在啮合时沿着整个齿宽同时接触。

齿轮的啮合质量包括适当的齿侧间隙、一定的接触面积以及正确的接触位置。在实际装配操作中，常常重点检查齿轮啮合的齿侧间隙。

图 5–15　直齿圆柱齿轮传动

一、齿侧间隙

齿侧间隙是两齿轮间沿着法线方向测量的两轮齿齿侧之间的间隙（图 5–16）。该间隙是为防止齿轮在运转中由于轮齿制造误差、传动系统的弹性变形以及热变形等使啮合轮齿卡死的现象，同时也为了在啮合轮齿之间存留润滑剂等，而在啮合齿对的齿厚与齿间留有适当的间隙（即侧隙）。侧隙过小，齿轮传动不灵活，热胀时易卡齿，加剧磨损；侧隙过

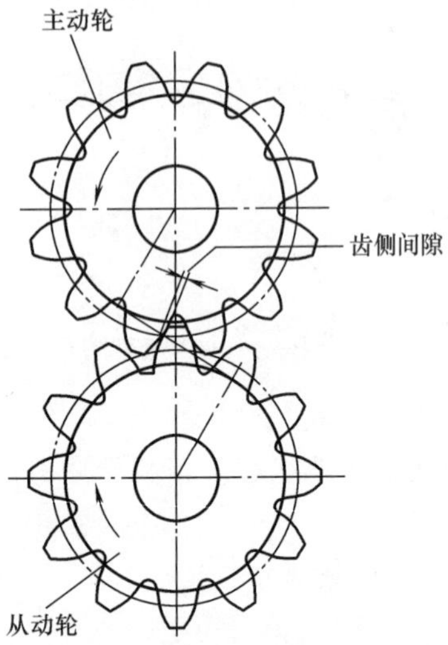

图 5-16　齿侧间隙

大，则易产生冲击和振动。

通常根据齿轮的模数、中心矩、齿轮的尺寸精度和齿轮的应用范围选择齿侧间隙。齿侧间隙不需计算，常可以通过查表确定。

1. 模数的计算

对于正常齿轮，模数必须依据下列公式计算：

$$d_a = (mz) + 2m$$

式中：d_a 为齿顶圆直径；m 为齿轮的模数；z 为齿轮的齿数。

2. 中心距的计算

对于外啮合传动齿轮，其中心距 A 根据下列公式计算：

$$A = m\left(\frac{z_1 + z_2}{2}\right)$$

式中：z_1 为大齿轮齿数；z_2 为小齿轮齿数；m 为模数。

3. 齿侧间隙的确定

（1）间隙等级。模数和中心距可以计算，但是齿侧间隙等级应根据实际应用情况来确定。下面是齿侧间隙的等级分类及其应用范围：

① 间隙等级 1。该等级用于高精度要求的场合。此时，可以将其中一个齿轮固定，用测量仪器测量齿轮的齿侧间隙。

② 间隙等级 2。该等级用于一般精度以上的要求，适用于转向变化和没有振动的场合。

③ 间隙等级 3。该等级为最为通用的间隙等级。常用于普通的机械工程设备。

④ 间隙等级 4。该等级可用于当齿轮和外壳的温度有很大差异的场合。

⑤ 间隙等级 5。用于开式齿轮传动中。在这种场合中，污染物容易进入齿轮轮齿之间而引起轮齿磨损。

（2）查表确定齿侧间隙。查看齿侧间隙表，必须知道以下三个数值：间隙等级、中心距、模数。依据这些数值，可以在表 5-1 中查到所要求的齿侧间隙。

表 5-1　齿侧间隙表

间隙等级	中心距/mm	在下列模数下的齿侧间隙/μm													
		1.0 ~ 1.6		1.6 ~ 2.5		2.5 ~ 4.0		4.0 ~ 6.5		6.5 ~ 10		10 ~ 16		16 ~ 25	
		最小	最大	最小	最大	最小	最大	最小	最大	最小	最大	最小	最大	最小	最大
1	12~25	42	84												
	25~50	47	95	53	107	60	120								
	50~100	53	107	60	120	68	135	75	150	82	166				
	100~200	60	120	68	135	75	150	82	166	93	189	104	212	120	240
	200~400	68	135	75	150	82	166	93	189	104	212	120	240	135	270
	400~800			82	166	93	189	104	212	120	240	135	270	150	300
	800~1600							120	240	135	270	150	300	164	332

续表

间隙等级	中心距/mm	在下列模数下的齿侧间隙/μm													
		1.0 ~ 1.6		1.6 ~ 2.5		2.5 ~ 4.0		4.0 ~ 6.5		6.5 ~ 10		10 ~ 16		16 ~ 25	
		最小	最大	最小	最大	最小	最大	最小	最大	最小	最大	最小	最大	最小	最大
2	12~25	60	120												
	25~50	68	135	75	150	82	166								
	50~100	75	150	82	166	93	189	104	212	120	240				
	100~200	82	166	93	189	104	212	120	240	135	270	150	300	164	332
	200~400	93	189	104	212	120	240	135	270	150	300	164	332	187	376
	400~800			120	240	135	270	150	300	164	332	187	376	209	422
	800~1600							164	332	187	376	209	422	240	480
3	12~25	82	166												
	25~50	93	189	104	212	120	240								
	50~100	104	212	120	240	135	270	150	300	164	332				
	100~200	120	240	135	270	150	300	164	332	187	376	209	422	240	480
	200~400	135	270	150	300	164	332	187	376	209	422	240	480	270	540
	400~800			164	332	187	376	209	422	240	480	270	540	300	600
	800~1600							240	480	270	540	300	600	340	670
4	12~25	120	240												
	25~50	135	270	150	300	164	332								
	50~100	150	300	164	332	187	376	209	422	240	480				
	100~200	164	332	187	376	209	422	240	480	270	540	300	600	340	670
	200~400	187	376	209	422	240	480	270	540	300	600	340	670	375	750
	400~800			240	480	270	540	300	600	340	670	375	750	420	840
	800~1600							340	670	375	750	420	840	470	950
5	12~25	164	332												
	25~50	187	376	209	422	240	480								
	50~100	209	422	240	480	270	540	300	600	340	670				
	100~200	240	480	270	540	300	600	340	670	375	750	420	840	470	950
	200~400	270	540	300	600	340	670	375	750	420	840	470	950	530	1070
	400~800			340	670	375	750	420	840	470	950	530	1070	600	1200
	800~1600							470	950	530	1070	600	1200	680	1340

二、齿侧间隙的检查

确定齿侧间隙时，必须调节齿轮使齿侧间隙在两个极限值之间，并最好接近最小的齿侧间隙值。调节齿轮后，还必须定期检查。

用下列工具测量齿侧间隙：铅丝、百分表、塞尺。

1. 压铅丝检验法

测量齿侧间隙时，必须在齿轮的四个不同位置测量齿侧间隙，所以，每次测量后须将轮子旋转 90°。通过这种方法，可以确定齿轮的摆动或偏心误差。

在实际操作中，测量步骤如下：

① 取两根直径相同的铅丝，其直径不宜超过最小间隙的 4 倍，注意铅丝不能太粗。

② 在齿宽两端的齿面上，平行放置两条铅丝（图 5-17）。

③ 转动齿轮，将铅丝压扁。铅丝必须在一个方向上转动后压扁，齿轮不能来回转动。

④ 用千分尺测量铅丝被挤压后最薄处的尺寸，即为侧隙。

如果齿侧间隙不合乎要求，则必须通过调整齿轮所在轴的位置以使齿侧间隙达到规定的要求。

2. 百分表检验法

如图 5-18 所示为用百分表测量齿侧间隙的方法，测量时，将一个齿轮固定，在另一个齿轮上装上夹紧杆 1。由于齿侧间隙存在，装有夹紧杆的齿轮便可摆动一定角度，在百分表 2 上得到读数 C，则此时齿侧间隙 c_n 为：

$$c_n = C\frac{R}{L}$$

式中：C 为百分表面 2 的读数，mm；R 为安装夹紧杆齿轮的分度圆半径，mm；L 为夹紧杆长度，mm。

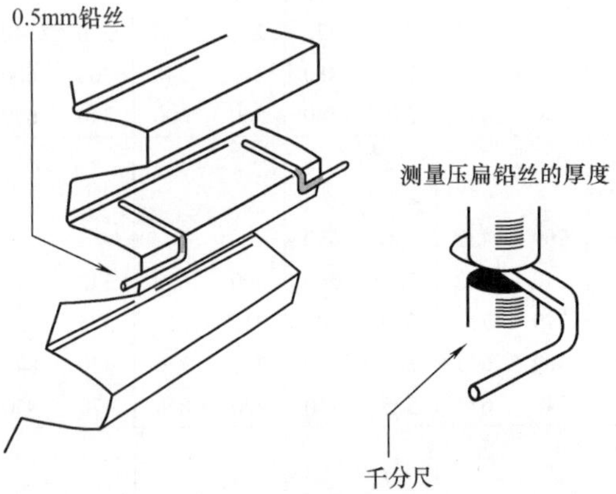

图 5-17　用压铅丝法测量齿侧间隙

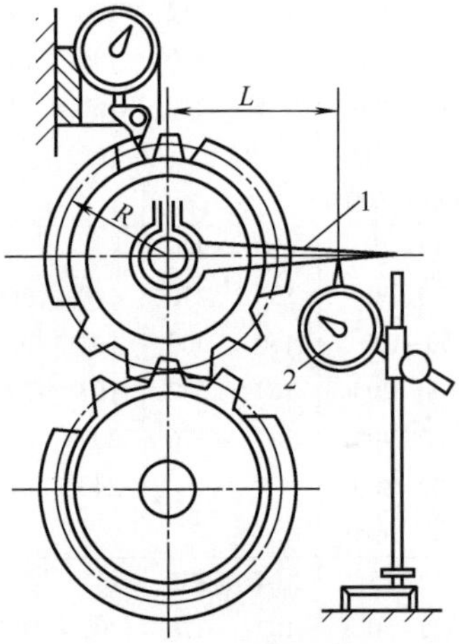

图 5-18　用百分表测量齿侧间隙
1—夹紧杆　2—百分表

也可将百分表直接抵在一个齿轮的齿面上，另一个齿轮固定。将接触百分表触头的齿从一侧啮合迅速转到另一侧啮合，百分表上的读数差值即为侧隙。

侧隙与中心距偏差有关，在装配中可通过微调中心距进行侧隙的调整。而在有些装置中，中心距由加工保证，若由滑动轴承支承时，可通过精刮轴瓦调整侧隙。

任务四　同步带传动机构的装配

同步带传动兼有带传动和链传动的优点：传动稳定，传动比准确，张紧力较小，故对轴的压力较小；传动效率高达 98%~99%；同步带薄而轻，适用于高速传动，带速可达 40m/s，有时允许达到 80m/s；带的柔韧性好，可用于较小直径的带轮，使传动结构

思政引例
项目五任务四

配套视频
项目五任务四
中文教学视频
项目五任务四
英文教学视频

紧凑；传动比较大（可达10，某些情况下可达20）；传递功率较大（可达100kW）。其缺点是制造和安装都需要较高的精度，成本也高。

目前，同步带在国内主要应用在要求传动比准确的中小功率传动中，如计算机、录音机、高速机床（如磨床）、数控机床、汽车发动机及纺织机械等。国内在压缩机等大型设备上也有应用。

一、同步带的结构

同步带相当于在绳芯结构平带基体的内表面沿带宽方向制成一定形状（梯形、弧形等）的等距齿，与带轮轮缘上相应齿啮合进行运动和动力的传递，如图5-19所示。其抗拉体由金属丝绳、合成纤维线或玻璃纤维绳绕制而成，用以传递拉力，并保持带齿的节距恒定。带体多由橡胶制成，也有用聚氨酯浇注而成的，后者只能用于载荷小或有耐油要求的传动。为了提高橡胶同步带齿的耐磨性，通常还在其齿面上覆盖尼龙或织布层。同步带带齿有梯形齿和弧齿两类，弧齿又有三种系列：圆弧齿（H系列，又称HTD带）［图5-20（a）］、平顶圆弧齿（S系列，又称STPD带）［图5-20（b）］和凹顶抛物线齿（R系列）［图5-20（c）］；梯形齿同步带又有单面同步带［图5-21（a）］和双面同步带［图5-21（b）］两种类型。

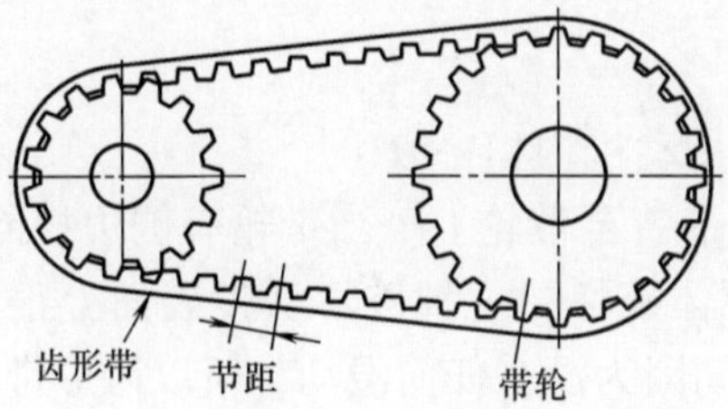

图5-19　同步带传动

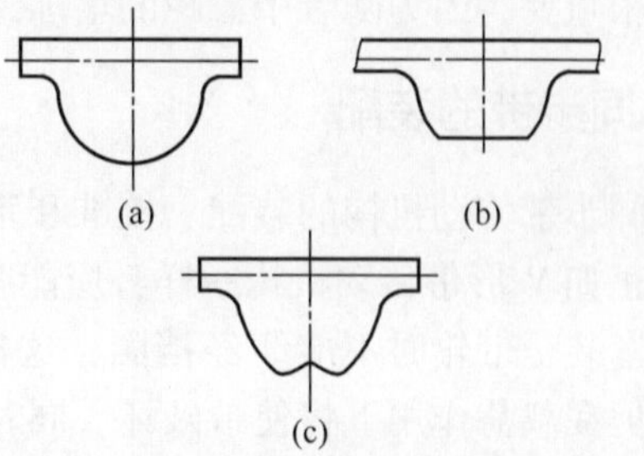

图5-20　弧齿的种类

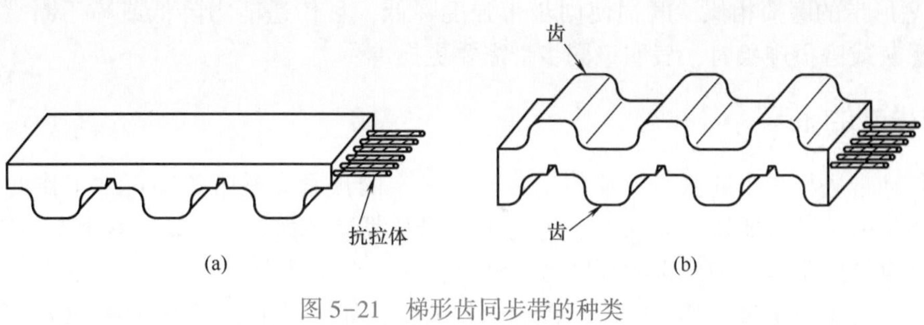

图5-21　梯形齿同步带的种类

有的同步带还在其背面或侧边制成各种形状的突起，可以进行物料的输送、零件的整理和选别，以及开关的启停等。

工作时，同步带中抗拉层的长度不变，抗拉层的中心线位置为带的节线，并以节线周长作为其公称长度。同步带的最基本参数是节距 p 或模数 m，为此，国际上有节距制和模数制两种标准。国产同步带采用节距制，节距 p 是指带在规定的张紧力下相邻两齿对称中心线间沿节线度量的距离。国产同步带的带型（即节距代号）有：MML（最轻型）、XXL

（超轻型）、XL 型（特轻型）、L（轻型）、H（重型）、XH（特重型）和 XXH（超重型）。

就像 V 形带传动一样，同步带传动就是把旋转运动从一个轴传至另一个轴，如从电机轴传至机器的一根轴。

二、同步带轮

同步带轮有三类：双边挡圈带轮［图 5-22（a）］、单边挡圈带轮［图 5-22（b）、（c）］、无挡圈带轮［图 5-22（d）］。

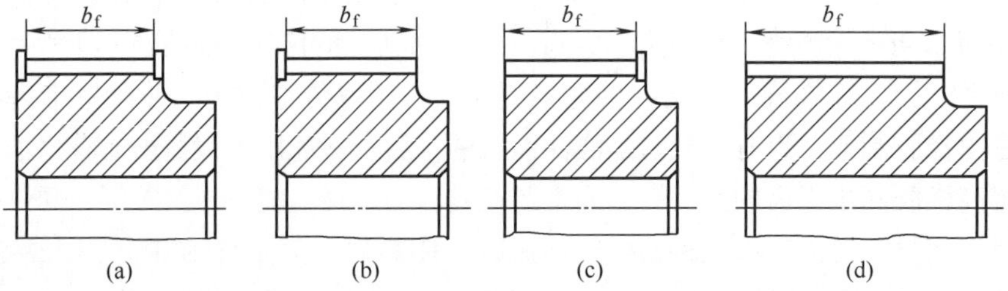

图 5-22　同步带轮的种类

如果两轮间的中心距大于最小带轮直径的 8 倍时，那么该两个带轮应有侧边挡圈。这一点很重要，因为随着中心距的增加，带滑脱带轮的可能性也会增加。

三、同步带的装配

同步带传动机构的装配、校准和张紧与 V 形带传动机构相一致。

正如 V 形带传动机构一样，应能容易地将同步带装至带轮上。当带轮有侧边挡圈时，带在套装至带轮时不能绕经挡圈，这样会导致抗拉体破坏，这种破坏从带表面上很难看出，但在载荷作用下将使带破坏。同时带与轮子之间因为没有任何滑动，所以齿形带对振动载荷很敏感。

与 V 形带的磨损相似，磨损使同步带强度降低，且传递能力降低或易于断裂。如有破裂、黑灰或磨损迹象时，表明该同步带需要更换。

四、同步带的张紧

将传动带进行适当的张紧，使传动带具有一定的预紧力是带传动正常工作的重要因素。同步带的预紧力要比 V 形带小，因为 V 形带依靠摩擦力进行传动。对于 V 形带传动，摩擦力来自带的张紧，如果带的预紧力不够大，那么它就会产生打滑现象，也就不会有运动的传递。对于同步带，其上的齿与带轮齿相啮合，如果带的预紧力不够，带不会打滑，仍有运动的传递。然而，如果同步带的预紧力过小，带将被轮齿向外压出，齿的啮合位置不正确，此时，带不能与带轮齿良好接触，且发生变形，如图 5-23 所示，从而使同步带传递的功率降低。如果变形太大，同步带将在带轮上发生跳齿现象，这将导致带和带轮的损坏。但是预紧力太大也不好，同步带受拉力太大，将缩短同步带、带轮、轴和轴承等的寿命。

在同步带传动中，预紧力是通过在带与带轮的切边中点处加一垂直于带边的测量载荷 F，使其产生规定的挠度 D 来控制的（图 5-24），其正确张紧时的规定挠度 D 与中心距离

S 成正比，可通过下式得出：

$$D=S/64$$

下列数据对于正确选择同步带非常重要：

① 中心距。

② 轴直径。

③ 高速轴的速度。

④ 传动比。

⑤ 传递的功率。

通过这些数据，我们可以确定：

① 同步带的类型。

② 同步带的宽度。

③ 同步带和同步带轮的节距。

④ 带的长度。

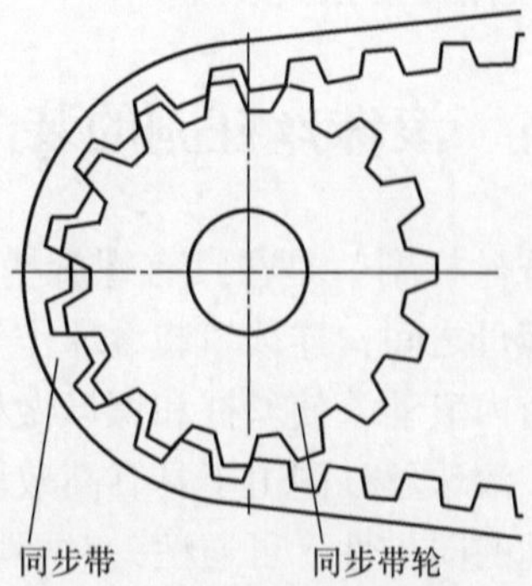

图 5-23　同步带的变形

根据带的宽度和类型，通过查表 5-2 就可以确定测量同步带预紧力所需的测量力 F 的大小 。

例：L 形同步带，其宽度为 3/8in，则测量力 F=3.7 N。

假设中心距为 192mm，那么所规定的挠度为：D=192/64=3（mm）。

测量时，力 F 可以用弹簧秤来测量。

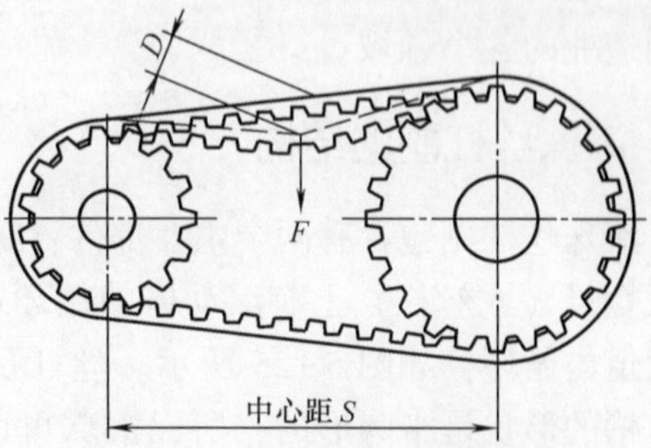

图 5-24　同步带预紧力的控制

表 5-2　　测量同步带预紧力所需的测量力 F　　单位：N

带宽/in	类型			
	XL	L	H	XH
1/4	1.6			
5/16	2.1			
3/8	2.8	3.7		
1/2	4.3	5.7	13.6	
3/4	6.8	9.1	22.7	
1	10.2	13.6	32	41
1 1/2	15.9	20.4	50	64
2		29.5	68	86
3		45	107	136
4			145	190

注：1in=25.4mm。

目前，许多企业广泛使用同步带张紧度测量仪，通过测量带的振动频率来检查同步带的张紧程度。该测量方法操作方便，测量准确。带的振动频率可查阅设备使用手册，当实际测量频率小于要求时，可调大中心距；当实际测量频率大于要求时，可调小中心距。

同步带不是每种宽度都能提供标准带，所以应选择标准宽度的同步带。

同步带张紧的方法与 V 形带相同，有以下几种：

① 使用张紧轮张紧。
② 定期调整中心距。
③ 使用自动张紧装置。

思政引例
项目五任务五

配套视频
项目五任务五中文教学视频
项目五任务五英文教学视频

任务五　滚珠丝杠副的装配

滚珠丝杠副就是在具有螺旋槽的丝杠和螺母之间，连续填装滚珠作为滚动体的螺旋传动。当丝杠或螺母转动时，滚动体在螺纹滚道内滚动，使丝杠和螺母做相对运动时成为滚动摩擦，并将旋转运动转化为直线往复运动。滚珠丝杠副由于具有高效增力，传动轻快敏捷，“0”间隙高刚度，提速的经济性，运动的同步性、可逆性，对环境的适应性，位移十分精确等多种功能，使它在众多线性驱动元、部件中脱颖而出，在节能和环保时代更凸显其功能的优势。在 CNC 机床功能部件中它是产品标准化、生产集约化、专业化程度很高的功能部件，其产品应用几乎覆盖了制造业的各个领域。

一、滚珠丝杠副的结构

滚珠丝杠副包含有两个主要部件：螺母和丝杠。螺母主要由螺母体和循环滚珠组成，多数螺母（或丝杠）上有滚动体的循环通道，与螺纹滚道形成循环回路，使滚动体在螺纹滚道内循环，如图 5-25 所示。丝杠是一种直线度非常高的、其上有螺旋形槽的螺纹轴，槽的形状是半圆形的，所以滚珠可以安装在里面并沿其滚动。丝杠的表面经过淬火后，再进行磨削加工。

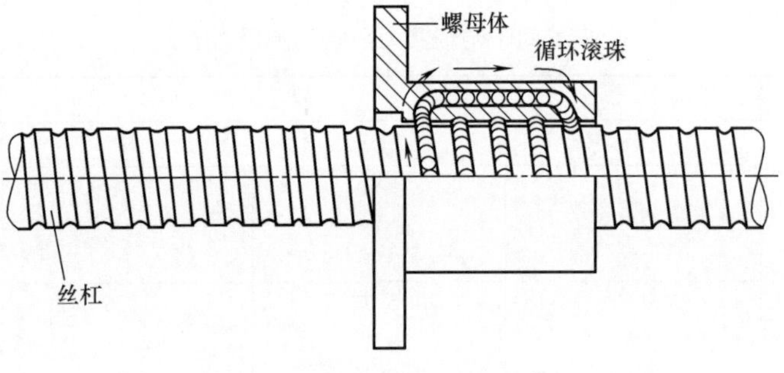

图 5-25　滚珠丝杠副的结构

二、滚珠丝杠副的工作原理

滚珠丝杠副的工作原理和螺母与螺杆之间传动的工作原理基本相同。当螺杠能旋转而螺母不能旋转时，旋转螺杆，螺母便进行直线移动。滚珠丝杠副的工作原理也一样，丝杠发生旋转，螺母发生直线运动，而与螺母相连的滑板也作直线往复运动，如图 5-26 所示。

循环滚珠位于丝杠和螺母合起来形成的圆形截面滚道上。

三、循环滚珠

丝杠旋转时，滚珠沿着螺旋槽向前滚动。由于滚珠的滚动，它们便从螺母的一端移至

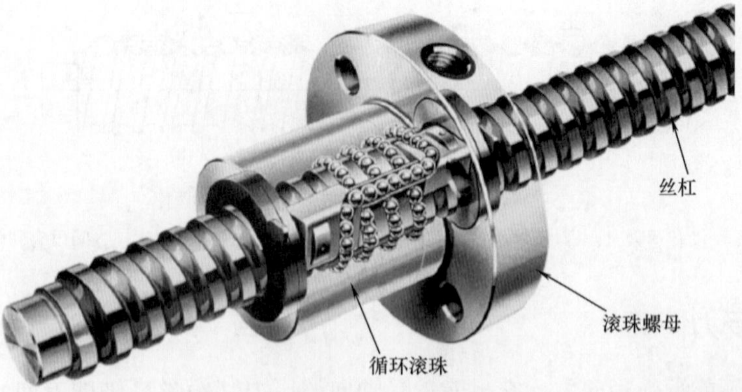

图 5-26　滚珠丝杠副的工作原理

另一端。为了防止滚珠从螺母中跑出来或卡在螺母内，采用导向装置将滚珠导入返回滚道，然后再进入工作滚道中，如此往复循环，使滚珠形成一个闭合的循环回路。滚珠从螺母的一端到另一端，并返回滚道的运动又称作“循环运动”，所以滚珠本身又称作“循环滚珠”。

四、滚珠丝杠副的应用及特点

滚珠丝杠副应用范围比较广，常用于需要精确定位的机器中。滚珠丝杠副应用范围包括：机器人、数控机床、传送装置、飞机的零部件（如副翼）、医疗器械（如 X 光设备）和印刷机械（如胶印机）等。

滚珠丝杠副的优点：传动精度高，运动形式的转换十分平稳，基本上不需要保养。

滚珠丝杠副的缺点：价格比较贵，只有专业工厂才能生产。滚珠丝杠副的另一个缺点是当螺母旋出丝杠时，滚珠会从螺母中跑出来。为了防止在拆卸时滚珠跑出来，可以在螺母的两端装塑料塞。如果滚珠掉出来并不能装回滚道，那就只能请制造厂商处理。

滚珠丝杠副螺母的间隙与滚珠轴承相当。如果对精度的要求很高，可在滚珠上施加预紧力来消除间隙。此时需要安装两个滚珠丝杠螺母和一个垫片，如图 5-27 所示。

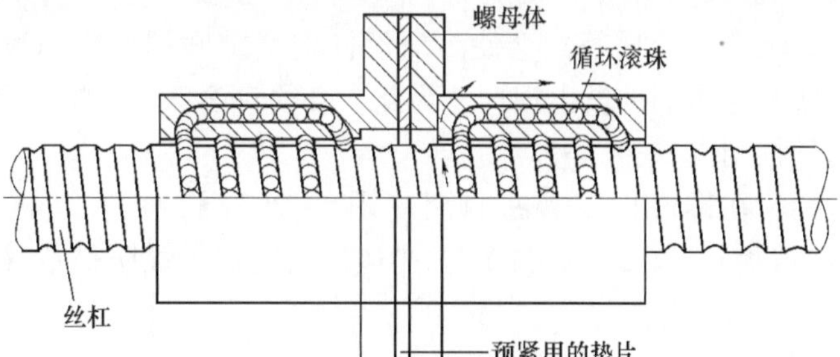

图 5-27　滚珠丝杠副的预紧

垫片可以把两个滚珠螺母分隔开。这样，通过调整垫片的厚度，滚珠就被压到了滚道的外侧，滚珠与滚道之间的间隙便消除了，如图 5-28 所示。滚珠丝杠副的螺母有各种型号，施加预紧力的方法也是多种多样的，但原理都相同。

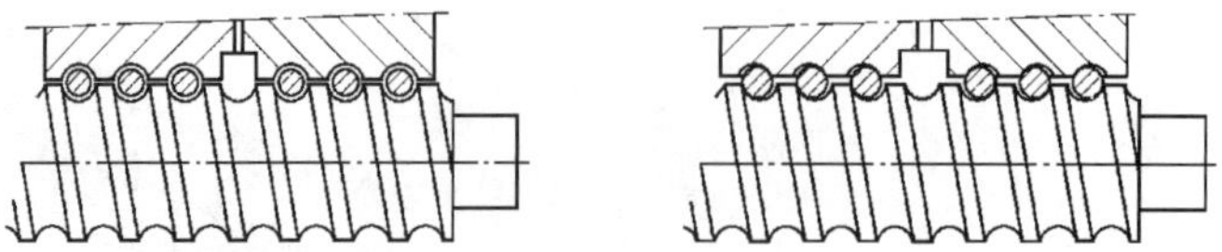

图 5-28　滚珠丝杠副预紧前后间隙的变化

（a）没有预紧时，螺母和丝杠之间存在间隙　（b）预紧后螺母和丝杠之间没有间隙

五、丝杠的受力情况

滚珠螺母不能承受径向力，它只能承受轴向的压力（沿丝杠轴的方向）。丝杠径向受力时，很容易变形，从而影响到位移的精度。

六、滚珠丝杠副的润滑

滚珠丝杠副的正常运行需要很好的润滑。润滑的方法与滚珠轴承相同，既可以使用润滑油，也可以使用润滑脂。由于滚珠螺母作直线往复运动，丝杠上润滑剂的流失要比滚珠轴承严重（特别是使用润滑油的时候）。

1. 润滑油

使用润滑油时，温度很重要。温度越高，油液就越稀（黏度变小）。高速运行时，滚珠丝杠副温升非常小。因此，油的黏度变化不大。但是，润滑油确实会流失，所以一定要安装加油装置。

2. 润滑脂

使用润滑脂时，添加润滑剂的次数可以减少（因为流失的量比较小）。润滑脂的添加次数与滚珠丝杠的工作状态有关，一般每 500～1000h 添加一次润滑脂。可以安装加油装置，但并不是必需的。不能使用含石墨或 MoS_2（粒状）的润滑脂，因为这些物质会给设备带来磨损或擦伤。

七、滚珠丝杠副的密封

污染物（污物、灰尘、碎屑等）会使滚珠丝杠副严重磨损，影响滚珠丝杠副的正常运动，甚至使丝杠或其他零部件发生损坏。为此，必须对滚珠丝杠螺母进行密封，从而防止污染物进入滚珠丝杠副内。

密封的方法包括：在螺母内安装密封圈［图 5-29（a）］；在丝杠上安装平的盖子（导轨也经常被一起覆盖）［图 5-29（b）］；在丝杠上覆盖柔性防护罩（导轨也经常被一起覆盖）［图 5-29（c）］。

八、滚珠丝杠副的安装

由于是高精度传动，滚珠丝杠副的安装和拆卸都必须十分小心。

污物和任何损伤都会严重影响滚珠丝杠副的正常运动，而且还会缩短它的使用寿命，降低位移的精度。如果安装或拆卸不当，滚珠还会跑出来，要把它们重新装好是非常困难的，一般只能送到制造厂家利用专门工具将其装回螺母。有时，螺母已经被供应商安装在

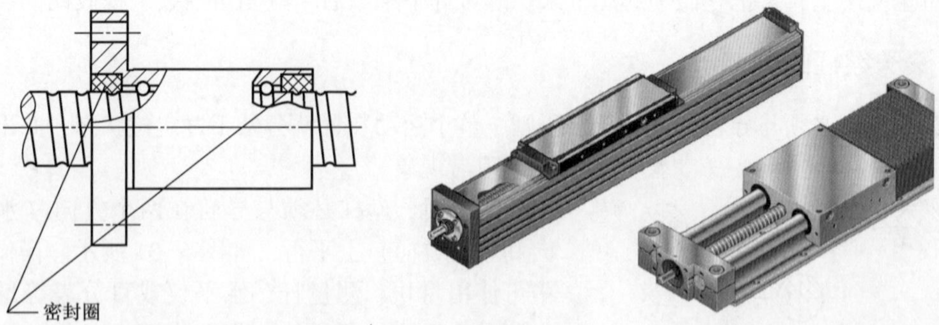

(a)　(b)　(c)

图 5-29　滚珠丝杠副的密封

（a）密封圈　（b）平的盖子　（c）柔性防护罩

丝杠上了，此时，不需要装配技术人员进行螺母的装配，也不存在滚珠在丝杠安装过程中跑出来的情况。

如果螺母在交货时没有安装在丝杠上，它的孔中（丝杠经过的地方）会装有一个安装塞。这个塞子可以防止滚珠跑出来。将螺母安装在丝杠上时，这个塞子会在丝杠轴颈上滑动。当螺母装至丝杠上而塞子会渐渐退出，螺母就可以旋在丝杠上了。当然，将螺母从丝杠上拆卸下来时，也需要这样的安装塞子。

螺母的具体安装与拆卸步骤如下：

① 在塞子的末端有一橡胶圈，以防止螺母从塞子上滑下。将螺母安装在丝杠上时，首先要卸下这个橡胶圈，如图 5-30（a）所示。不要把橡胶圈扔掉，因为拆卸时还会用到它。注意：不要让螺母从塞子上滑下。

② 安装塞的设计使螺母只能从一个方向装至丝杠上。将塞子和螺母一起滑装到丝杠轴颈上，轻轻地按压螺母直到其到达丝杠的退刀槽处，无法再向前移动为止。

③ 慢慢地、仔细地将螺母旋在丝杠上，并始终轻轻按压螺母，直到它完全旋在丝杠上为止，如图 5-30（b）所示。

④ 当螺母旋上丝杠，安装塞仍然套在轴颈上时，就可以将安装塞卸下来了，如图 5-30（c）所示。但不要把塞子扔掉，塞子应当和橡胶圈保存在一起，因为拆卸时还要用到这些附件。

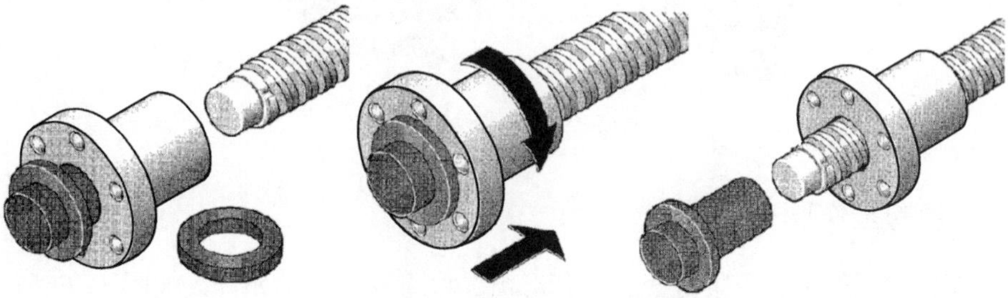

(a)　(b)　(c)

图 5-30　滚珠丝杠螺母的装配

⑤ 螺母的拆卸方法与上面的步骤正好相反。首先将塞子滑装到丝杠轴颈上，然后旋

转螺母至塞子上，再把它们一起卸下来。螺母卸下来以后，应当重新装上橡胶圈。

九、滚珠丝杠的调节

滚珠丝杠必须与导轨完全平行。否则，整个运动装置就会处于过定位状态，并出现摩擦或阻滞现象。

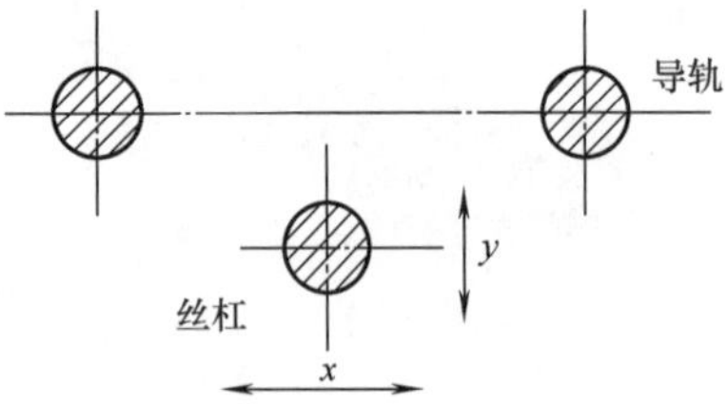

图 5-31　丝杠的调整

调整时，丝杠必须与导轨在两个方向（水平方向和垂直方向）上平行，如图 5-31 所示。操作过程中可使用量块、测量杆、水平仪或百分表等量具进行测量，但测量工具的选择取决于设备的结构以及丝杠和导轨的安装位置。

调整时，丝杠只能沿一个方向（水平方向）进行调整，而另一个方向（垂直方向）则必须用垫片进行调节。因此，为了使两个轴承座具有相同的高度，调节时可以在低的轴承座下面塞入一些不同厚度的垫片。这些垫片可以由薄的黄铜片组成，黄铜片的厚度有很多种，有十分之几或百分之几毫米厚度的。根据高度差，可以使用一片或多片垫片。黄铜垫片在塞入前应当先剪成适当的形状。垫片也可由多层黄铜箔压在一起组成，为了获得需要的厚度，有时必须使用大量的黄铜箔。

任务六　夹紧套的装配

夹紧套是用于实现轴和轮毂的连接，并能传递扭矩。在轮毂和轴的连接中，它是靠拧紧螺母使包容面间产生的压力和摩擦力实现运动和动力的传递的一种无键连接装置，如图 5-32 所示。

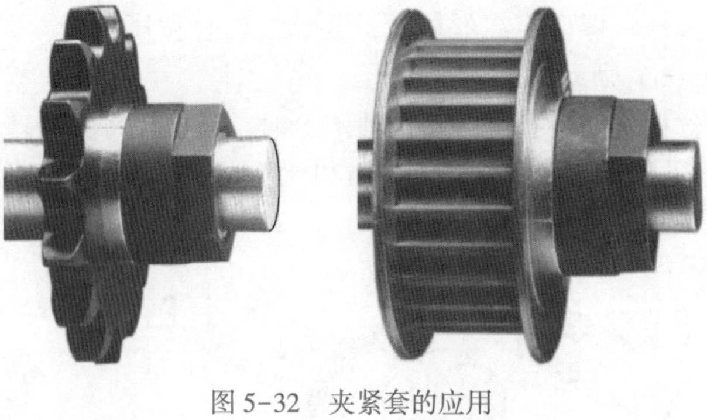

图 5-32　夹紧套的应用

一、夹紧套的工作原理

夹紧套应包括螺母、压紧衬套、衬套（由 3 块组成）三个元件，如图 5-33 所示。

当夹紧套定位在轴上后，用一定的力矩拧紧螺母，压紧衬套在螺纹的作用下沿着衬套表面产生相对移动，由于压紧衬套外表面和衬套内表面是锥形的，所以压紧衬套内表面压紧在轴上，衬套外表面压紧在轮毂上，轴和轮毂的连接就形成了，如图 5-34 所示。

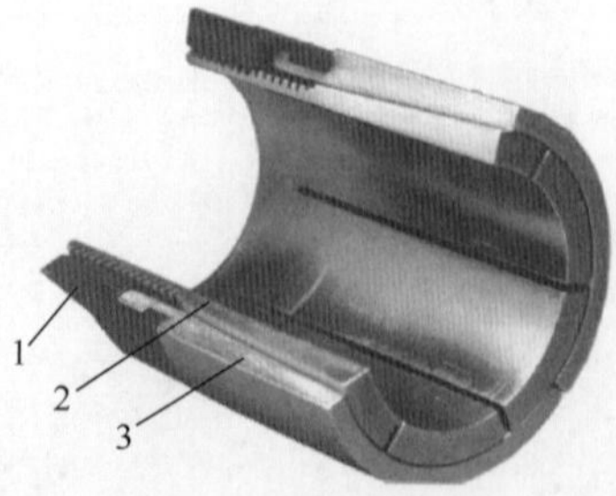

图 5-33　夹紧套
1—螺母　2—压紧衬套　3—衬套

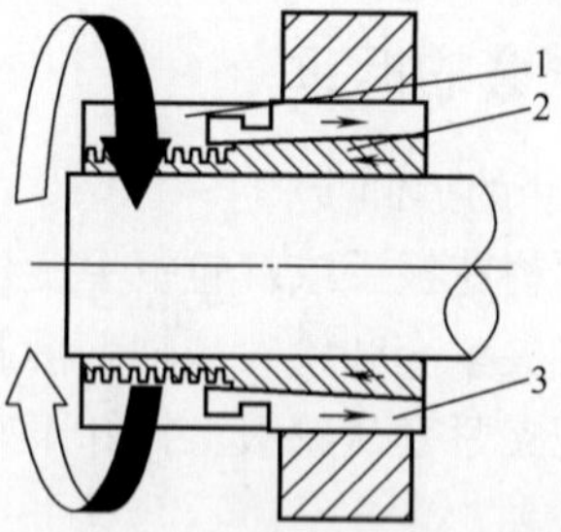

图 5-34　夹紧套的工作原理
1—螺母　2—压紧衬套　3—衬套

二、夹紧套的优缺点

1. 夹紧套的优点

① 使用夹紧套时，很少需要在轴上做出一些专门的定位和紧固结构（如轴肩等），简化了轴的加工。

② 装配和拆卸方便。

③ 由于夹紧套实现了过盈配合，夹紧套和轮毂之间没有相对运动。因此，接触面不会由于擦伤而引起腐蚀，这种连接没有间隙，轮子没有跳动误差。

2. 夹紧套的缺点

与其他类型的夹紧套相比，价格高。

三、夹紧套的装配

利用夹紧套进行装配的步骤如下：

① 清洗轴和轮毂孔，去除油脂。

② 将夹紧套套至轴上。

③ 将轮毂套至夹紧套上，并位于夹紧套工作面 L_2 的中间；如果轮毂比 L_2 长，则六角部分 B 必须留出以利于扳手操作，如图 5-35 所示。

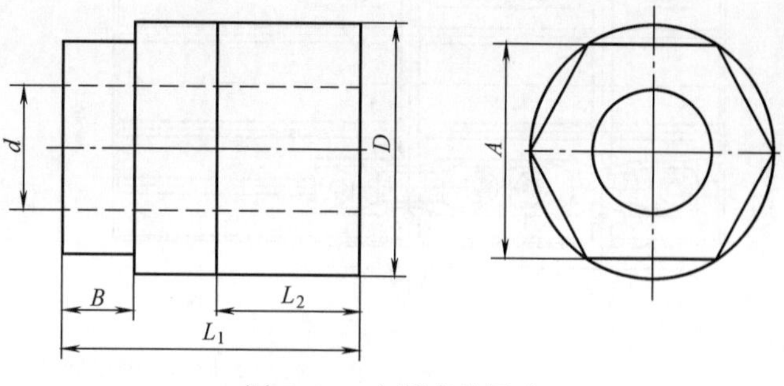

图 5-35　夹紧套的尺寸
A—扳手宽度　d—夹紧套内径　D—夹紧套外径

④ 用手指拧紧螺母。把夹紧套和轮毂放在规定的位置，然后用规定的力矩拧紧螺母。力矩值如表 5-3 所示。

表 5-3　　夹紧套的拧紧力矩表

类型编号	d	D	L_1	L_2	A	B	最大传递扭矩/(N·m)	最大轴夹紧力/N	拧紧扭矩/(N·m)	质量/kg
M10	10	22.5	25.5	12.5	19	5	31	425	19.8	0.042
M11	11	22.5	25.5	12.5	19	5	34	433	19.8	0.042
M12	12	22.5	25.5	12.5	19	5	39.5	439	19.8	0.042

四、夹紧套的拆卸

夹紧套的拆卸步骤：

① 用梅花扳手或棘轮扳手旋松夹紧套。

② 将夹紧套和轮毂从轴上拆卸下来。

③ 把夹紧套从轮毂上拆卸下来。

任务七　装配操作：齿轮传动机构装配训练项目

根据如图 5-36 所示的齿轮传动机构装配训练项目装配图，完成如下实训项目。

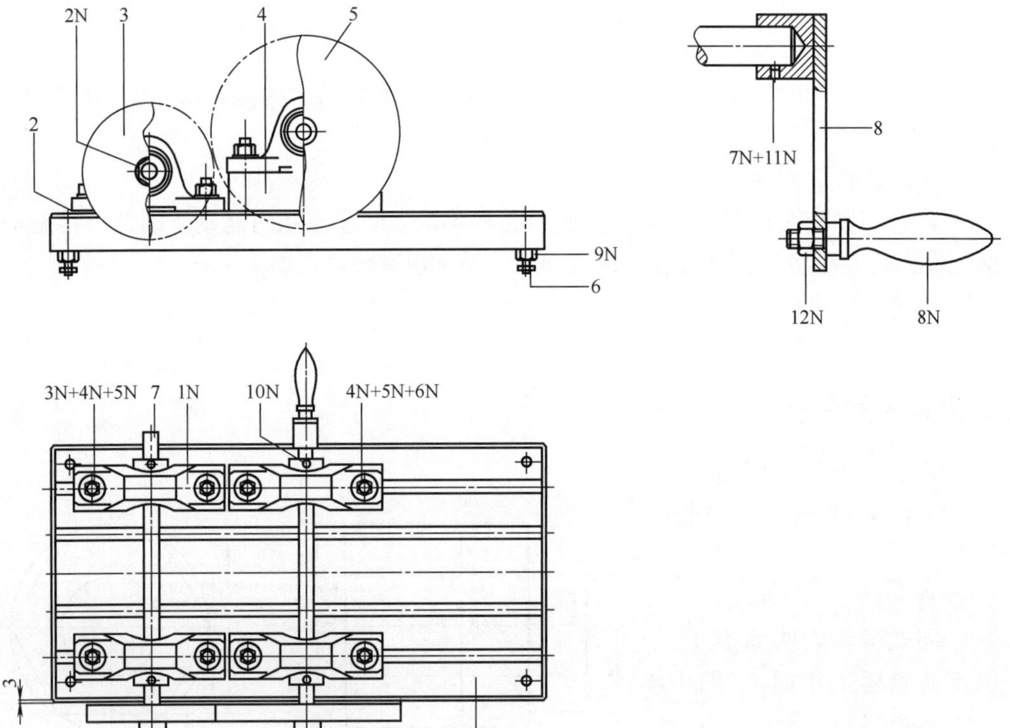

图 5-36　齿轮传动机构装配训练项目装配图

1—底板　2—垫板　3、5—齿轮　4—垫块　6—调节脚　7—轴　8—手柄　1N—Y 轴承　2N—夹紧套　3N、6N—T 形螺栓　4N—垫圈　5N、9N、12N—螺母　7N—螺钉　10N、11N—螺钉压板　8N—旋转手柄

1. 操作要求

进行该机构的装配后，学生们将能做到如下项目：

① 根据指导书装配 Y-轴承。

② 根据轴的相互位置关系装配和调整轴。

③ 测量与调整齿侧间隙。

④ 装配和校准齿轮。

2. 工具与附件

工具：套筒扳手一套；8~40N·m 扭矩扳手；开口扳手；3mm 内六角扳手。

测量和检验用工具：300mm 直尺；百分表；磁性百分表座；0.2mm/m 精度，长 60mm 的水平仪；0.7mm 铅丝。

3. 额定时间

完成时间：2h。

一、装配操作及要点

① 利用零件清单检查所有的零部件和工具是否齐全，如果有零件和工具丢失，应立即向指导教师报告。

② 将底板放置在平整的平面上。

③ 将宽座轴承装配到轴承座上。注意：确保轴承座的偏心套朝向外侧。

④ 按照装配图装配该机构。

⑤ 在装配齿轮中，拧紧螺母将齿轮锁紧在轴上时，应仔细夹紧齿轮，并采取保护措施，防止夹伤齿轮。切忌直接将轴夹紧去拧紧螺母。因为，在用规定拧紧力矩拧紧夹紧套时，会使轴在夹紧装置中转动而导致轴的损坏。

⑥ 按第二节夹紧套装配要求装配夹紧套。

⑦ 为校准齿轮，应选择一个齿轮作为参照轮来校准另一个齿轮的位置。

⑧ 在该机构中，选用间隙等级 3。

⑨ 计算中心距和模数。

⑩ 查表确定正确的齿侧间隙。并在表 5-4 中记录计算和确定的值。

表 5-4　　记录表

中心距	mm
模数	mm
齿侧间隙	最小：　　mm 最大：　　mm

⑪ 校准齿轮的位置，使两齿轮在同一直线上。

⑫ 调节齿轮使其齿侧间隙达到要求。

⑬ 用压铅丝法测量齿侧间隙。

⑭ 如需要的话，可用手拧紧需调整的轴承螺母，用塑料锤在轴承座上轻敲，以调整齿侧间隙。注意：在调整中要确保两齿轮保持在同一平面上。

⑮ 装配手柄。

⑯ 请指导教师检查装配情况。

操作注意点：为了校准轴和齿轮，轴承的紧固螺母必须经常紧固与旋松。紧固螺母时要用扭矩扳手进行拧紧，旋松螺母时要用梅花扳手或套筒扳手进行操作。

二、拆卸步骤及要点

① 拆卸整个装置。

② 给金属零部件涂上一层薄油。

③ 把轴承转出轴承座。

④ 用纸包裹轴承。

⑤ 将小零件保存在物料盒里。

⑥ 把所有零部件和物料盒放在实验室指定位置。

⑦ 将不足之处告知指导教师。

思　考　题

1. 简述传动轮的校准方法及其步骤。
2. 简述夹紧套的工作原理。
3. 简述链条的连接及装配要点。
4. 链条的正确安装要求有哪些？如何确定链条的下垂量？如何对链条进行张紧？
5. 什么是齿轮传动的齿侧间隙？为什么齿轮传动要留有齿侧间隙？
6. 如何用压铅丝法测量齿侧间隙？选择齿侧间隙的依据是什么？
7. 简述同步带传动的优点和缺点。
8. 简述同步带磨损的现象。
9. 什么时候使用带侧面挡圈的同步带轮？
10. 为什么要控制同步带传动的预紧力？如何检查与调整同步带预紧力？
11. 滚珠丝杠副的工作原理是什么？
12. 简述滚珠丝杠副的应用场合。
13. 简述滚珠丝杠副的优点和缺点。
14. 调节轴承座的高度时垫片应采用什么材料？
15. 如果螺母和丝杠是分离的，那么安装塞在滚珠丝杠装配中起什么作用？

项目五　在线习题

配套课件

项目六

项目六

直线导轨副的装配

【学习目标】

1. 了解导轨的类型、结构、特点和应用；
2. 掌握平导轨、燕尾导轨副的装配、调整和检查方法；
3. 掌握导轨的润滑方法，学会正确选用润滑剂；
4. 了解直线滚动导轨套副的结构，掌握其装配方法；
5. 了解直线滚动导轨副的应用特点，掌握其装配、调整和检查方法；
6. 养成良好的职业行为习惯，遵守机械装配工作规程，执行机械设备的质量标准；
7. 践行劳动精神、工匠精神和劳模精神；
8. 增强制造强国、科技立国、产业报国的家国情怀。

【操作项目】

装配平导轨装置，如图 6-46 所示。

任务一　平导轨的装配

思政引例

项目六任务一

配套视频

项目六任务一 中文教学视频

项目六任务一 英文教学视频

一、导轨概述

导轨是机械的关键部件之一，它可使机器上的零部件沿着固定的轨迹执行直线运动。例如，铁路铁轨就是一种导轨，火车只可以沿着铁轨进行运动。导轨性能好坏将直接影响机械的工作质量、承载能力和使用寿命。在导轨副中，运动部件（如机床工作台）上的导轨为短导轨，称动导轨；固定部件（如床身、机架）上的导轨为长导轨，称支承导轨。

（一）导轨的作用

导轨必须保证机器上的零部件能执行直线运动，在某些场合，这种运动应当达到很高的精度。所以，导轨用于对零部件进行导向并支承其所引导的零部件。

（二）导轨的应用范围

导轨不仅广泛应用于机器中，同时应用于家庭中。例如，抽屉就常常配有轨道导轨。

当然，除了抽屉以外我们还可以找到不少导轨在家庭中的应用实例，如窗帘的导轨、洗碗机的导轨、电脑或音响的 CD 驱动器导轨、载人或载货电梯的导轨等。

工厂中使用的导轨有：车床和铣床上使用的导轨（普通和数控机床）；插入装置使用的导轨（在印刷电路板上插入各种元件时使用的装置）；测量设备和仪器使用的导轨；制造电脑芯片设备使用的导轨等。

导轨可以只有一根（如窗帘的导轨），也可以有两根（相互之间保持一定的距离）。两根导轨可以使滑块变得更加稳定，如车床上的拖板。

（三）导轨的类型

导轨可分成四类：平导轨，圆柱形导轨，燕尾形导轨，V 形导轨，如图 6-1 所示。这些导轨可以作为滑动元件，也可以与某些轴承组合使用，如滚珠轴承、滚柱轴承、滚针轴承等。

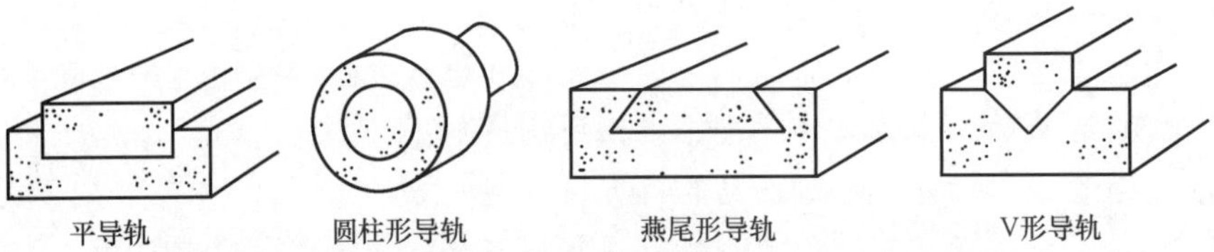

图 6-1　导轨的类型

1. 平导轨

平导轨又称矩形导轨。这类导轨制造简单，承载能力大，不能自动补偿磨损，必须用镶条调整间隙，导向精度低，需良好的防护。平导轨主要用于载荷大的机床或组合导轨。

2. 圆柱形导轨

这类导轨制造简单，内孔可珩磨，外圆采用磨削可达配合精度，磨损不能自动调整间隙。圆柱形导轨主要用于受轴向载荷场合，如钻、镗床主轴套筒、车床尾座。

3. 燕尾形导轨

这类导轨制造较复杂，磨损不能自动补偿，用一根镶条可调整间隙，尺寸紧凑，调整方便。燕尾形导轨主要用于要求高度小的部件中，如车床刀架。

4. V 形导轨

这类导轨导向精度高，磨损后能自动补偿。凸形有利于机床排屑，但不易保存润滑油，用于低速。凹形特点与凸形相反，高、低速均可采用。对称形截面制造方便，应用较广，两侧压力不均时采用非对称形。顶角 α 一般为 90°，重型机床采用 $\alpha=110°\sim120°$，精密机床采用 $\alpha<90°$，以提高导向精度。

（四）导轨的精度

由于对机器的要求越来越高，工业上使用的导轨一般都要求有很高的精度。例如，印刷电路板上有许许多多的元件，如果插入装置的精度不高，印刷电路板的质量就会受到影响，甚至出废品。

导轨主要用于保证零部件的直线位移精度。如，电脑的芯片非常小，因此对精度的要求就更高，甚至一粒小小的灰尘就可以使一片芯片报废，因此所使用的导轨就必须具有很高的精度。导轨也像轴承一样，滚动轴承的精度应当比一般的滑动轴承的精度高。因此，当精度要求比较高时，人们常常使用含滚珠轴承或滚柱轴承的导轨。

导轨的精度及零部件运动时的平稳性都会影响到运动零部件的位置精度。除此，导轨的爬行现象会影响到零件的位置精度。

（五）爬行现象

爬行现象是指滑块在导轨上运动时发生的间歇性停顿或跳动。当滑块的运行速度比较低时，这种现象比较容易发生。

我们可以做一个小小的试验，来进一步了解爬行现象。将一个弹性体绑在一块小的钢块上，并将钢块放置在桌面上，尽可能缓慢地拉动钢块，可以看到，钢块的运动是不平稳的：钢块向前跳动一下，然后停下来，然后又向前跳动一下，这种现象就是爬行现象。

（六）导轨的选择

选择导轨时应当考虑到下列因素：载荷的大小、工作温度、零部件的运行速度、所需的位置精度等。一般情况下，人们都使用导轨的整套装置，这些整套装置含有带导轨的导向滑块，有时还用带驱动的主轴和马达等装置。

二、平导轨的装配技术

平导轨可以使零部件沿着固定的轨迹产生位移。支承导轨一般呈矩形截面，导向滑块放置在导轨上，可以沿导轨进行直线滑行，如图 6-2 所示。

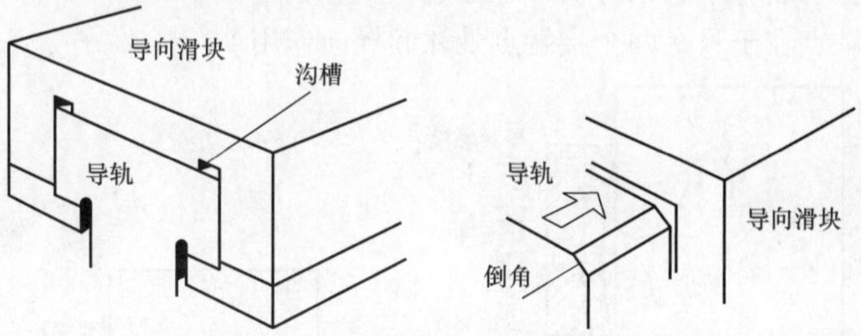

图 6-2　平导轨

平导轨常与其他类型导轨组合使用。普通车床就属于这样的情况，如车床尾座的两个导轨分别为 V 形导轨和平导轨。平导轨一般用于普通车床、铣床、冲压设备和磨床等设备中。

平导轨的优点：适用于较长的零部件；可以承受很大的压力；加工简便。

平导轨的缺点：需要使用平镶条或斜镶条来调整间隙的大小；不能自动地对间隙进行调节；摩擦力比较大。

（一）间隙的调整

由于平导轨磨损后无法进行间隙补偿。所以，导向滑块和导轨之间必须有较高的配合精度。

大型平导轨的间隙必须是可调节的，这类导轨常用平镶条或斜镶条调整间隙。因此，导轨面和导向滑块之间不需要高精度的配合。

用于调整平导轨间隙的平镶条和斜镶条如图 6-3 所示。

1. 平镶条

平镶条是一种最简单的间隙调整用零件。它是一块小的矩形板，有时使用青铜材料，

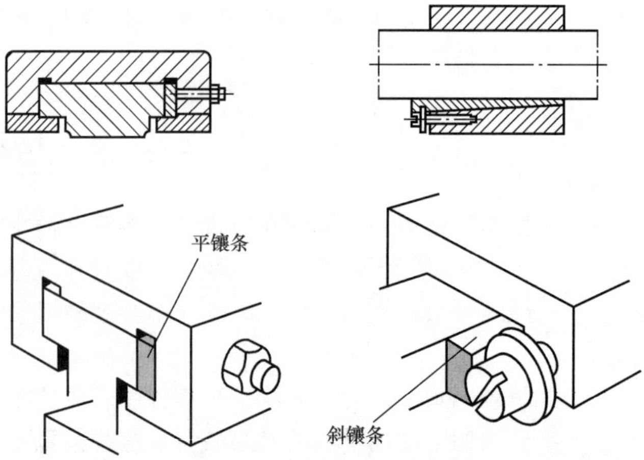

图 6-3　镶条

但常用塑料。平镶条可用螺栓以及调节螺钉进行调节。

（1）螺栓。如图 6-4（a）所示，这里采用三个螺栓。中间一个螺栓为拉紧螺栓，属于紧固螺栓，可以把平镶条向该螺栓拉近。其他两个螺栓为压紧螺栓，它们将平镶条向前推，使平镶条发生弯曲。平镶条弯曲得越厉害，间隙就越小。

上述结构的缺点在于只有两个接触点处才起导向作用。

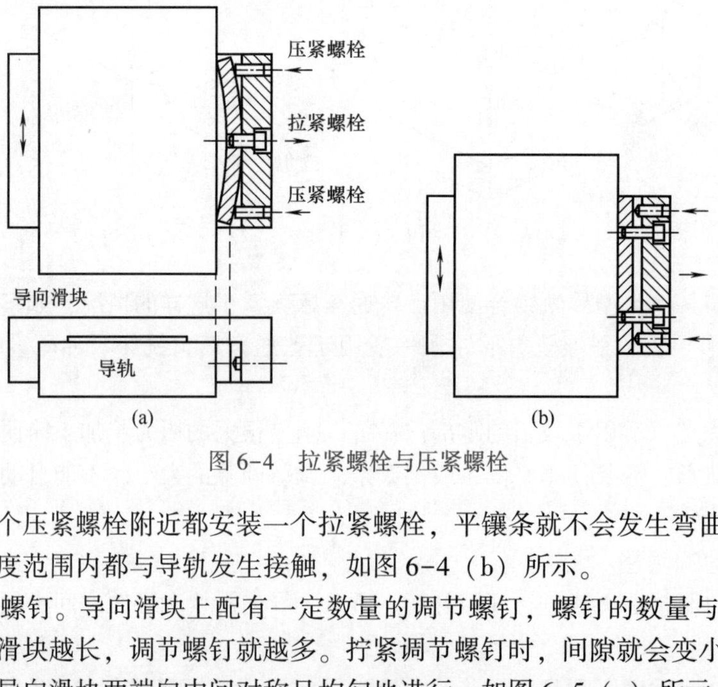

图 6-4　拉紧螺栓与压紧螺栓

如果每一个压紧螺栓附近都安装一个拉紧螺栓，平镶条就不会发生弯曲，而且平镶条可以在整个长度范围内都与导轨发生接触，如图 6-4（b）所示。

（2）调节螺钉。导向滑块上配有一定数量的调节螺钉，螺钉的数量与导向滑块的长度有关。导向滑块越长，调节螺钉就越多。拧紧调节螺钉时，间隙就会变小，但拧紧调节螺钉时必须从导向滑块两端向中间对称且均匀地进行，如图 6-5（a）所示。

调节螺钉施加在平镶条上的力为一个点，如图 6-5（b）所示，使平镶条在力的作用点处发生弯曲。因此，平镶条会产生一定程度的波纹状变形。

2. 斜镶条

斜镶条是比平镶条更好的间隙调整方法。利用带肩螺栓可以使斜镶条得到精确的调

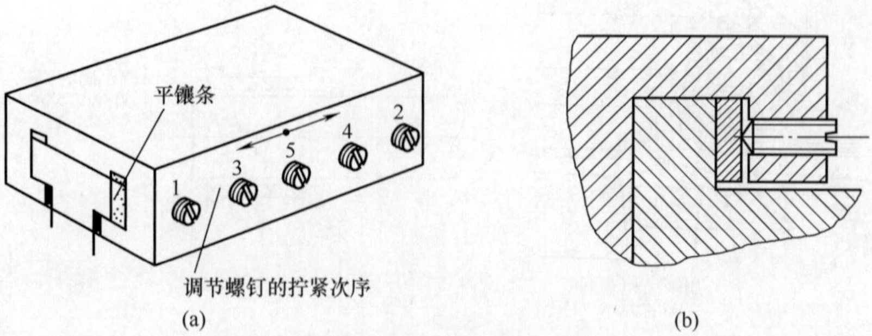

图 6-5　调节螺钉的拧紧

整，使其在整个长度范围内都能与导轨接触。拧紧螺栓时，斜镶条就会向前推进，从而使间隙变小。

斜镶条的斜度一般为 1∶100~1∶60，它与导向滑块的长度有关。导向滑块越长，斜度越小。

制作斜镶条时，其原始长度应当比所需的长度大一些。这样，在安装的时候就可以准确地确定槽口的位置（槽口是用来安装调节螺栓的）。槽口的位置确定后，就可以把斜镶条切割到所需的长度，如图 6-6 所示。

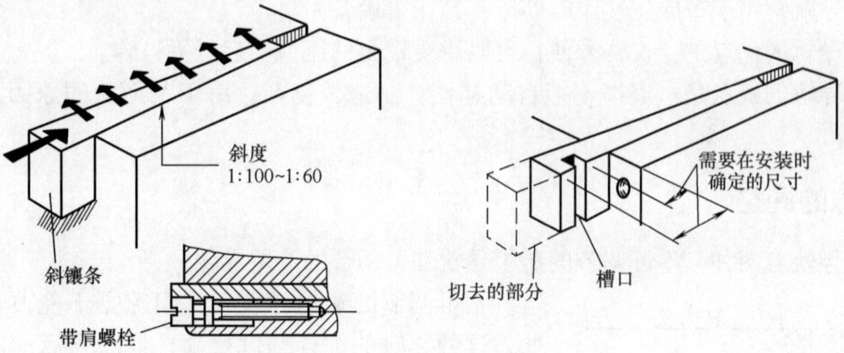

图 6-6　斜镶条及其安装

（二）间隙的测量

间隙的大小可以用塞尺来进行测量。测量时，塞尺应当插入导轨和导向滑块之间，如图 6-7 所示。

（三）平导轨的润滑

导轨与滑块之间的摩擦会产生热量和磨损。润滑可以减小摩擦，降低磨损的程度。由于平导轨接触面比较大，故一般不能用于高速运行的零部件，否则摩擦会产生大量的热量。为了在导轨与滑块之间提供足够的润滑，平导轨与导向滑块之间一般采用润滑油进行润滑，这是因为润滑脂的黏度太大，无法渗透到整个间隙中。

现在已经开发出一些不需要润滑的导轨材料。这些导轨采用某些特殊材料，如 PA（尼龙）和 PTFE（聚四氟乙烯），它们本身具有润滑特性，尽管如此，这些系统只适合在轻载和低速场合下使用。对于重载和高速场合，还必须进行润滑。

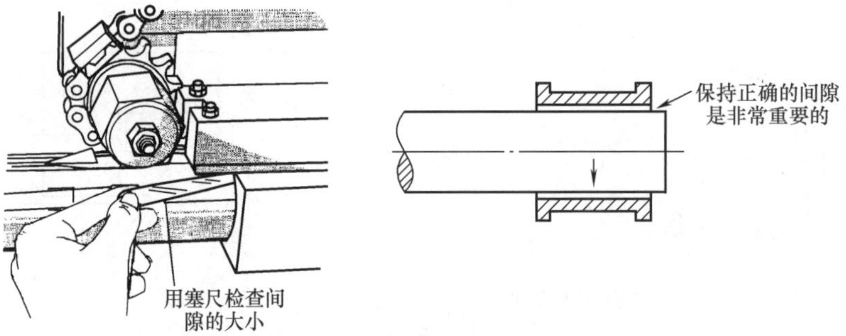

图 6-7　间隙的测量

任务二　燕尾导轨的装配

思政引例

项目六任务二

配套视频

项目六任务二
中文教学视频

项目六任务二
英文教学视频

燕尾导轨用于使机器的零部件实现直线运动。燕尾导轨由导轨与滑块两部分组成，两部分零件均有一个互为倒置的梯形导轨，一般的燕尾导轨的角度设计为 50°。滑块依靠与导轨之间的配合可以在导轨上作往复直线运动。

燕尾导轨常用于车床、铣床、磨床、钻床等设备中。

燕尾导轨的优点是：安装方便；可以承受较大的压力；运行平稳等。

燕尾导轨的缺点是：磨损不能自动补偿；制造较复杂；由于其形状的原因，相对重一些。

一、间隙的调整

燕尾导轨有两种：不可调节的燕尾导轨和可调节的燕尾导轨。

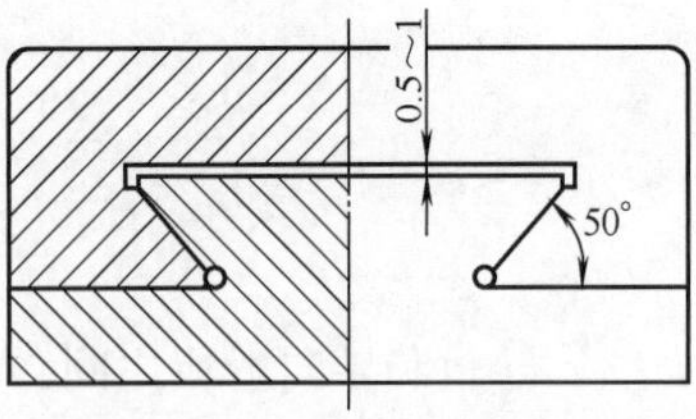

图 6-8　不可调节燕尾导轨

不可调节的燕尾导轨，其间隙是不能改变的。因此，这种导轨的配合精度要高，但磨损后的间隙无法自动补偿，如图 6-8 所示。

可调节的燕尾导轨，其间隙可以调节。因此，导轨间无须高精度的配合。但是，两部分配合部分的形状要相同，否则导轨就不能正常地工作，两部分会发生卡死现象。

燕尾导轨间隙可以利用平镶条、梯形镶条和斜镶条进行调节。

1. 平镶条

平镶条一般用青铜或塑料制成，其形状与导轨及滑块之间的空隙相同。通过调节螺钉，可以让平镶条压向导轨的一侧。用平镶条调节间隙的缺点是平镶条与调节螺钉之间存在一定的角度，如图 6-9 所示。

2. 梯形镶条

梯形镶条比平镶条稳定，且梯形镶条基本上不会发生弯曲。对于短的燕尾导轨，可以利用一个调节螺钉来确定梯形镶条的位置，长的燕尾导轨在长度方向一般需要两个调节螺钉，如图 6-10 所示。

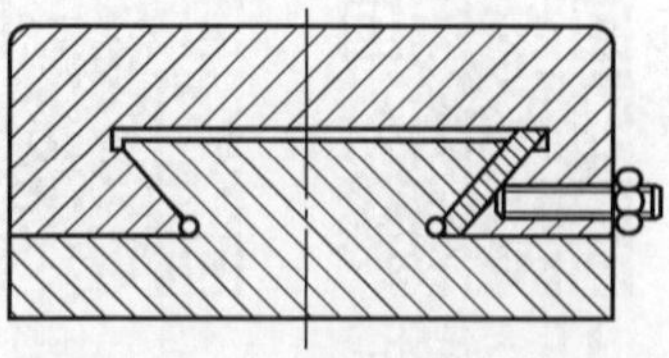

图 6-9 利用平镶条调节间隙

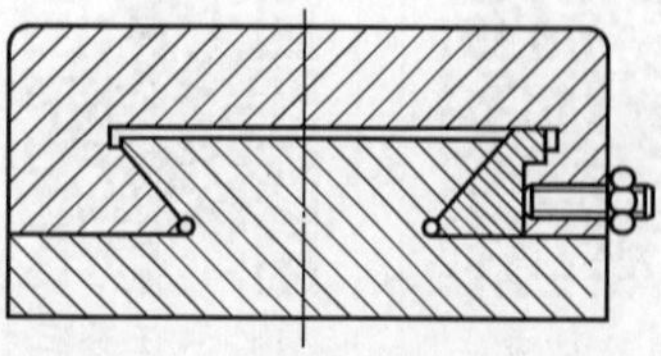

图 6-10 利用梯形镶条调节间隙

3. 斜镶条

斜镶条也可以用来调整间隙的大小。通过带肩螺钉，斜镶条可以压紧在滑块和导轨之间，从而使间隙变小，如图 6-11 所示。

二、燕尾导轨的测量

燕尾导轨通常不能直接测量。测量时需使用公差带为 h6 的量棒进行间接测量，如图 6-12 所示。

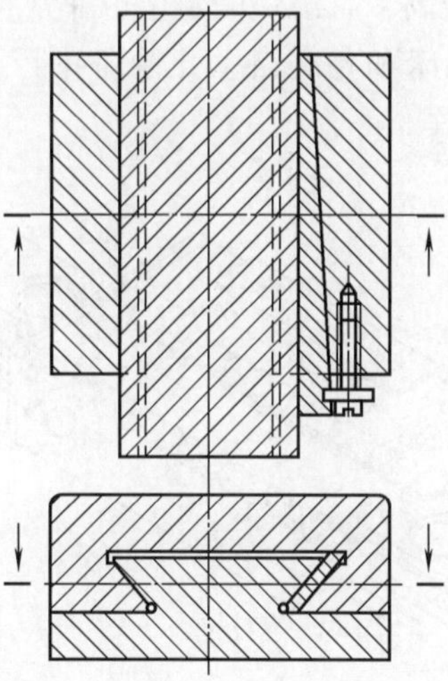

图 6-11 利用斜镶条调节间隙

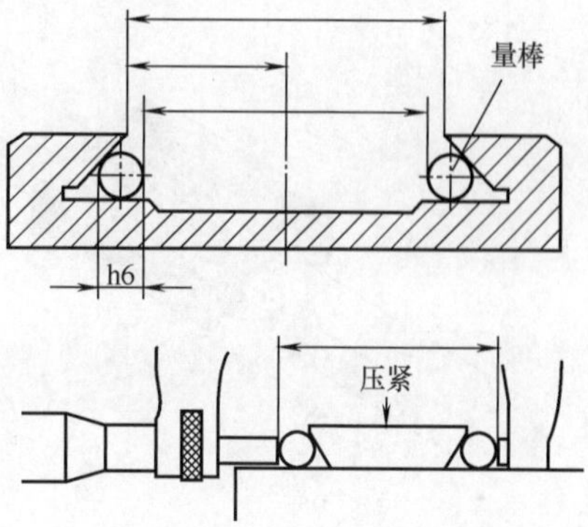

图 6-12 燕尾导轨的测量

三、燕尾导轨的润滑

燕尾导轨的润滑方法与平导轨相同。由于燕尾导轨运行时摩擦比较大，所以容易发热或磨损。润滑时可根据具体情况选用润滑油或润滑脂。

任务三 直线滚动导轨副的装配

滚动导轨类型很多，按运动形式分有直线运动和回转运动导轨；按滚动体的形状分有滚珠、滚柱和滚针导轨；按滚动体是否循环分有滚动体不循环导轨和滚动体循环导轨。本任务主要介绍最常用的滚动体循环的直线滚动导轨的装配技术。

直线滚动导轨副，是由一根导轨和滑块构成。导轨具有方形截面，且导轨两侧具有一

思政引例

项目六任务三

配套视频

项目六任务三 中文教学视频1

项目六任务三 中文教学视频2

项目六任务三 英文教学视频1

项目六任务三 英文教学视频2

定的轮廓并经过纵向磨削加工，如图 6-13（a）所示。滑块内含有四组滚动体（滚珠或滚柱），如图 6-13（b）所示，这些滚动体与导轨轮廓是完全相配合的。随着滑块或导轨的移动，滚动体在滑块与导轨间循环滚动，使滑块能够沿着导轨无间隙地作直线运行。滑块运行时产生的摩擦很小，而且噪声也很低。

直线滚动导轨副可以使机器的零部件执行往复直线运动。其优点为：阻力小，无间隙，无爬行；预紧后导轨上下左右四个方向都具有高的刚度，具有出色的高速特性，标准化、系列化、通用化程度高、易于互换；节能环保，使用寿命长；安装、调试、维修、更换方便；导轨直线度非常高，零部件直线运动的精度很高，且滑块的定位也非常精确。这类导轨适用于零部件需要精确定位的场合，在 CNC 机床和各类自动化装备中广泛使用，在高速和超高速 CNC 机床中，它的功能能得到充分发挥。

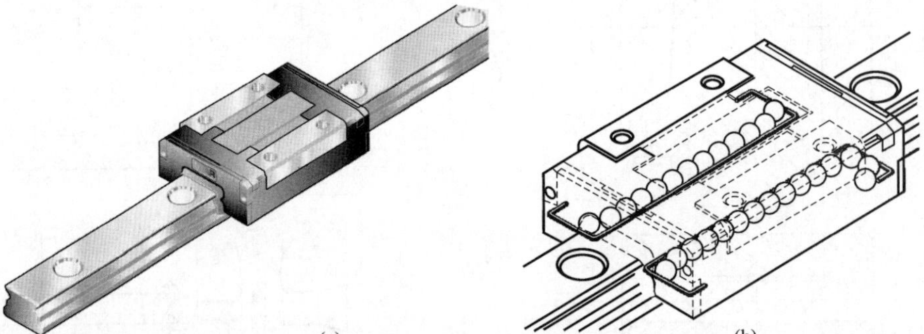

(a)　　(b)

图 6-13　直线滚动导轨副

一、直线滚动导轨副的特点

直线滚动导轨副有球轴承（图 6-14）和滚柱轴承（图 6-15）两种。球轴承直线滚动导轨副相对滚柱轴承直线滚动导轨副具有摩擦小、速度高、工作条件相同时使用寿命长的优点，但其精度比滚柱轴承直线滚动导轨副低，承载能力不太大。

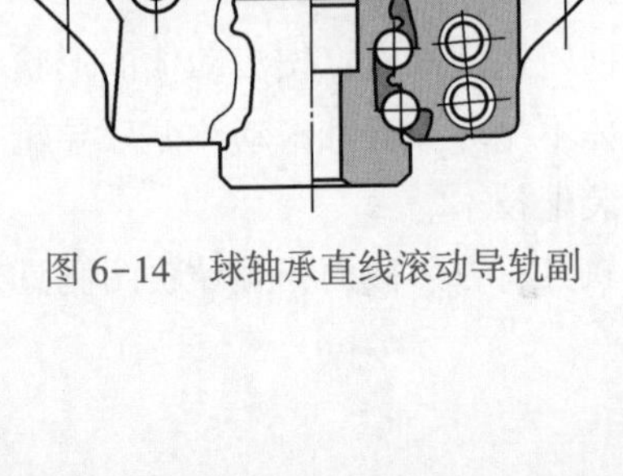

图 6-14　球轴承直线滚动导轨副

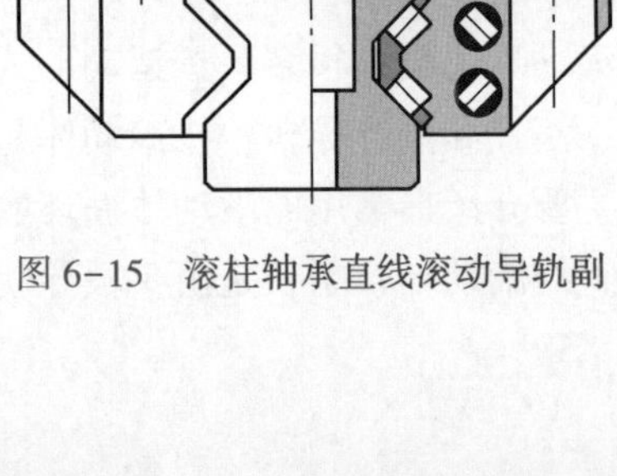

图 6-15　滚柱轴承直线滚动导轨副

球轴承直线滚动导轨副应用于激光或水射流切割机、送料机构、打印机、测量设备、机器人、医疗器械等。滚柱轴承直线滚动导轨副应用于电火花加工机床、数控机械、注塑机等。

直线滚动导轨副的优点是：使用寿命长；尺寸比较小；可以实现精确的直线运动（没有任何偏差）；滑块产生的摩擦非常小；滑块运行速度高；滑块可承受大的负荷（尤其是含圆柱滚子轴承的滑块）；可通过导轨的连接来增加长度；可以在几个方向上运行（水平、垂直、倾斜等）。

直线滚动导轨副的缺点是：价格比较贵；耐腐蚀能力较差；对安装的精度要求很高；很难拆卸，因为用于密封导轨的螺钉上有防护条或防护塞；滑块的终点处没有终点挡块，需要另行设计终点挡块以防止滑块滑出导轨。

二、直线滚动导轨副的连接

1. 导轨的长度

直线滚动导轨副均备有各种长度可供选择，如 STAR、SKF 和 Schneeberger 导轨。通常各生产商供应的导轨的最大长度均不相同，但长导轨一般为 3~4m。较长的导轨是分段供应的，可以把两根或多根短导轨接长成为长导轨，从而保证零件能产生较大的位移，以适应各种行程和用途的需要。

2. 导轨的连接

导轨的端面经过磨削加工，且都标有编号。只要把编号相同的端面连接起来，就可以获得长的导轨，如图 6-16 所示。

3. 导轨的对齐

各段导轨的对齐相当简单。利用夹紧件将量棒夹紧在导轨侧面上便能将导轨校直，如图 6-17 所示。量棒必须经过磨削从而达到非常高的直线度，否则，量棒的直线误差便会复制到导轨上。

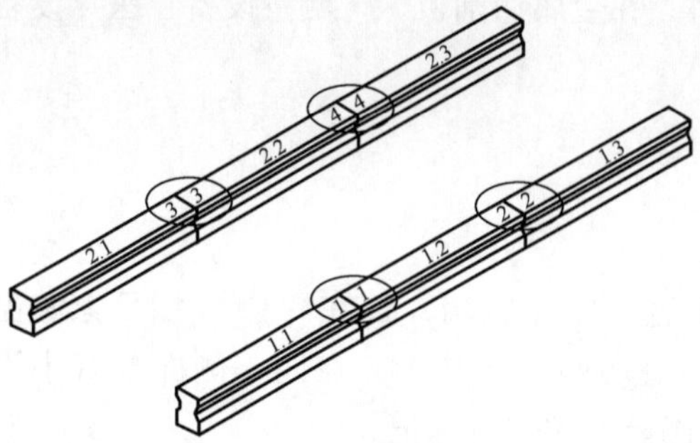

图 6-16　导轨的连接

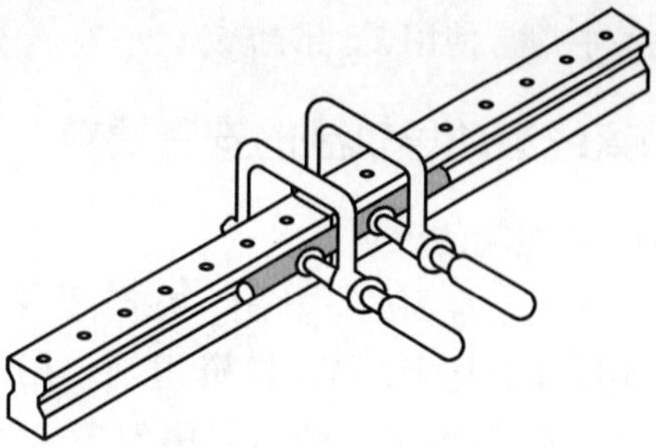

图 6-17　导轨的对齐

三、直线滚动导轨副的校准

所有需要高精度运行的导轨均应安装得非常精确。一般采用两根导轨，这样工作台运行起来比较稳定。但两根导轨必须相互平行（P_1），如图 6-18 所示。而且，两根导轨必须在整个长度范围内具有相同的高度，如图 6-19 所示。

如果平行度或高度差达不到要求，将会使导轨的运行受到影响。允许误差的大小与导

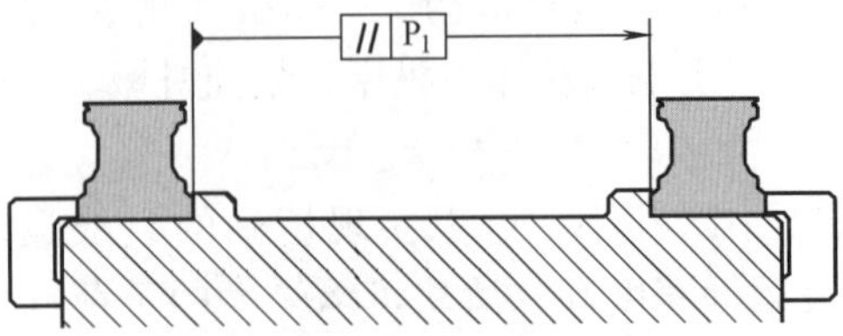

图 6-18　导轨间的平行度

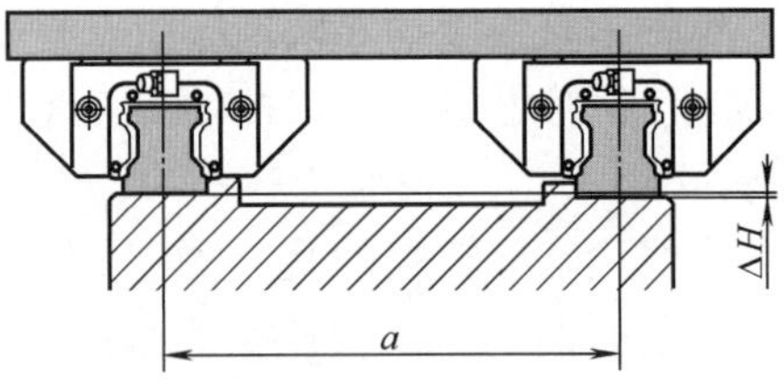

图 6-19　导轨的高度差

轨的尺寸有关，但一般不能超过几个微米。当误差超过要求时，导轨的工作温度就会上升，加剧导轨磨损，而滑块的运行则会变得不灵活，甚至还会出现卡死现象。

最大允许误差是不容易确定的，它与各种可变因素有关。例如，与导轨的尺寸、两根导轨的距离、运行速度、工作温度、负载的大小、润滑情况等因素有关。

两根导轨在高度上的最大允许误差可以通过公式来计算。此时，两根导轨间的距离是决定因素。这个距离越大，高度上的最大允许误差也越大。

$$\Delta H=\mu a$$

式中：ΔH 为最大允许高度误差；μ 为与导轨供应商和导轨类型有关的一个因数（STAR 导轨有两个因数：0.0006 和 0.0008）；a 为两根导轨间的距离。

平行度不能通过上述公式来计算。平行度是一个固定值，只取决于导轨的类型和尺寸。此时，导轨的高度和宽度是决定因素。导轨越大，平行度的最大允许误差就越大。平行度的最大允许误差一般为 0.017～0.040mm。

四、柔性防护罩

直线滚动导轨有各种不同的宽度。宽的导轨上常常覆盖着柔性防护罩。当两根导轨安装很近时也常常使用柔性防护罩，如图 6-20 所示。

柔性防护罩用来防止灰尘、污物等进入导轨。在金属切削机床、测量设备、医疗设备等设备中常常使用柔性防护罩。

五、直线滚动导轨副的安装要求

1. 基准侧的识别

侧面为基准面的导轨副，在产品编号标记最后一位（右端）加有“J”（因厂家和型号的不同而有所差异），以资识别。在导轨轴和滑块座的实物上，在同一侧面刻有小沟槽，如图 6-21 所示。也有采用刻线、刻点、喷码等方式进行标记。

2. 直线滚动导轨的定位

在同一平面内平行安装两根导轨时，如果振动和冲击较大，精度要求较高，则两根导轨侧面都定位，如图 6-22 所示。否则，只需一根导轨侧面定位，如图 6-23 所示。

3. 直线滚动导轨的紧固

安装前必须检查导轨是否有合格证，有无碰伤或锈蚀，将防锈油清洗干净，清除装配表面的毛刺、撞击突起及污物等。检查装配连接部位的螺栓孔是否吻合，如果发生错位而强行拧入螺栓，将会降低运行精度。

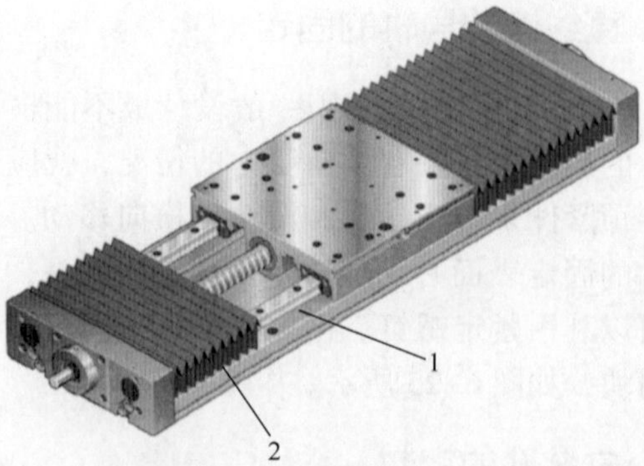

图 6-20　柔性防护罩的应用

1—导轨　2—柔性防护罩

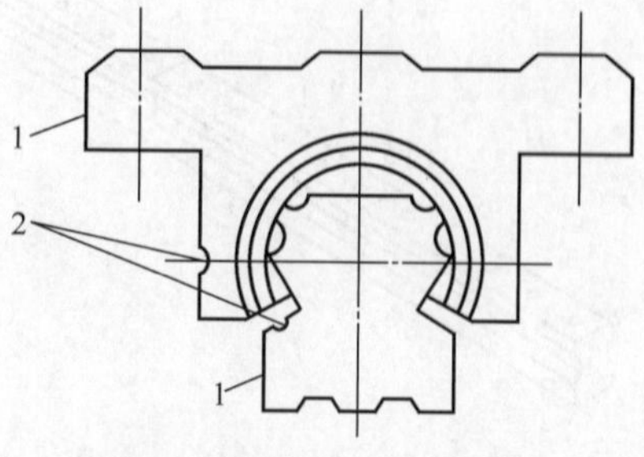

图 6-21　基准侧的识别

1—基准侧　2—小沟槽

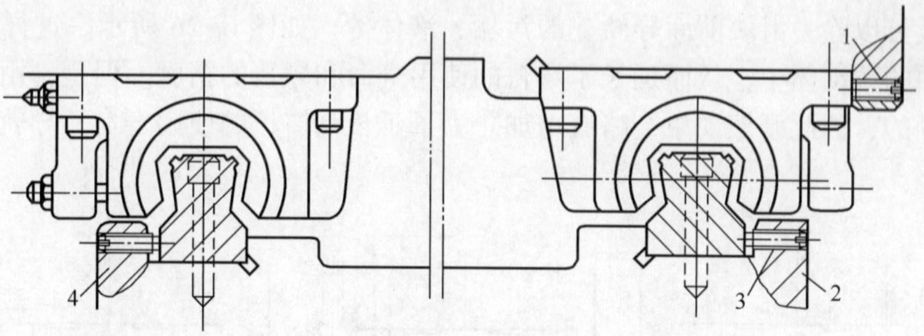

图 6-22　双导轨定位

1—滑块座紧定螺钉　2—基准侧　3—导轨轴紧定螺钉　4—非基准侧

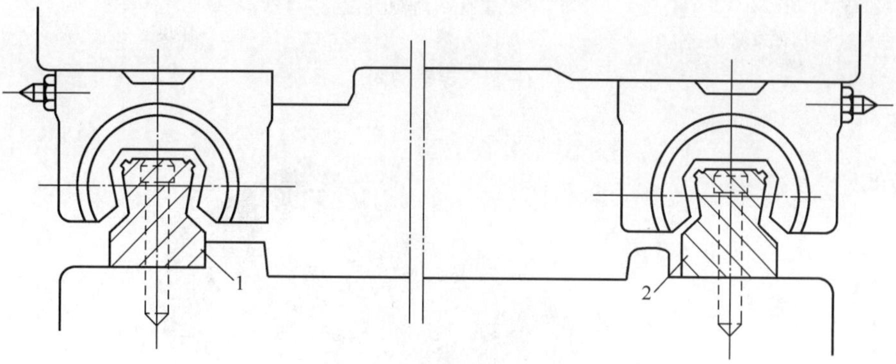

图 6-23　单导轨定位

1—基准侧　2—非基准侧

直线滚动导轨用专用螺栓固定。这些专用螺栓由供货商提供，拧紧时必须达到规定的拧紧力矩。专用螺栓的拧紧必须按一定的次序进行，一般从中间开始向两边延伸，如图 6-24 所示。这样可以防止导轨内部应力的产生以及导轨的变形。

导轨一般安装在机床装配表面的侧基面上，该侧基面是两个平行的、经过磨削加工的平面，如图 6-18 和图 6-19 所示。如果没有装配侧基面，那就必须经过调整以确保导轨间的平行。此时可以利用百分表对导轨进行精确的校准。

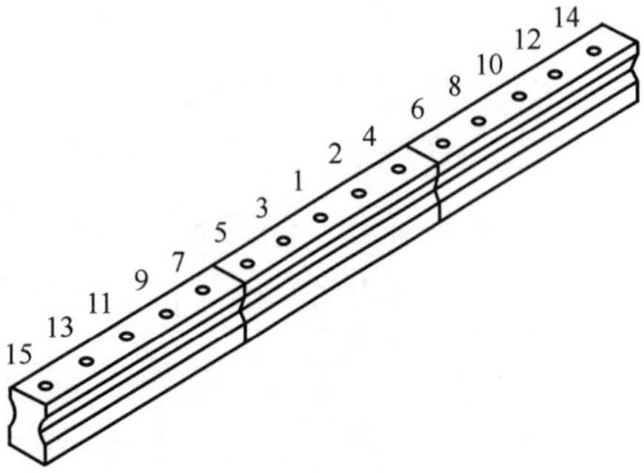

图 6-24　导轨螺栓的拧紧顺序

六、直线滚动导轨的固定

直线滚动导轨的紧固一般设计成不能横向受力的结构。如果有横向受力的情况，就应当安装顶紧件来防止导轨和滑块的横向移动。顶紧件的固定表面必须经过磨削，平面度高，通常可以利用紧定螺钉、楔块和压板来固定导轨和滑块，如图 6-25 所示。

七、安装孔的密封

导轨经过安装和调节以后，应当对螺栓的安装孔进行密封，这样就可以确保导轨面的光滑和平整。因为滑块的两端是装有刮屑板的，刮屑板可以除去滑块前面导轨上的污垢、液体等，如图 6-26 所示。这样，它们不会进入滑块中的滚动体中，从而延长了导轨的使用寿命和导轨的精度。但是，由于刮屑板是和导轨接触的，因此摩擦现象会略有增加。为了延长刮屑板的使用寿命，导轨面必须保持光滑和平整。

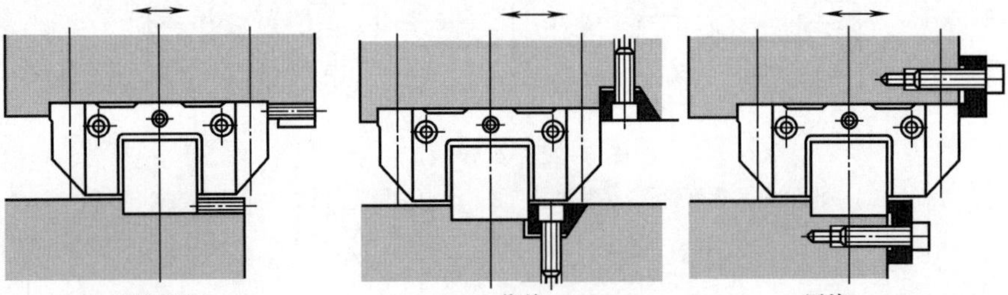

图 6-25　导轨的固定

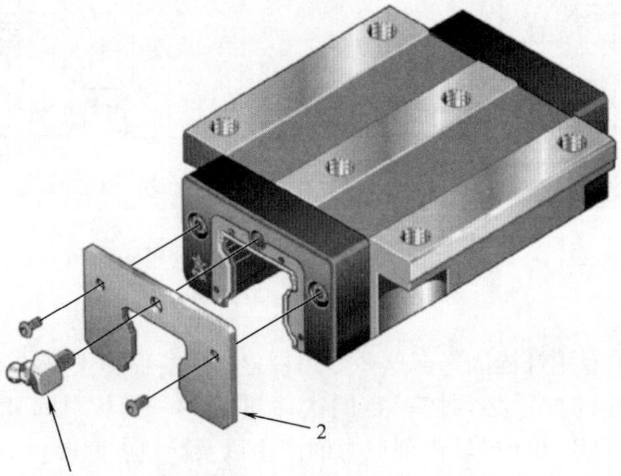

图 6-26　刮屑板的应用

1—润滑脂油嘴　2—刮屑板

安装孔的密封方法有两种：采用防护条或防护塞。

1. 防护条

使用钢质防护条可以保持表面的光滑，如图 6-27（a）所示。有些供货商（如 Schneeberger）则将防护条粘贴在导轨面上，如图 6-27（b）所示。有些供货商（如 STAR）还在两端用防护盖固定防护条，如图 6-28 所示。

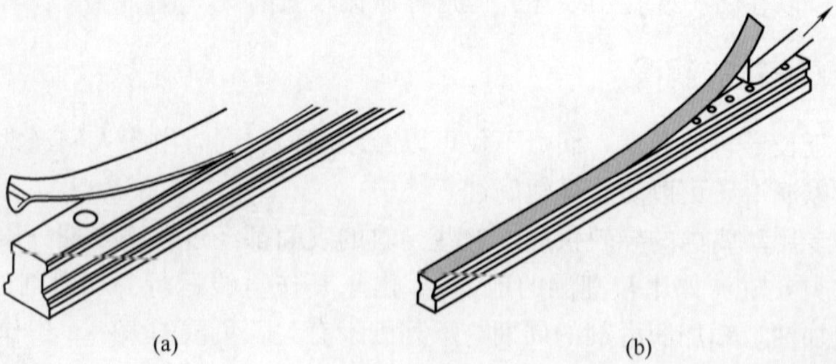

图 6-27　防护条

防护盖的作用是防止污物进入防护条和导轨之间的空隙。防护盖还可以防止防护条发生移动。但由于使用了防护盖，这些导轨就无法拼接在一起了。

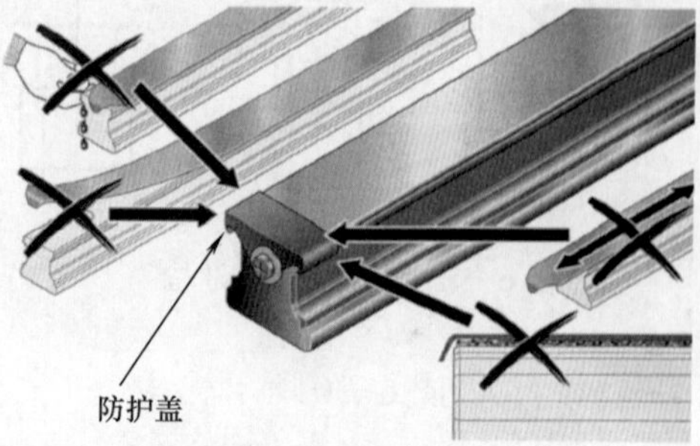

图 6-28　防护条的固定

粘贴在导轨面上的防护条也可以防止污物进入导轨，还可以防止防护条移动，但这种防护条一般是很不容易除去的。使用这种防护条时，导轨仍然可以相互拼接在一起，这也是使用这种粘贴防护条的一个优点。

2. 防护塞

防护塞是用来密封安装孔的，一般用塑料、铜或钢制成，如图 6-29 所示。使用防护塞时，导轨仍然可以拼接在一起。但要拆去防护塞是非常不容易的，除非把它破坏掉。

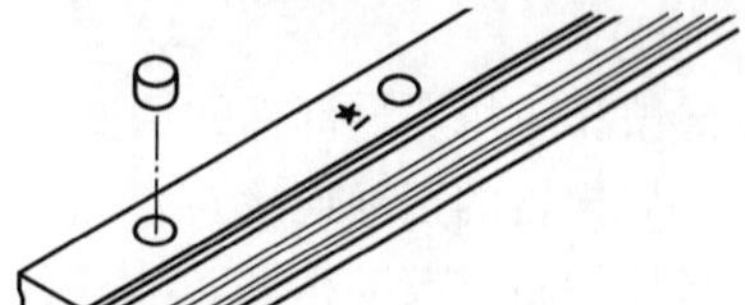

图 6-29　防护塞

如果对表面没有其他的特殊要求，一般均采用塑料防护塞。如果对表面质量要求比较高，则可以使用铜质防护塞。不适合使用塑料防护塞或铜质防护塞时，可采用钢质防护塞。钢质防护塞一般是用不锈钢制成的。

八、直线滚动导轨副的拆卸

直线滚动导轨不容易磨损，因此不需经常更换。所以，导轨的拆卸一般是不常遇到的。但滑块上的滚动体（球和滚子）要比导轨磨损得快。滚动体磨损时，则需要更换整个滑块，因为更换滑块要比更换旧滚动体更便宜。更换滚动体是一件很不容易的事情，而且还需要使用一些专用夹具和工具，但更换滑块却相当简单。

更换导轨也不是一件很容易的事情。装配导轨时所用的密封件必须首先从安装孔中拆卸掉，以便于拆卸装配螺栓。防护条的拆卸要比防护塞容易一些。防护塞一般是无法拆卸的，除非破坏掉。首先，必须在防护塞上钻一个孔，然后才能用钩子将它从安装孔中取出。当然，也可以在防护塞孔中攻丝，但这样做比较费时。

九、直线滚动导轨的润滑

润滑可以延长导轨的寿命。润滑不仅可以减小磨损，同时由于人们经常在润滑剂中添加防腐剂，所以润滑还可以防止导轨腐蚀。

市场上有专用防腐蚀的导轨供应。这些导轨的表面都经过镀铬处理，需要防腐蚀的场合经常使用这类导轨（如比较潮湿的地方）。由于其作直线运行，润滑剂的流失很严重，因此需要定期加油。添加润滑剂的周期与下列因素有关：负载的大小、工作温度、导轨的运行速度、润滑剂的类型和连续工作的时间长短等。

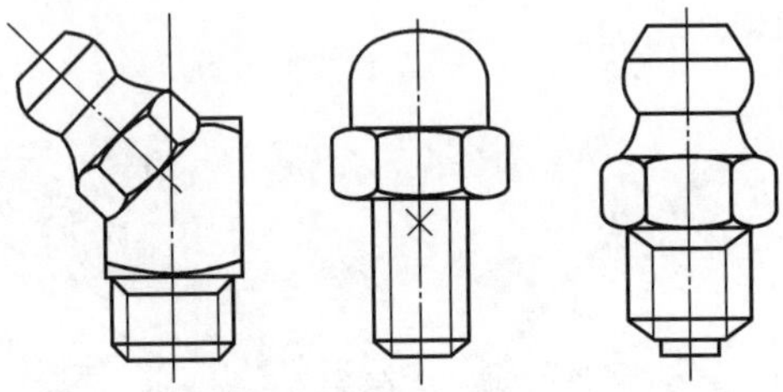

图 6-30　不同类型的油枪嘴

直线滚动导轨常用钠基润滑脂润滑。如果用油润滑，应尽可能采用高黏度的润滑油。如果与其他机构统一供油，则需附加滤油器，使油进入导轨前再经一道精细的过滤。为了便于润滑，滑块上有油枪嘴，这种油枪嘴的种类很多，可由供应商安装在滑块上，但也可另外采购，如图 6-30 所示。

十、直线滚动导轨副的装配工艺

如前所述，直线滚动导轨的正常运行及运动精度取决于如下因素：

① 当使用两个以上导轨或不同类型导轨时，导轨的校准精度（高度上的误差以及导轨的平行度）。

② 导轨相对机器零部件的精度。

③ 各段导轨的正确连接。

④ 各段导轨的校准精度。

⑤ 螺栓的拧紧力矩。

⑥ 螺栓的拧紧顺序。

⑦ 导轨的润滑。

（一）直线滚动导轨副的安装

在同一平面内平行安装两副导轨时，如果振动和冲击较大，精度要求较高，则两根导轨侧面都定位，如图 6-22 所示。否则，只需一根导轨侧面定位，如图 6-23 所示。

1. 双导轨定位

两导轨侧面都定位的安装工艺（图 6-22）：

① 保持导轨、机器零件、测量工具及安装工具的干净和整洁。

② 将基准侧的导轨轴基准面（刻有小沟槽的一侧）紧靠机床装配表面的侧面，对准螺孔，然后在孔内插入螺栓。

③ 利用内六角扳手用手拧紧所有的螺栓。所谓“用手拧紧”是指拧紧后导轨仍然可以利用塑料锤轻敲导轨侧而微量移动。

④ 上紧导轨轴侧面的顶紧装置，使导轨的轴基准侧面紧紧靠贴床身的侧基面。

⑤ 用扭矩扳手将螺栓旋紧。需注意拧紧的顺序：应当从中间开始向两边延伸，如图 6-24 所示。力矩的大小取决于螺栓的直径和等级，如表 6-1 所示。

表 6-1 直线滚动导轨紧固螺栓的拧紧力矩 单位：N·m

等级	螺栓型号							
	M4	M5	M6	M8	M10	M12	M14	M16
8.8	2.7	5.5	9.5	23	46	80	125	195
12.9	4.6	9.5	16	39	77	135	215	340

⑥ 非基准侧的导轨轴与基准侧的安装次序相同，只是侧面只需轻轻靠上，不要顶紧。否则反而引起过定位，影响运行的灵敏性和精度。

滑块座按下列步骤安装：

① 将工作台置于滑块座的平面上，并对准安装螺钉孔，用手拧紧所有的螺栓。

② 拧紧基准侧滑块座侧面的压紧装置，使滑块座基准面紧紧靠贴工作台的侧基面。

③ 按对角线顺序，逐个拧紧基准侧和基准侧滑块座上的各个螺栓。

安装完毕后，检查其全行程内运行是否轻便、灵活、无停顿阻滞现象。摩擦阻力在全行程内不应有明显的变化。达到上述要求后，检查工作台的运行直线度、平行度是否符合要求（见装配后精度的测定）。

2. 单导轨定位

一根导轨侧面定位，但无顶紧装置，如图 6-23 所示。安装按下列步骤进行：

① 保持导轨、机器零件、测量工具及安装工具的干净和整洁。

② 将基准侧导轨轴基准面（刻有小沟槽）的一侧，紧靠机床装配表面的侧基面，对准安装螺孔，然后在孔内插入螺栓。

③ 利用内六角扳手用手拧紧所有的螺栓。并用多个弓形手用虎钳，均匀地将导轨轴牢牢地夹紧在侧基面上。

④ 用扭矩扳手将螺栓旋紧。要注意上紧的顺序，应当从中间开始向两边延伸，如图 6-24 所示。

⑤ 非基准侧的导轨轴对准安装螺孔，用手拧紧所有的螺栓。采用下述方法之一进行校调和紧固。

方法 1：千分表座紧贴基准侧导轨轴的基面，千分表测头接触非基准侧导轨轴的基面。移动千分表，根据读数调整非基准侧导轨轴，直到达到规定平行度要求。用扭矩扳手逐个拧紧安装螺栓。

方法 2：将千分表架置于非基准侧导轨副的滑块座上，测头接触到基准侧导轨轴的基面上，根据千分表移动中的读数（或测前、中、后三点），调整到规定的平行度要求。用扭矩扳手逐个拧紧安装螺栓。

以上两种方法，一般仅适用于两根导轨轴跨距较小的场合，如跨距较大则会因表架刚性不足而影响测量精度。采用方法 2 测量时，滑块座在导轨轴上必须没有间隙，以免影响测量精度。

方法 3：原理与方法 2 类似，但可适用于两根导轨轴跨距较大的场合。其方法是把工作台（或专用测具）固定在基准侧导轨副的两个滑块座上并固定，非基准侧导轨副的两个滑块座，则用手拧紧安装螺钉以与工作台连接，在工作台上旋转千分表架，将测头接触非基准侧导轨轴的侧基面，根据千分表移动中的读数（或测前、中、后三点），调整非基准侧导轨轴，使它符合规定的平行度要求，并用扭矩扳手逐个拧紧导轨轴（与床身）和滑块（与工作台）的安装螺栓。

方法 4：将基准侧导轨副的两个滑块座和非基准侧导轨副的一个滑块座，用螺栓紧固在工作台上。非基准侧导轨轴与床身及另一个滑块座与工作台，则用手拧紧螺钉予以轻轻地固定。然后移动工作台，同时测定其拖动力，边测边调整非基准侧导轨轴的位置。当达到拖动力最小、全行程内拖动力波动也最小时，就可用扭矩扳手逐个拧紧非基准侧导轨轴及另一个滑块座的安装螺栓。

这个方法常用于导轨轴长度大于工作台长度 2 倍以上的场合。

方法 5：上述几种方法仅适用于单件、小批装配作业，其中有些方法比较烦琐，并且装配精度的提高也受到一定的限制。日本 THK 公司等推出了一些专用设备装配工具，图 6-31（a）为专用的千分表架，图 6-31（b）为标准间距量棒。两种工具都是以基准侧的导轨轴侧基面为基准，根据平行度要求调整非基准侧导轨轴。

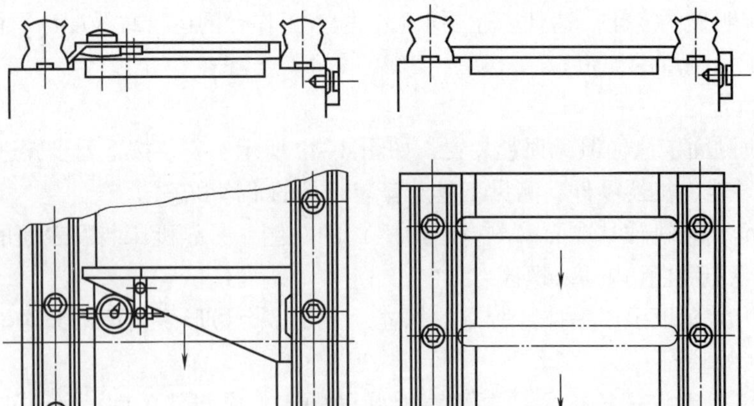

(a) (b)

图 6-31　导轨安装的测量装置

3. 床身上没有凸起基面时的安装方法

这种方法大多用于移动精度要求不太高的场合。床身上可以没有凸起的侧基面，工艺比较简单，如图 6-32 所示。

安装按如下步骤进行：

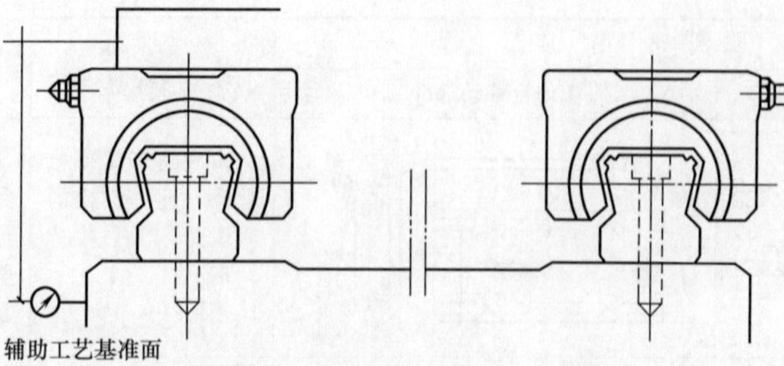

图 6-32　床身上没有凸起基面时的安装

① 用手拧紧基准侧的导轨轴的安装螺栓，使导轨轴轻轻地固定在床身装配表面上，把两块滑块座并在一起，上面固定一块安装千分表架的平板。

② 千分表测头接触低于装配表面的侧向辅助工艺基准面，如图 6-32 所示。根据千分表移动中读数指示，边调整边紧固安装螺钉。

③ 用手拧紧非基准侧导轨轴的安装螺栓，以将导轨轴轻轻地固定在床身装配表面上。

④ 装上工作台并与基准侧导轨轴上两块滑块座和非基准侧导轨轴上一块滑块座，用安装螺栓正式紧固，另一块滑块座则用手拧紧其安装螺栓以轻轻地固定。

⑤ 移动工作台，测定其拖动力，边测边调整非基准侧导轨轴的位置。当达到拖动力最小、全行程内拖动力波动最小时，就可用扭矩扳手逐个拧紧全部安装螺栓。

这种方法常用于导轨轴长度大于工作台长度 2 倍以上的场合。

在上述导轨的各种调整方法中，必须用塑料锤来轻敲导轨阻滞点处的一侧来微调导轨，从而调节两根导轨的相对位置。然后再让滑块沿着导轨运动几次，看看滑块运行是否已经很灵活了。如果仍然不灵活，还可以用塑料锤轻敲导轨侧面进行调节。导轨的平行度调节好以后，就用扭矩扳手拧紧安装螺栓。但需注意的是，使用塑料锤轻敲导轨时要十分小心，千万不要让导轨受到损伤。

（二）装配后精度的测定

装配后的精度测定可以按两个步骤进行。首先，不装工作台，分别对基准侧和非基准侧的导轨副进行直线度测定，然后装上工作台进行直线度和平行度的测定。推荐的测定方法如表 6-2 所示。

表 6-2　推荐的测定方法

序号	测量简图		检验项目和检验工具	检验方法
	直线滚动导轨副	工作台移动部件		
1	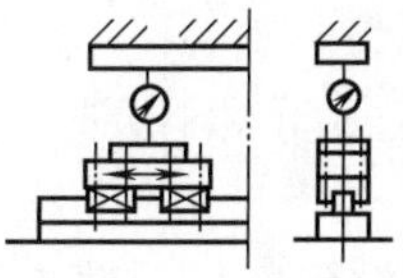	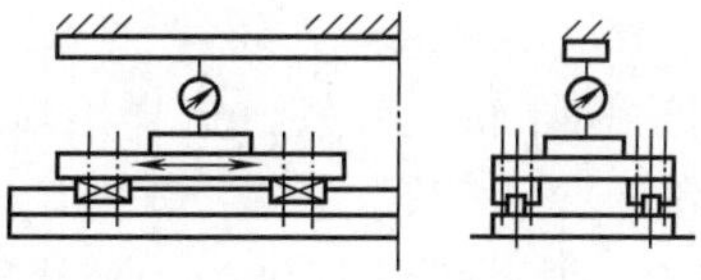	滑块座和工作台移动在垂直面内的直线度 指示器 平尺	千分表按图固定在中间位置，触头接触平尺，并调整平尺，使其头尾读数相等，然后全程检验，取其最大差值

续表

序号	测量简图		检验项目和检验工具	检验方法
	直线滚动导轨副	工作台移动部件		
2	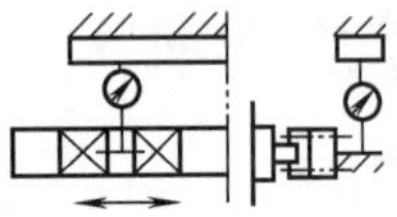	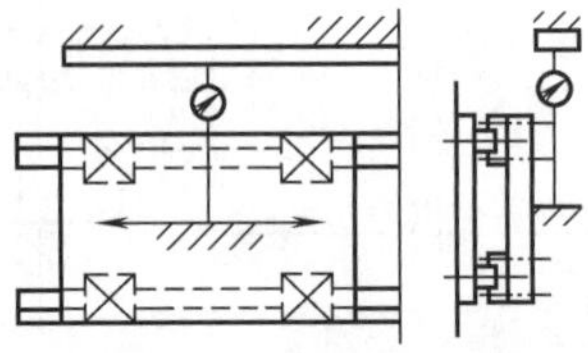	滑块座和工作台移动在水平面内的直线度 指示器 平尺	千分表按图固定在中间位置，触头接触平尺，并调整平尺，使其头尾读数相等，然后全程检验，取其最大差值
3	—	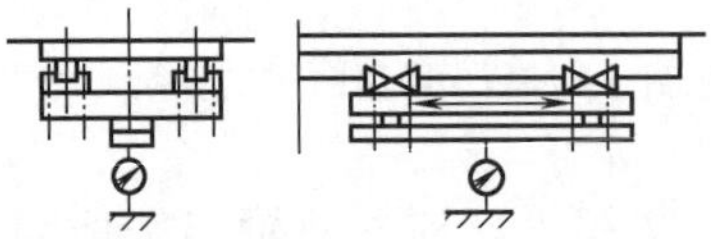	工作台移动对工作台面的平行度 指示器 平尺	千分表触头接触平尺，并调整两端等高，全程检验，取其最大差值
4	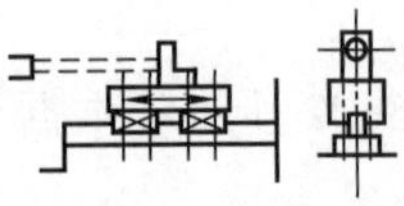	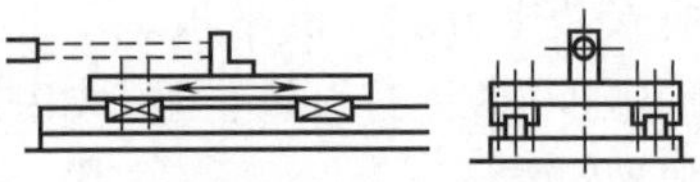	滑块座和工作台移动在垂直和水平面内的直线度 自准直仪	反射镜按图固定在中间位置，然后全程检验，取其最大差值

（三）安装孔的密封

根据导轨的结构，安装孔可以用防护条或防护塞来加以密封。

在安装防护条或防护塞的前后，必须使导轨的表面保持清洁，没有油脂（包括导轨的侧面）。清理工作完成后才能安装滑块。

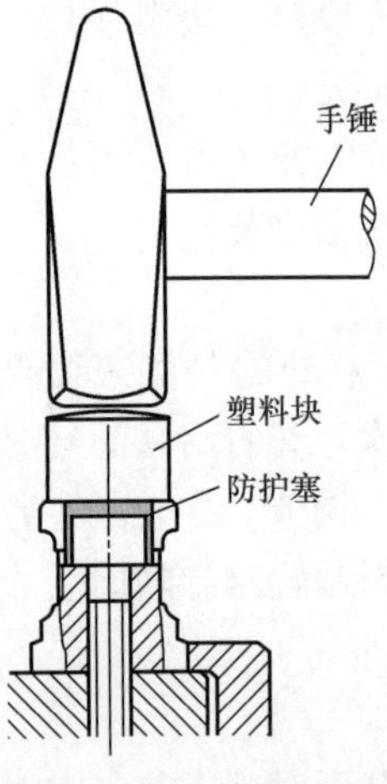

图 6-33　防护塞的安装

1. 防护塞

将防护塞插入安装孔内，并轻轻地压入孔中。此时，防护塞尚未完全进入安装孔内。注意保持防护塞与安装孔垂直。在防护塞上放一塑料块，然后仔细地将防护塞锤入安装孔内，如图 6-33 所示。防护塞不能凸出导轨表面，可以用手指甲在保护帽边上进行刮擦检查。

2. 防护条

防护条太长时，可以将它截短，将末端剪成如图 6-34 所示的正确形状。将防护条夹紧在正确位置后，末端弯折，再把滑块装至导轨上，并在导轨的两端安装防护盖，如图 6-35 所示。

如果防护条是粘贴上去的，那么它的末端就不必弯折。可以把防护条直接粘贴在导轨上，待彻底干燥后即可。

（四）滑块的装配

当滑块与导轨是分开供应时，装配滑块应按如下步骤进行：

① 导轨和滑块应当干净，无油脂。

② 滑块是与导轨配套供应的。但这种导轨比较短，这样滚珠或滚子就不会掉出来。装配时让这根短的导轨与装配导轨对齐。

③ 必须将两根导轨放置在一条线上，并将滑块仔细地、慢慢地推到安装导轨上，然后拿掉那根短的装配导轨，如图 6-36 所示。

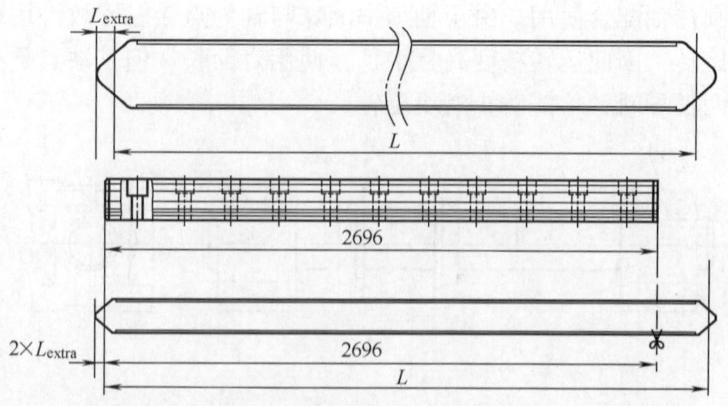

图 6-34　防护条的剪切

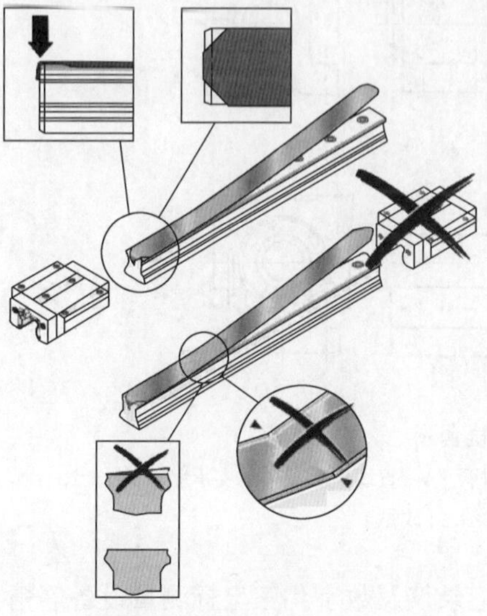

图 6-35　防护条的安装

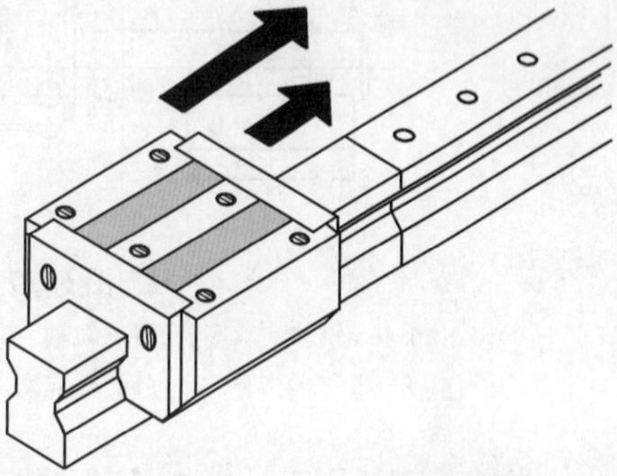

图 6-36　滑块的装配

④ 当使用钢质防护条时，应将其夹在正确的位置后，安装防护盖。

任务四　直线滚动导轨套副的装配

如图 6-37 所示是由直线运动球轴承 3、支承座 4、导轨轴 2 和导轨轴支承座 1 构成的圆柱形直线滚动导轨套副。由于结构上的原因，直线滚动导轨套副只能在导轨轴上作轴向直线往复运动，而不能旋转。直线运动球轴承是一种以最低成本生产的直线运动部件，用

思政引例	配套视频			
项目六任务四	项目六任务四 中文教学视频1	项目六任务四 中文教学视频2	项目六任务四 英文教学视频1	项目六任务四 英文教学视频2

于无限行程，与圆柱轴配合使用。由于轴承中滚珠与轴为点接触，故许用载荷小。滚珠以最小的摩擦阻力旋转，因此运转精度高且平稳，使用寿命长。但其缺点是必须使用两个直线运动球轴承和两根导轨，才能防止滑块旋转。

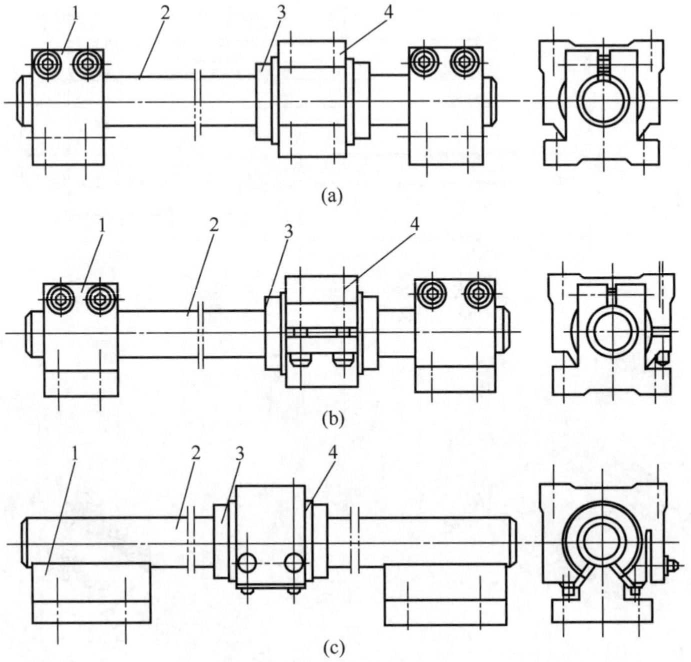

图 6-37　直线滚动导轨套副

1—导轨轴支承座　2—导轨轴　3—直线运动球轴承　4—直线运动球轴承支承座

（a）标准型　（b）调整型　（c）开放型

这类轴承广泛用于计算机及其外围设备、自动记录仪及数字化三坐标测量设备等精密设备，以及多轴钻床、冲床、工具磨床、自动气割机、打印机、卡片分选机、食品包装机等工业机械的滑动部件。

一、直线运动球轴承的结构与类型

（一）直线运动球轴承的结构

直线运动球轴承是一种用于轴上作直线运动的轴承套（图 6-38）。由外套筒 4、保持架 3、滚珠（负载滚珠 1 和回珠 2）和镶有橡胶密封垫的挡圈 5 构成。当直线运动球轴承与导轨轴 6 作轴向相对直线运动时，滚珠在保持架的长圆形通道内循环流动。滚珠的列数有 3、4、5、6 等几种。轴承两端的挡圈使保持架固定在外套筒上，使各个零件联结为一个套件，拆卸极为方便。

采用直线运动球轴承的目的是使机器上的零部件作直线运动。轴的直线度越高，直线运动球轴承的直线运动精度也越高。为了得到精确的直线运动精度，导轨轴常常要进行磨削加工。

直线运动球轴承的外径、轴和壳体孔都有配合公差，因此这些部件能精确地装配在一起。直线运动球轴承能压入壳体孔内（压配），并能轻易地装到导轨轴上。若一个直线运

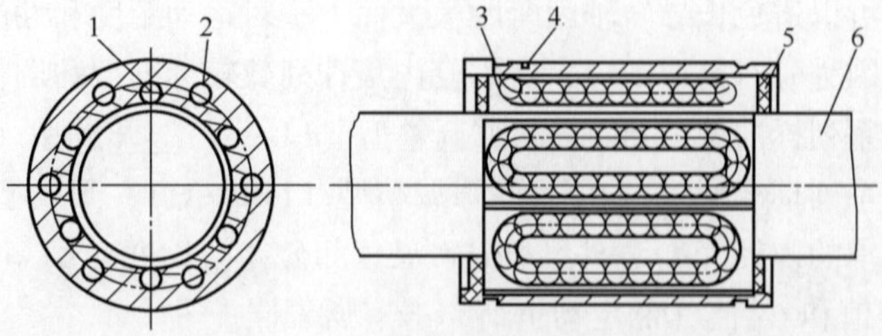

图 6-38 直线运动球轴承结构

1—负载滚珠 2—回珠 3—保持架 4—外套筒 5—镶有橡胶密封垫的挡圈 6—导轨轴

动球轴承不能承载大负荷，还可前后安装两个直线运动球轴承，从而提高负载能力。

（二）直线运动球轴承的类型

直线运动球轴承有三种结构形式，即标准型（LB）、间隙调整型（LB-AJ）和开放型（LB-OP），如图 6-39 所示。

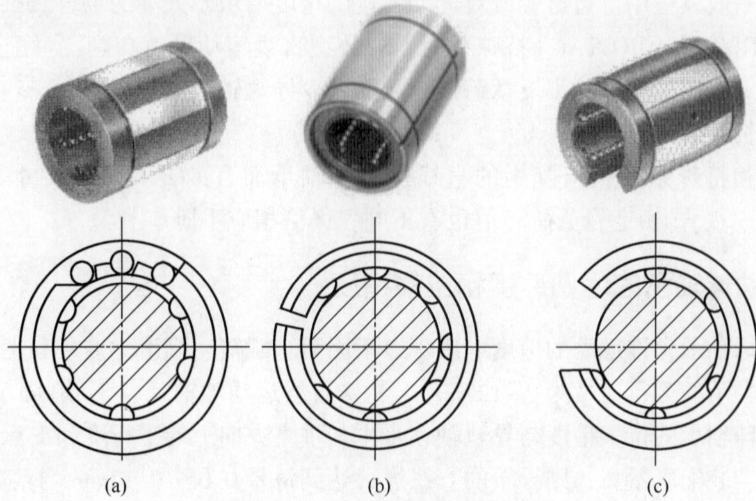

图 6-39 直线运动球轴承的类型

（a）标准型 （b）间隙调整型 （c）开放型

1. 标准型（LB）

这是常用的类型，其外形为圆柱形，外圈加工精度极高，与导轨轴之间的间隙不可调，用途相当广泛。精度有普通级（P）和精密级（J）。

2. 间隙调整型（LB-AJ）

在直线运动球轴承外套筒和挡圈上开有轴向切口，能够任意调整其与导轨轴之间的间隙，适用于要求调隙的场合，可以方便地获得零间隙或适当的负间隙（过盈）。这类直线运动球轴承具有与标准型相同的尺寸，外圈上的轴向间隙允许将轴承装于内径可调的轴承座，这样就简化了轴承与轴之间的间隙调整。

可调内径的轴承座用于调整轴承的间隙。直线运动球轴承和导轨轴之间的间隙很容易调整，如果直线运动球轴承上的槽与轴承座上的槽偏 90°，就能在圆周方向上获得均匀的变形。

3. 开放型（LB-OP）

在直线运动球轴承外套筒和挡圈上开有轴向扇形切口，适用于带有多件导轨轴支承座的长行程的场合，可以避免长导轨轴因跨距太大而下垂对运动精度和性能的影响。开放型也可以调整间隙。因为开有扇形缺口，所以套内滚珠列数较标准型和调整型少一列。

此外，在通用系列标准型（LB）、间隙调整型（LB-AJ）、开放型（LB-OP）的基础上，又派生出特殊系列标准型（LBP）、间隙调整型（LBP-AJ）、开放型（LBP-OP）。与前者的区别是：轴承的内径（d）、外径（D）尺寸和公差、长度（L）尺寸和公差、切口扇形角（θ）、径摆值和 C_a 值（额定动负荷）等有所不同。

（三）直线滚动导轨套副的结构

根据直线运动球轴承结构类型的不同，直线滚动导轨套副也分为三种结构形式，即标准型直线滚动导轨套副（GTB，GTBt）[图6-37（a）]、调整型直线滚动导轨套副（GTB-t，GTBt-t）[图6-37（b）]、开放型直线滚动导轨套副（GTA，GTAt）[图6-37（c）]。

GTB标准型（通用系列）、GTBt标准型（特殊系列）和GTB-t调整型（通用系列）、GTBt-t调整型（特殊系列）直线滚动导轨套副，只能配用两个导轨轴支承座。因此，这两种导轨套副一般只适用于短行程或对运动轨迹的精度要求不太高的场合。

GTA（通用系列）和GTAt（特殊系列）开放型直线滚动导轨套副，可配用两个以上导轨轴支承座。这样做可以减小支承跨距，从而减少导轨轴的下垂，有利于获得较高的精度，并适用于长行程的地方。

通用系列和特殊系列是指配用的直线运动球轴承而言的，因而其尺寸、公差和 C_a（额定动负荷）、C_{oa}（额定静负荷）值也有不同，详见相应手册。

二、直线运动球轴承的运动速度和位移精度

直线运动球轴承允许运动的速度取决于以下因素：载荷、润滑、型号和工作温度。标准直线运动球轴承的运行速度为2~120m/s，特殊直线运动球轴承为5~300m/s。

直线运动球轴承的位移精度与导轨轴在水平与垂直方向上的平行度和支承座的稳定性等因素有关。若装配质量高，则导轨的直线度可达到每米0.05~0.10mm的精度。

三、直线运动球轴承的密封

直线运动球轴承在做直线运动时，润滑剂的流失很大。为减少润滑剂的流失，常在直线运动球轴承的两端安装密封圈，将润滑剂保留在直线运动球轴承内，也就减少了润滑剂的损耗。如图6-40所示为开口型直线运动球轴承用密封圈。

图6-40　开口型直线运动球轴承用密封圈

当然，由于密封圈与轴相接触，从而增大了摩擦作用。最简单的密封圈是由毛毡制成的。虽然橡胶或塑料也可用作密封圈，但与毛毡圈相比，橡胶密封圈会造成更大的摩擦和磨损。密封圈除了防止润滑剂的流失外，还能阻止灰尘等污物进入轴承内部，起到防尘的功能。

四、直线运动球轴承的润滑

润滑是减小驱动转矩、提高传动效率、延长直线滚动导轨套副使用寿命的重要一环。

接触表面形成的油膜能使滚珠免于直接与引导轴相触碰，起到缓冲吸振、减小传动噪声的作用。同时，也为直线运动球轴承增加了一层防腐层。

直线运动球轴承的润滑要求与滚动轴承一样，可用脂或油进行润滑。高速运动或要求散热时用润滑油。当相邻的零部件都用润滑油时，那么也可采用油进行润滑。其他大多数情况均采用润滑脂。脂的优点是不易流失，能减少直线运动球轴承内的润滑剂损耗，这一点对于垂直安装的导轨轴更为重要。

决定直线运动球轴承的添加润滑剂间隔期的因素有：载荷、温度、移动速度和连续运行时间等。当速度提高、载荷增加、润滑剂老化加快时，则添加润滑剂间隔必须缩短。

五、安装

1. 直线运动球轴承的安装

由于滚珠不会掉出保持架，所以，直线运动球轴承的安装与拆卸都很简单，可以很方便地将直线运动球轴承套装至导轨轴上，也能用同样的方法将其拆掉。

如果直线运动球轴承易于旋转，那么应对其进行锁定。可用一螺栓或一专用润滑油嘴将其锁在轴上，如图 6-41 所示。

为防止直线运动球轴承跑出轴承座，通常用弹性挡圈将其锁住。在直线运动球轴承中，滚珠可以不同的方式放置在保持架中。如图 6-42 所示，直线运动球轴承在某些特定方向上承载能力比其他方向上的强。这种特性可以在实际应用中加以利用。所以，在将直线运动球轴承压入轴承座中去时，要对直线运动球轴承的方向多加注意。

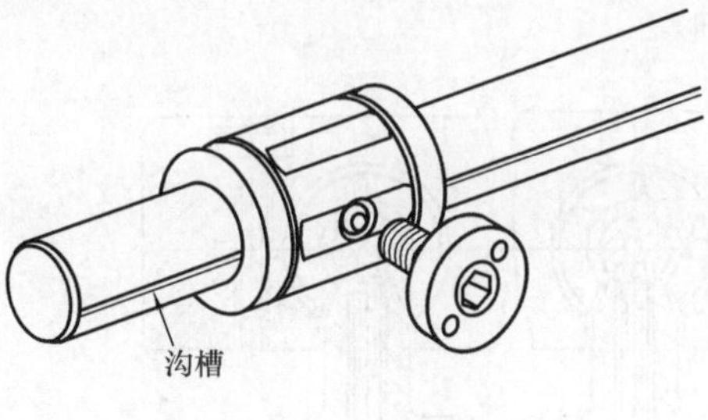

图 6-41　防止旋转的专用轴与直线运动球轴承

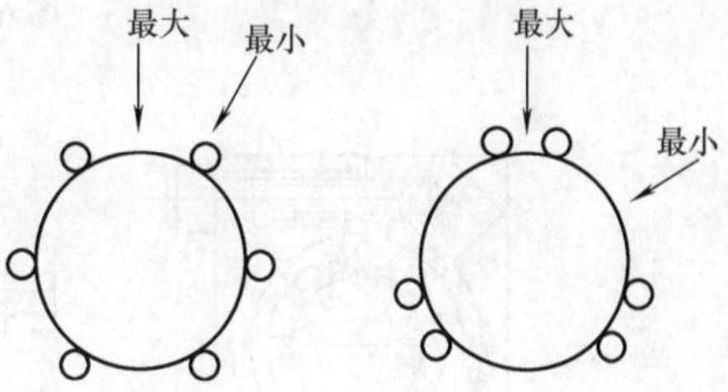

图 6-42　直线运动球轴承中滚珠的布置及承载情况

直线运动球轴承在轴承座中是过盈配合。其压入方法与滚动轴承一样，可以用塑料锤和安装心轴、拉马或用手施压，将直线运动球轴承安装到轴承座里，如图 6-43 所示，但在压入之前应注意将直线运动球轴承与孔对准。由于直线运动球轴承外壳相对来说较薄，因而，需使用安装心轴，并使用塑料锤将直线运动球轴承直接敲进轴承座中去。

直线运动球轴承的安装步骤如下：

（1）将直线运动球轴承安装在轴承座中。

① 确保轴承孔、安装心轴和直线运动球轴承外部清洁。这点是很重要的。

② 将直线运动球轴承安装在心轴上。

③ 将直线运动球轴承连同安装心轴放置在轴承座孔上，并小心地用心轴将其压进孔

里。但要确保压入过程中，轴承与孔在垂直方向上处于同一直线上。

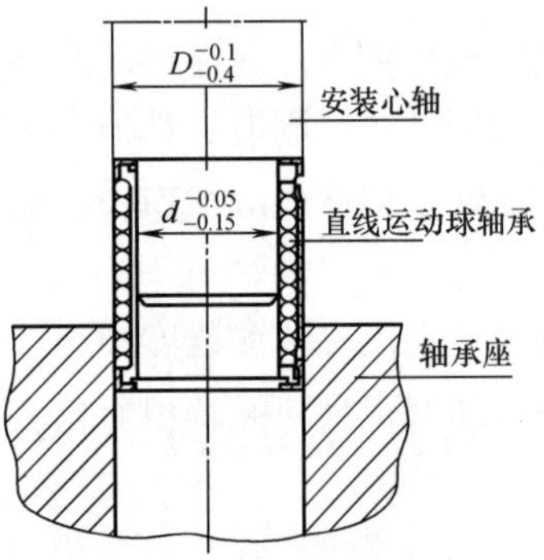

图 6-43　利用心轴压入直线运动球轴承

④ 用塑料锤将直线运动球轴承轻轻敲入轴承座中。也可用小型手动压力机或拉马将其压进去。

（2）将直线运动球轴承装于导轨轴上。

① 确保导轨轴清洁且无毛刺。

② 小心地将直线运动球轴承装至轴上。

③ 要防止直线运动球轴承滑到轴外面去。

④ 用弹性挡圈等紧固件对直线运动球轴承进行固定，如图 6-44 所示。

⑤ 调整直线运动球轴承间隙，如图 6-45 所示。

2. 直线滚动导轨套副的安装

（1）基准直线滚动导轨套副在编号的末尾有“J”，在实物轴承座基准侧一边刻有小沟槽以资区别。

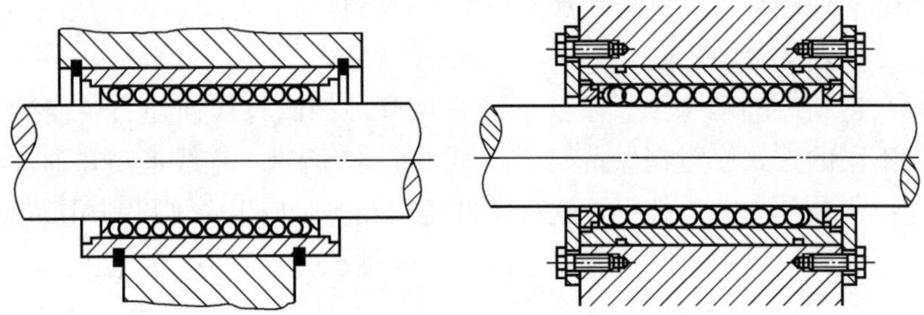

图 6-44　安装形式

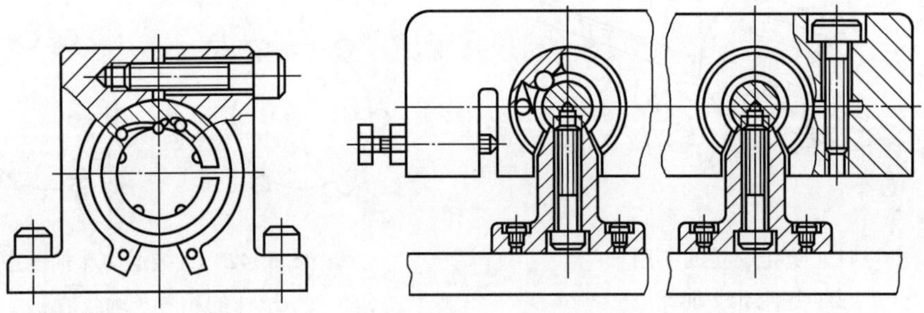

图 6-45　间隙调整方法

（2）直线滚动导轨套副的安装，可以参照直线滚动导轨的安装方法进行。先安装基准侧，然后安装非基准侧。

（3）支承座与工作台装配时，工作台与支承座用螺钉固定后，应进行拖动力变化、工作台移动直线度、工作台移动对工作台面平行度的检查。

任务五　装配操作：平导轨装配训练项目

根据如图 6-46 所示的平导轨装配图和表 6-3 零部件表，完成如下实训项目。

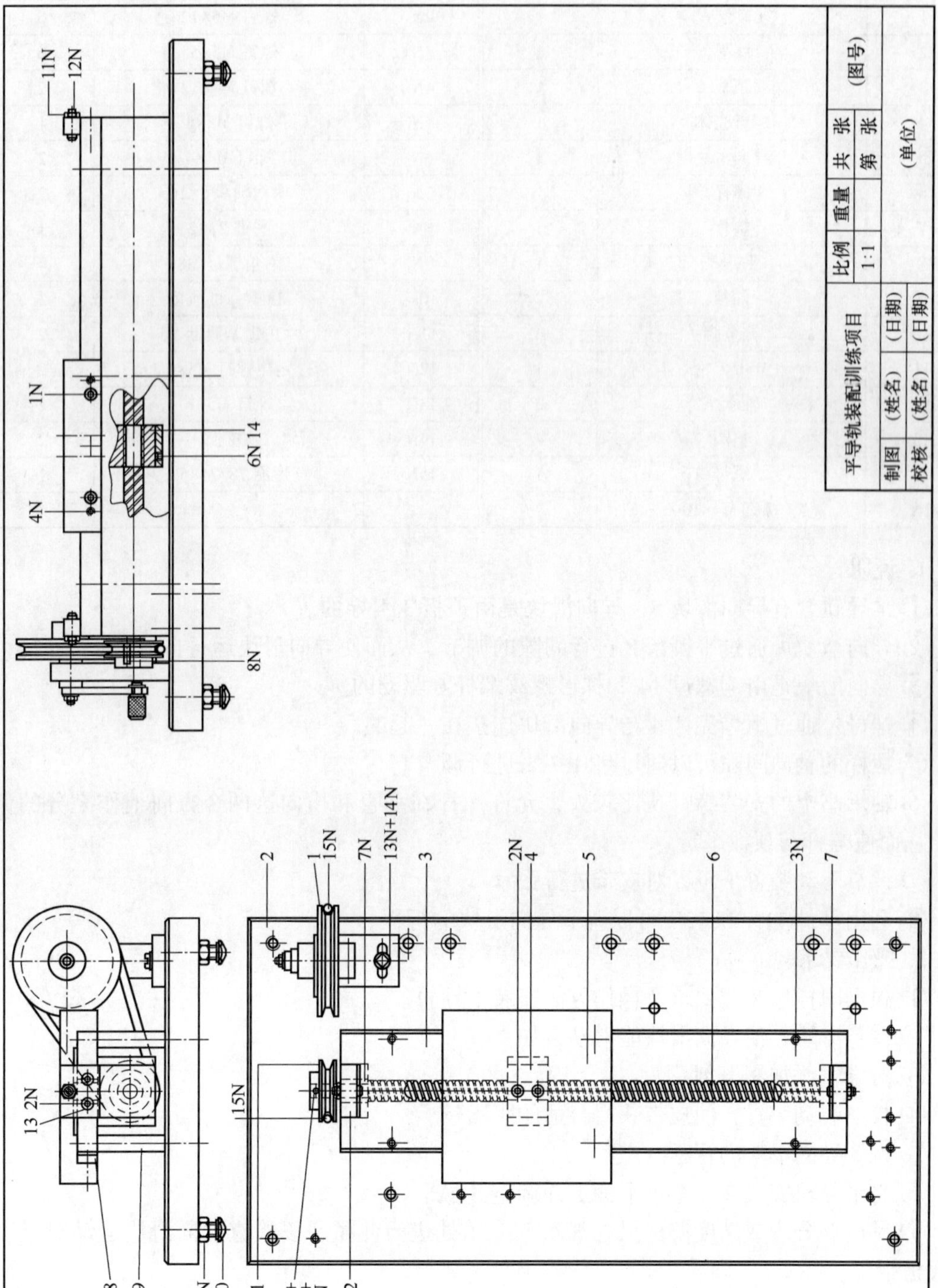

图 6-46　平导轨装配训练项目图

表 6-3　　平导轨装配训练项目的零部件表

编号	名　称	数量	编号	名　　称	数量
1	驱动装置	1	2N	螺钉 M5×12	6
2	底板	1	3N	螺钉 M5×55	6
3	顶板	1	4N	螺钉 M4×12	2
4	螺母壳体	1	5N	螺钉 M3×4	1
5	导向滑块	1	6N	螺钉 M4×4	2
6	螺杆	1	7N	滑动轴承 8×16	2
7	垫片	1	8N	平键 2×12	1
8	平镶条	1	9N	六角螺母 M8	4
9	侧板	2	10N	M3 螺钉的压垫	1
10	调节脚	4	11N	六角锁紧螺母 M5	2
11	V 带带轮	1	12N	定位螺钉 M5×6	2
12	轴承座	2	13N	螺钉 M5×6	2
13	垫圈	4	14N	垫圈 5	2
14	螺母	1	15N	O 形圈 78. 74×5. 33	1
1N	螺钉 M4×10	2			

1. 说明

① 平导轨含有导向滑块 5，导向滑块是由顶板 3 引导的。

② 导向滑块可通过平镶条 8 进行间隙的调节，从而使导向滑块运行自如。

③ 导向滑块是由铜螺母 14 和梯形螺纹螺杆 6 驱动的。

④ 螺母是通过螺母壳体 4 与导向滑块连接在一起的。

⑤ 螺杆的轴向间隙可以通过垫片 7 来进行调节。

⑥ 轴承座上的安装螺钉孔比较大，允许螺杆在垂直和横向这两个方向上作充分的调节，从而使螺杆与顶板平行。

⑦ 调节驱动装置 1 可以对皮带进行张紧。

⑧ 利用零件 11N 和 12N 可以调节导向滑块的行程。

2. 操作要求

① 根据图样、装配要求及操作方法安装平导轨。

② 调节滑块，使导向滑块能滑动自如。

③ 对导轨添加润滑剂。

④ 校准驱动装置，使皮带获得合适的张紧量。

⑤ 调节导向滑块的行程。

⑥ 将平导轨安放在一个水平面上并调整其水平。

⑦ 利用百分表或高度游标尺在滑块四个角处进行测量，以检查导向滑块运动时是否与底板平行。

3. 装配精度

① 螺杆运行自如，轴向间隙为 0。

② 导向滑块在整个行程上运动自如，间隙为 0。

③ 校准带轮，带轮中心距为 80mm。

④ 对零部件进行正确的润滑。

⑤ 导向滑块的行程应调节到 275mm。

⑥ 底板的水平应达到 0.02/100mm。

⑦ 进行正确的测量。

4. 额定时间

完成时间：4h。

5. 操作步骤

按图 6-46 平导轨装配图，完成表 6-4 实训项目。

表 6-4　　　　　　　　　　平导轨装配训练项目装配工艺

目的： 通过本次练习，学员应当学会： 1. 安装平导轨装置，并按装配要求对平导轨进行调节 2. 会根据给定的力矩使用定扭矩扳手紧固螺钉 3. 会调整整个装置使其处于水平位置	工具： · 内六角扳手 · 开口扳手 · 游标卡尺 · 扭矩扳手 · 塞尺 · 水平仪（0.02mm/m） · 百分表或高度游标尺
备注：	

操作步骤	标准操作	解　释
准备工作	熟悉任务	图样和零部件表 装配任务
	初检	• 装配用资料是否齐全 • 零部件是否齐全
	选择工具	见工具清单
	整理工作场地	• 选择并整理工作场地 • 备齐工具和装配所需材料
	清洗	用清洁布清洁零部件
装配组件		
安装驱动装置		按图样安装好驱动装置
装配平导轨		
在导向滑块上安装平镶条	定位	检查平镶条倒角的位置是否正确
		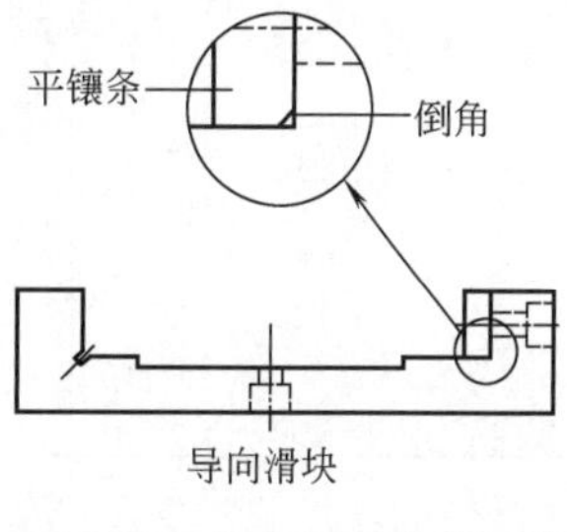
	紧固	用手拧紧螺钉（1N）和（4N）
将轴承安装在轴承座内	压入	将滑动轴承（7N）安装在轴承座（12）内（必要时可使用手动压力机）

续表

操作步骤	标准操作	解　　释
将螺母安装在螺母壳体内	紧固	利用螺钉(6N)
在驱动一侧安装螺杆和轴承座以及顶板	定位	将螺杆旋进螺母，其旋入长度要超过螺杆总长的 1/3
	紧固	用手拧紧驱动一侧的轴承座
	定位	将轴套入轴承内
安装第二个轴承座	定位	将第二个轴承座安装在螺杆上
	测量	所需垫板的厚度(x) 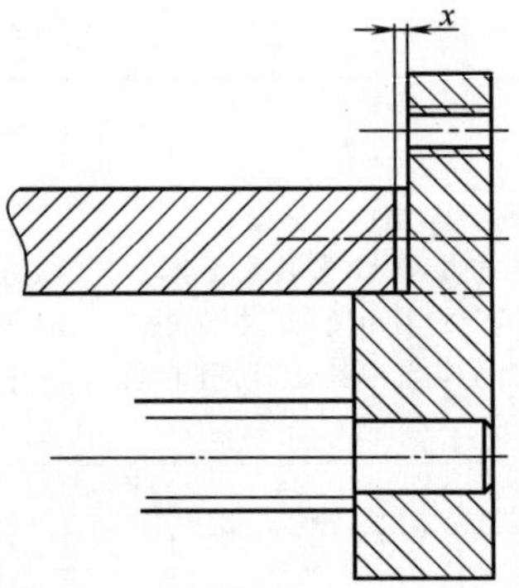
	紧固	借助垫板，用手拧紧螺钉(2N)
	检查	• 螺杆在轴向无间隙 • 旋转灵活
安装侧板和底座	定位	安装侧板、底板及已经安装的零件
	紧固	用手拧紧螺钉(3N)
	固定	利用扭矩扳手使拧紧力矩达到规定值。拧紧时请按下图中的次序进行 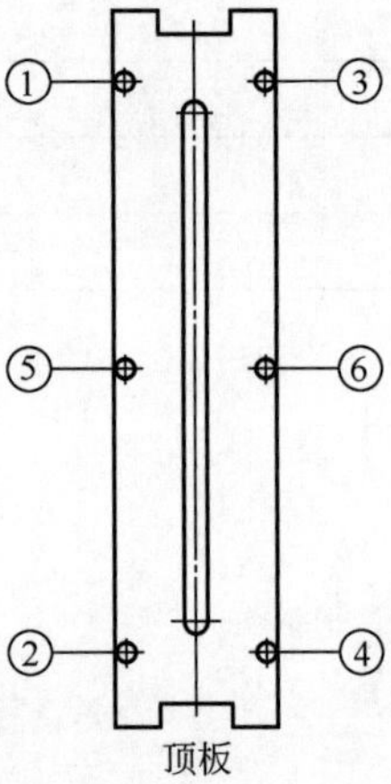
安装导向滑块	定位	将导向滑块放置在顶板上
	拆松	稍稍松开螺钉(2N)，以便安装两个轴承座
	紧固	利用螺钉(2N)和扭矩扳手，将导向滑块固定在螺母外壳上

续表

<table>
<tr><th>操作步骤</th><th>标准操作</th><th>解释</th></tr>
<tr><td rowspan="6">安装导向滑块</td><td>定位</td><td>将导向滑块移到驱动一侧的位置上</td></tr>
<tr><td>固定</td><td>利用扭矩扳手将螺钉(2N)固定在轴承座上</td></tr>
<tr><td>检查</td><td>检查轴承座的位置是否垂直</td></tr>
<tr><td>定位</td><td>将导向滑块移到另一端位置上</td></tr>
<tr><td>固定</td><td>利用扭矩扳手将螺钉(2N)固定第二个轴承座上</td></tr>
<tr><td>检查</td><td>• 检查第二个轴承座是否垂直,是否与驱动一侧的轴承座平行
• 检查螺杆是否能灵活旋转</td></tr>
<tr><td>安装V带带轮</td><td>紧固</td><td>用平键(8N)和调节螺钉(4N)将V带带轮(11)安装在轴上</td></tr>
<tr><td rowspan="5">安装驱动装置</td><td>定位</td><td>调节两个带轮,使它们的中心线在一条直线上
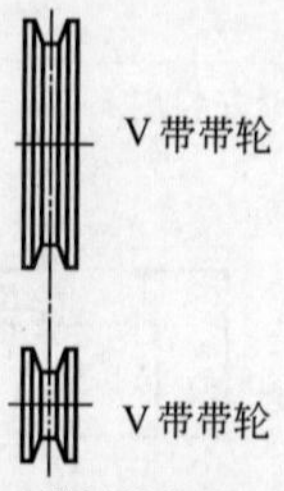

带轮的校准</td></tr>
<tr><td>紧固</td><td>用手拧紧驱动装置的六角螺栓</td></tr>
<tr><td>定位</td><td>在带轮上安装O形圈(15N)</td></tr>
<tr><td>调整</td><td>调整驱动装置,使V带获得一定的张紧。两个带轮的中心距应为80mm</td></tr>
<tr><td>固定</td><td>拧紧驱动装置的螺钉(13N和14N)</td></tr>
<tr><td rowspan="4">调节滑块,使其能自由运动</td><td>定位</td><td>将导向滑块移到顶板的一端</td></tr>
<tr><td>调整</td><td>利用螺钉(4N和1N),将滑动间隙调整到0~0.1mm</td></tr>
<tr><td>测量</td><td>利用两把塞尺测量对面导向滑块的间隙(两端的间隙应同时测量)
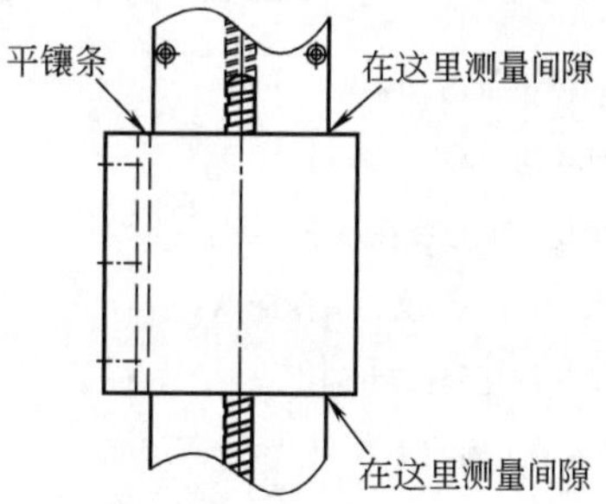
</td></tr>
<tr><td>检查</td><td>将导向滑块移到顶板的另一端
采用与上述相同的方法检查滑块两端的间隙</td></tr>
</table>

续表

操作步骤	标准操作	解　释
调节滑块，使其能自由运动	固定	利用螺钉(1N)压紧平镶条
	最后检查	再测量一次滑块的间隙
设置滑块的行程	设置	利用六角锁紧螺母(11N)和定位螺钉(12N)，将滑块的行程设置为275mm
平导轨的测试	检查	旋转驱动装置的手柄，检查平导轨的运行情况 导向滑块运动时应当平稳，没有阻力
	最终测量	利用百分表或高度游标尺测定导向滑块的运动是否与底板平行

平导轨装置的装配检查内容和评分标准，如表6-5所示。

表6-5　　平导轨装配检查内容和评分标准

检 查 内 容	评分标准
1. 按照装配图正确地安装零部件	10分
2. 导向滑块完全支承 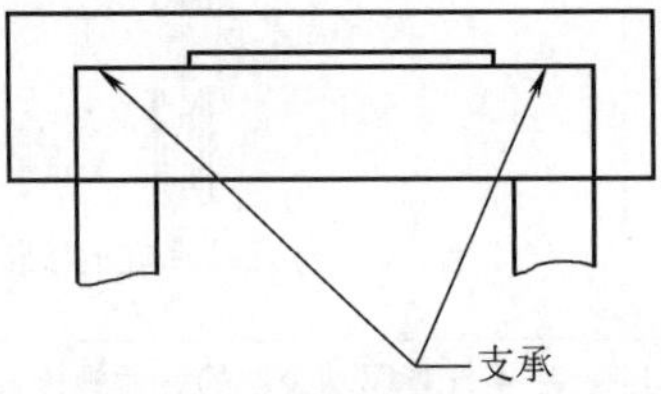 	5分
3. 螺杆的轴向间隙：0~0.1mm	10分
4. 轴承座的安装垂直，彼此间相互平行，其误差为0.1mm 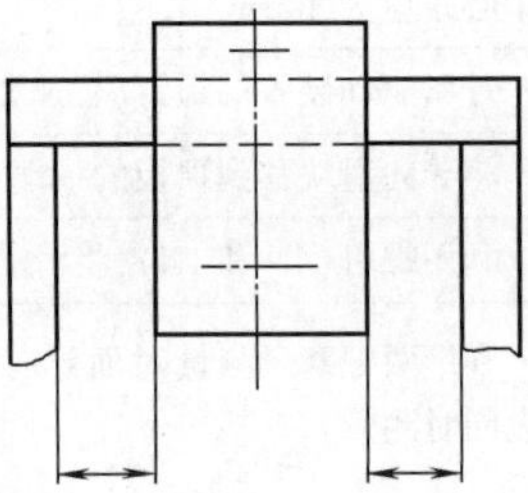	5分
5. 滑块间隙：0~0.1mm	10分
6. 两个带轮的中心距：80mm	5分
7. 两个带轮的中心线在一条直线上	5分
8. 导向滑块运行平稳，没有阻滞点	10分
9. 导向滑块的行程：275mm	5分
10. 润滑剂的正确使用	5分
11. 水平精度达到0.02/100mm	5分
12. 正确测量平行度	10分
将测量结果填入下表：	

续表

<table>
<tr><th>检 查 内 容</th><th>评分标准</th></tr>
<tr><td>
<table>
<tr><th>测量点</th><th>位置 1 的高度</th><th>位置 2 的高度</th></tr>
<tr><td>a</td><td></td><td></td></tr>
<tr><td>b</td><td></td><td></td></tr>
<tr><td>c</td><td></td><td></td></tr>
<tr><td>d</td><td></td><td></td></tr>
</table>
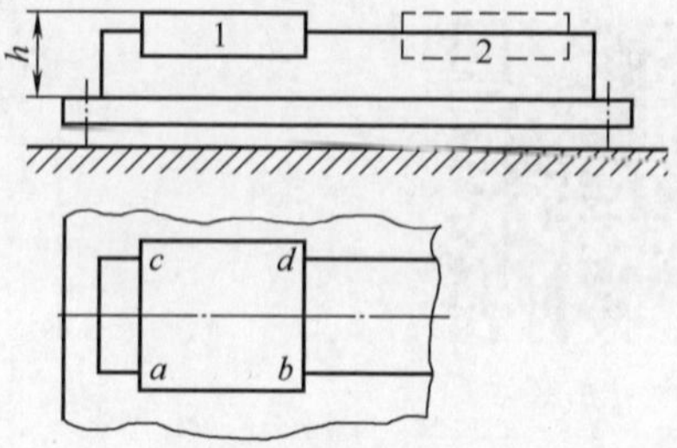

</td><td></td></tr>
<tr><td>13. 顶板螺栓的拧紧力矩：3N · m</td><td>5 分</td></tr>
<tr><td>14. 操作中能认真执行 5S 要求</td><td>10 分</td></tr>
<tr><td>总分：</td><td>100 分</td></tr>
</table>

思 考 题

1. 导轨的作用是什么？导轨有哪些类型？
2. 举出四个实例说明导轨在家庭中的应用。
3. 什么是导轨的爬行现象？
4. 选择导轨时应当考虑的因素有哪些？
5. 对位置精度的要求比较高时，应当选用什么类型的导轨？
6. 简述平导轨的优点和缺点。
7. 平镶条可以采用哪些方法来进行调节？
8. 斜镶条可以采用哪些方法来进行调节？
9. 导向滑块和平导轨之间的间隙可以采用什么方法来进行检查？
10. 燕尾导轨间隙的调整方法有哪些？
11. 简述直线滚动导轨的应用场合。
12. 简述直线滚动导轨的优点和缺点。
13. 如果导轨承受横向力的时候，就必须安装顶紧件。请说出导轨和滑块的三种固定方法。
14. 直线滚动导轨安装孔的密封方法有哪些？
15. 简述影响直线滚动导轨运行和精度的因素。
16. 解释“用手拧紧螺钉”的操作要求。

17. 简述直线滚动导轨中双导轨定位的装配工艺步骤。
18. 简述直线运动球轴承的应用场合。
19. 简述直线运动球轴承的优点和缺点。
20. 直线运动球轴承的类型有哪些？各有什么特点？
21. 直线运动球轴承在直线运动中是如何减少润滑剂的损耗的？
22. 为什么不允许用手锤直接敲击直线运动球轴承？
23. 简述直线运动球轴承的安装步骤。

项目六　在线习题

配套课件

项目七

项目七

设备拆卸与故障分析

【学习目标】

1. 了解设备拆卸的类型；
2. 掌握设备拆卸的工艺过程、原则与拆卸方法；
3. 了解系统故障分析的方法与处理故障的顺序；
4. 养成良好的职业行为习惯，执行机械设备的质量标准；
5. 践行劳动精神、工匠精神和劳模精神；
6. 增强制造强国、科技立国、产业报国的家国情怀。

【操作项目】

教师根据学校实际，任选两种设备，分别给两组学员保证人均一台，拆卸后两组交换再装配设备。

任务一　设备拆卸工艺过程的认知

思政引例

项目七任务一

配套视频

项目七任务一中文教学视频

项目七任务一英文教学视频

在日常的装配活动中，装配技术人员也会时常涉及拆卸（disassembly）工作。因此，深入认识这种相对装配为“反向”的工作方式是很重要的，因为拆卸与装配有着不同的工作途径和思考方式，还需要有专用的拆卸工具和设备。在拆卸中，若考虑不当，就会造成设备零部件的损坏，甚至使整台设备的精度、性能降低。

拆卸的目的就是要拆下装配好的零部件，重新获得单独的组件或零件。

拆卸的类型如下：

① 定期检修。为的是防止机器出现故障。例如，定期检查机器的运行和磨损情况，或根据计划来更换零件。

② 故障检修。为的是查出故障并排除故障。例如，修理和更换零件。

③ 设备搬迁。为将设备搬至另一工位或另一车间而进行的拆卸，以方便机器和设备的运输。这里，机器或设备会被部分拆卸下来，运到其他地方能再装配起来。

一、设备拆卸的工艺过程

除了拆卸的原因，拆卸步骤还要由机器或设备的结构来决定。拆卸步骤可分为两个阶段，分别称为准备阶段和实施阶段。将拆卸步骤分为两阶段的目的，是为了区分出完成拆卸工作所必需的各种操作和做法。

1. 拆卸准备阶段

拆卸准备阶段主要是使得拆卸步骤能充分可靠地进行下去，它包括以下的工作：

① 阅读装配图、拆卸指导书等。分析了解设备的结构特点、传动系统、零部件的结构特点和相互间的配合关系，明确它们的用途和相互间的作用。

② 分析和确定所拆卸设备的工作原理和各零部件的功能。

③ 如有需要，查出故障的原因。

④ 明确拆卸顺序及所拆零部件的拆卸方法。

⑤ 检查所需要的工具、设备和装置。

⑥ 如有要求，应注意按拆卸顺序在所拆部件上做记号的方法。

⑦ 留意清洗零部件的方法。

⑧ 画出设备装配草图。

⑨ 整理、安排好工作场地。

⑩ 做好安全措施。

2. 拆卸实施阶段

拆卸实施步骤是依据具体的拆卸顺序、拆卸说明和规定来进行的。它们包括：

① 将设备拆卸成组件和零件。

② 在零部件上做记号、划线。

③ 清洗零部件。

④ 检查零部件。

二、设备拆卸的原则

机械设备拆卸时，应该按照与装配相反的顺序进行，一般从外部拆至内部，从上部拆至下部，先拆成部件或组件，再拆成零件的原则进行。另外在拆卸中还必须注意以下原则：

① 对不易拆卸或拆卸后会降低连接质量和损坏一部分连接零件的连接，应当尽量避免拆卸，例如，密封连接、过盈连接、铆接和焊接件等。

② 用击卸法冲击零件时，必须垫好软衬垫，或用软材料（如紫铜）做的锤子或冲棒，以防止损坏零件表面。

③ 拆卸时，用力应适当，特别要注意保护主要结构件，不使其发生任何损坏。对于相配合的两个零件，在不得已必须拆坏一个零件的情况下，应保存价值较高、制造困难或质量较好的零件。

④ 长径比值较大的零件，如较精密的细长轴、丝杠等零件，拆下后，随即清洗、涂油、垂直悬挂。重型零件可用多支点支承卧放，以免变形。

⑤ 拆下的零件应尽快清洗，并涂上防锈油。对精密零件，还需要用油纸包好，防止生锈腐蚀或碰伤表面。零件较多时还要按部件分门别类，做好标记后再放置。

⑥ 拆下的较细小、易丢失的零件，如紧定螺钉、螺母、垫圈及销子等，清洗后尽可能再装到主要零件上，防止遗失。轴上的零件拆下后，最好按原次序方向临时装回轴上或用钢丝串起来放置，这样将给以后的装配工作带来很大的方便。

⑦ 拆下的导管、油杯之类的润滑或冷却用的油、水、气的通路，各种液压件，在清洗后应将进出口封好，以免灰尘杂质侵入。

⑧ 在拆卸旋转部件时，应注意尽量不破坏原来的平衡状态。

⑨ 容易产生位移而又无定位装置或有方向性的相配件，在拆卸后应先做好标记，以便在装配时容易辨认。

任务二　设备的拆卸

在拆卸过程中，应根据具体零部件结构特点的不同，采用相应的拆卸方法。常用的拆卸方法有击卸法、拉拔法、顶压法、温差法和破坏法等。

思政引例

项目七任务二

项目七任务二
中文教学视频

一、击卸法拆卸

击卸法是利用手锤敲击，把零件拆下。

用手锤敲击拆卸时应注意下列事项：

① 要根据拆卸件尺寸及重量、配合牢固程度，选用重量适当的手锤。

② 必须对受击部位采取保护措施，一般使用铜锤、胶木棒、木板等保护受击的轴端、套端或轮辐。对精密重要的部件拆卸时，还必须制作专用工具加以保护。如图 7-1 所示为击卸保护。图 7-1（a）为保护主轴的垫铁，图 7-1（b）为保护轴端中心孔的垫铁，图 7-1（c）为保护轴端螺纹的垫套，图 7-1（d）为保护轴套的垫套。

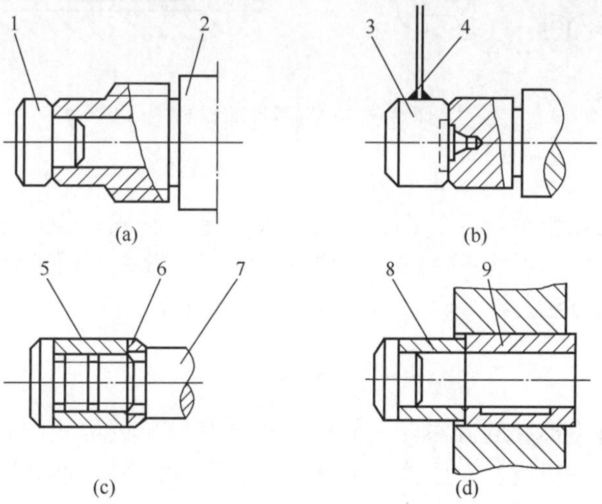

图 7-1　击卸保护

1、3—垫铁　2—主轴　4—铁条　5—螺母　6、8—垫套　7—轴　9—轴套

③ 应选择合适的锤击点，以避免变形或破坏。如对于带有轮辐的带轮、齿轮、链轮，

应锤击轮与轴配合处的端面，避免锤击外缘，锤击点要均匀分布。

④ 对配合面因为严重锈蚀而拆卸困难时，可加煤油浸润锈蚀面。当略有松动时，再拆卸。

二、拉拔法拆卸

拉拔法是一种静力或冲击力不大的拆卸方法。这种方法一般不会损坏零件，适于拆卸精度比较高的零件。

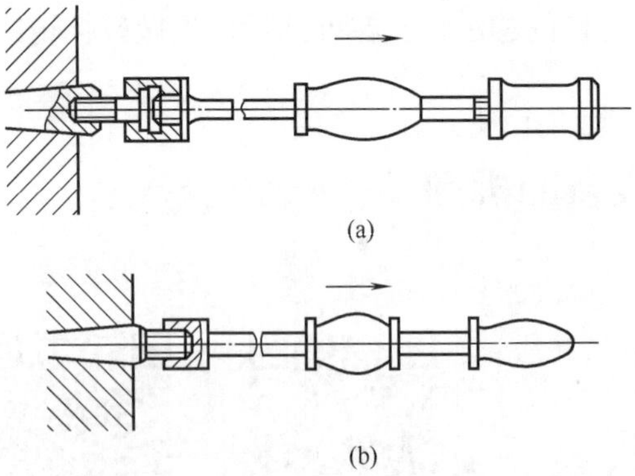

图 7-2　锥销的拉拔

1. 锥销的拉拔

如图 7-2 所示为用拔销器拉出锥销。如图 7-2（a）所示为大端带有内螺纹锥销的拉拔，如图 7-2（b）所示为带螺尾锥销的拉拔。

2. 轴端零件的拉卸

位于轴端的带轮、链轮、齿轮及滚动轴承等零件的拆卸，可用各种拉马（拉拔器）拉出。如图 7-3（a）所示为用拉马拉卸滚动轴承，如图 7-3（b）所示为用拉马拉卸滚动轴承外圈。

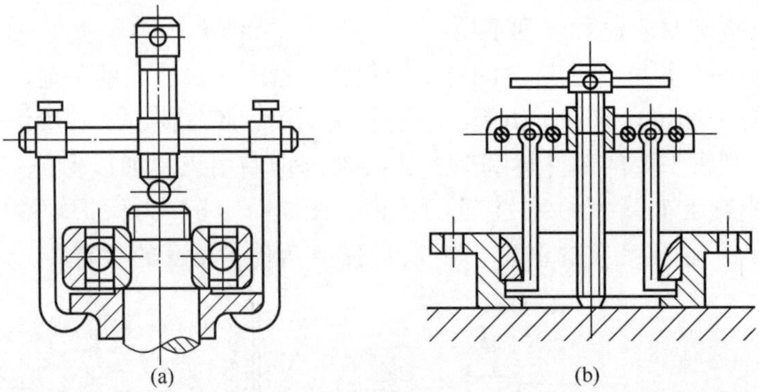

图 7-3　轴端零件的拉卸

3. 轴套的拉卸

由于轴套一般是以质地较软的铜、铸铁、轴承合金制成，若拉卸不当，则很容易变形。因此，不必拆卸的尽可能不拆卸，必须拆卸时，可做些专用工具拉卸。如图 7-4 所示为两种拉卸轴套的方法。

三、顶压法拆卸

顶压法是一种静力拆卸的方法，一般适用于形状简单的静止配合件。常利用螺旋 C 型工具、手压机械、油压机、千斤顶等工具和设备进行拆卸。如图 7-5 所示，用螺钉顶压拆卸键的方法也属于顶压法。

四、温差法拆卸

拆卸尺寸较大，配合过盈量较大或无法用击、压方法拆卸的零件，可采用温差法

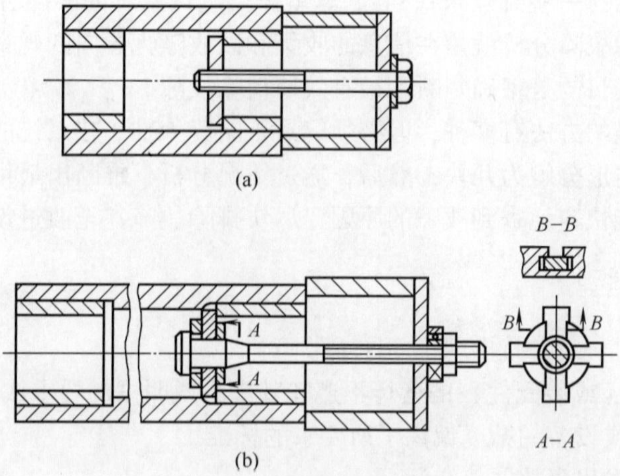

图 7–4　轴套的拉卸

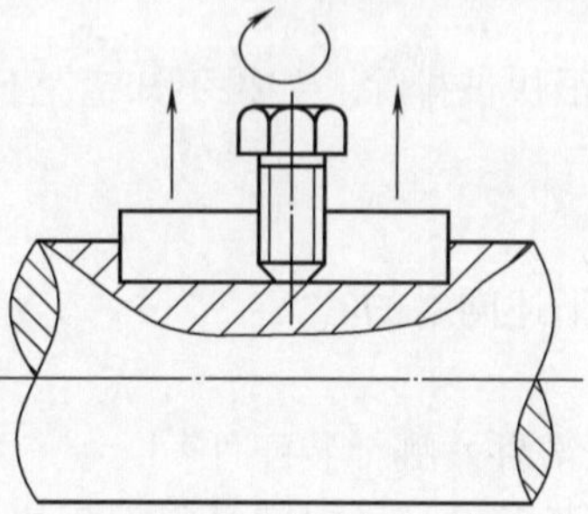

图 7–5　顶压法拆卸

拆卸。

温差法拆卸是用加热包容件，或者冷却被包容件的方法拆卸。如图 3–18 和图 3–19 所示的滚动轴承的拆卸方法。也可采用拉马钩住轴承的内圈，迅速注入加热约为 100℃的油液，使内圈受热膨胀后快速用拉马拉出轴承。也可以用干冰冷却轴承外圈使其收缩，同时借助拉马拉出轴承外圈。

五、破坏法拆卸

当必须拆卸焊接、铆接、密封连接、过盈连接等固定连接件或轴与套相互咬死时，不得已而采取这种措施。破坏法拆卸，一般采用车、锯、錾、钻、气割等方法进行。

任务三　设备故障的分析

思政引例

项目七任务三

配套视频

项目七任务三
中文教学视频

项目七任务三
英文教学视频

一、系统的故障分析

在设备拆卸和维护中，常常会遇到一些故障的处理与维修。而一个故障的原因常常不是很明显的，我们不时也会漏掉一些信息（一些疑点未找到），这就需要进行系统的故障分析，进而找出故障并尽快修理。系统的故障分析就是在信息的收集和以故障为导向的观察基础上，快速找出和判定故障所在，其目的是正确判断和最有效地消除故障。

收集和整理信息的方法有多种，但必须以易于阅读为准。在系统的故障分析中，我们常将故障按照实际情形分解为几块，然后，通过情况分析，推断出最可能的原因。这种方式的主要优点在于能快速地查到故障的原因，尽快排除故障甚至改进设备质量。

二、设备的故障类型

出现下述情形时，设备就出现了问题或故障：

① 机器或设备（或装配件）的运行不遵守其产品说明书的要求或其他操作要求。

② 加工的产品或设备的精度偏离了所要求的标准。

③ 机器或设备发生事故并停止运行。

三、故障的处理

如果故障是已知的，就可很快被排除。如果不知道是什么故障，就必须分析情况，以便查找出故障。

1. 故障信息的收集

在分析故障时，通常需要下述问题的答案：

① 故障现象是什么？

② 现象在哪里出现？哪个部件？哪个装配件？

③ 何时发现此现象？记下故障开始的时间是很重要的。

④ 程度怎样？偏差多少？

⑤ 是否为清除故障做过什么事？

⑥ 如已采取行动，效果怎么样？

2. 故障的原因分析

通常，我们必须系统地选择、整理和分析从问题①到问题⑥中所获得的信息。通过该途径获得的数据等信息，一般就可以知道确切的错误是什么，故障的原因是什么。

但是，只有当故障排除并真正解决了问题，并且弄清了以下问题，我们才知道真正的故障原因。这些问题是：

① 问题是什么？现象是什么？以及确认是什么出错了？

② 产生的原因是什么？

③ 应采取哪种措施来解决问题？

④ 需要什么后续措施或还有什么没做？

如果此时我们仍未发现一个比较清晰的原因，就必须做进一步的分析。有时不要局限于采取一种行动，而要采取几种措施，原因在于：

① 一种故障可能有几种必须检查的原因。

② 一种故障同时可能有几种不良后果。

有时，故障可彻底清除，有时还需采取后续行为，比如：

① 更精确的调整。

② 某些项目和零件仍需检查。

③ 只能暂时排除故障时，还须做最后的修理。

3. 记录资料

正确地记录下故障及其解决方法，以便当故障再次发生时，能参考以前的故障案例。记录时应注意以下几点：

① 仔细考虑应记录什么。

② 记录要简练、清楚易读。

③ 尽量清楚和完全地给出你的信息。

④ 指出机器中故障零件名称。

⑤ 尽可能不用模棱两可的词或句子，比如“机器发生故障”或“一根轴断了”，而要确切说出是什么出故障或是哪根轴断裂等。

特别不要忘记记录以下资料：

① 故障开始和结束的时间。

② 机器及故障零部件的编号。

③ 记录者的姓名。

四、处理故障的顺序

处理故障时的正确顺序如下：

① 进行故障判断与分析。

② 确定引起故障的原因。

③ 制订维修计划，并进行故障排除操作。

④ 进行检查和跟踪。

⑤ 记录信息。

详见系统故障分析流程图（图 7-6）。

任务四　装配操作：设备拆卸训练项目

1. 操作要求

进行该项目操作后，学生应熟练掌握如下技能：

① 弄清装配与拆卸指导书的重要性。

② 学会分析所拆卸设备的功能，并确定正确的拆卸操作。

③ 能确定设备拆卸和装配的顺序和方法。

④ 能正确地选择和使用工具与附件。

⑤ 明确对拆卸零部件做标记和画草图的重要性。

2. 工具与附件

工具：根据实际设备自选。

附件：白纸（写拆卸步骤及画简图使用）；不干胶贴纸（做标记用）。

3. 额定时间

完成时间：3. 5h。

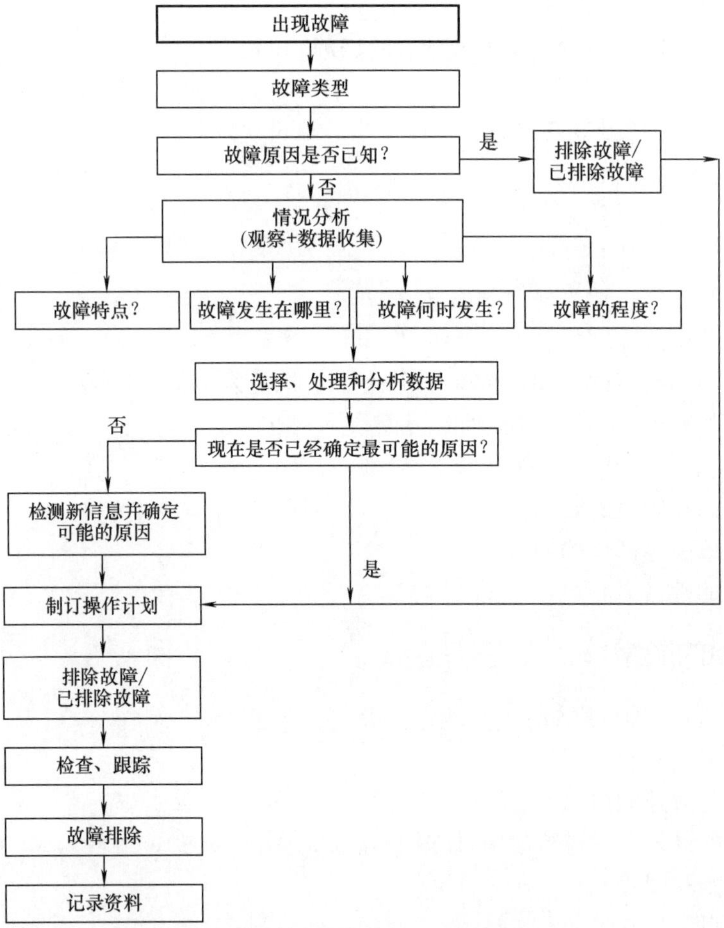

图 7-6　系统故障分析流程图

一、操作安排

为了进行拆卸训练，把所有学生分成两组，且每组学生数相等。两组分别拆卸两种不同设备。每个学生必须有自己的装配设备和工具，以便学生能独立地完成该拆卸训练任务。学生之间应尽量避免讨论，所拆卸设备的装配图及部件分解图不要发给学生，只能用作最后的检查。

零部件拆卸以后，两组学生应交换位置，每组学员按照另一组学生留下的装配顺序和草图装配其所拆卸的设备。

二、操作步骤

① 课程指导老师讲清学生进行该操作任务的目的和工作方法。

② 学生必须分析所要拆卸的设备的工作原理和各零部件的功能，了解该操作设备的结构。此步骤大概需要 10~15min，如有可能，学生可在这段时间内画草图和做注释。

③ 学生必须确定、选择拆卸时应使用的工具，并安排、整理工作场地。

④ 学生开始拆卸设备。这里非常重要的一点是学生要给所拆卸的零件做好标记，并

写出装配顺序、装配简图和注释。操作中，课程指导老师应督促学生按此要求去做，并应告诉学生设备中不可以拆卸的部分。此阶段大致需要 1.5h。

⑤ 两组学生交换位置，但各自须将装配顺序与装配简图留在原位置，然后学生根据对方的装配简图与装配步骤开始装配对方拆卸下来的设备。

⑥ 在交换操作中，课程指导老师可以指导学生，但不能过早干预。

⑦ 如果学生在装配时发生了困难，必须先与指导老师联系，然后向制定该设备装配顺序和装配简图的人员咨询。此装配阶段大致需要 1.5h。

⑧ 学生装配完毕后，课程指导教师应进行检查，然后让学生更正装配中的错误。

⑨ 学生归还工具，进行现场整理、清理与清扫。

⑩ 教师进行整体评价。这里要注意的是，不同的设备必须区别对待。此阶段大概需要 20min。

思　考　题

1. 为什么要进行拆卸？拆卸的类型有哪些？
2. 拆卸可分为哪两个阶段？简述各阶段的工作内容。
3. 设备拆卸的步骤和原则是什么？常用的拆卸方法有哪些？
4. 什么是系统故障分析？
5. 系统故障分析的目的是什么？
6. 什么时候设备容易出现问题或故障？
7. 分析故障时需要弄清楚的问题有哪些？
8. 为什么故障处理后要做好记录？记录要点有哪些？
9. 简述故障分析时的顺序。

项目七　在线习题

配套课件
项目八

项目八

精密装配的辅助操作

【学习目标】

1. 会根据具体要求选择相应的黏合剂，熟练掌握粘接操作工艺与操作技术；
2. 熟悉零件清洗的工艺流程，掌握常用零件的清洗方法及操作规程；
3. 了解无尘室的含义及等级标准，掌握无尘室的操作要求；
4. 掌握“5S”的推行要点，并能在平时实训中坚持执行并养成习惯；
5. 遵守机械装配工作规程，践行劳动精神、工匠精神和劳模精神；
6. 增强制造强国、科技立国、产业报国的家国情怀。

【操作项目】

1. 钢片的粘接，如图 8-25 所示。
2. 装配车间实习，参与某一零件的清洗过程，并撰写关于该零件的清洗设备、清洗剂的使用以及清洗工艺步骤的详细说明；参观无尘室，并撰写一份无尘室的调查报告。

任务一　零件的粘接

粘接是不可拆的新型连接工艺，它是借助黏合剂在固体表面上所产生的粘合力，将同种或不同种材料牢固地连接在一起的一种连接技术。粘接技术既可用于金属材料，也可应用于非金属材料。

思政引例
项目八任务一

配　套　视　频
项目八任务一中文教学视频1
项目八任务一中文教学视频2

一、黏合剂的分类

根据其应用形式分：橡胶、纸、胶等。
根据其形态分：糊状、固体状、液态、单组分或双组分。
根据其特性分：导电性或导热性、透明、弹性等。
根据其固化原理分：物理性胶、化学性胶。
最后一种分类常见于文献中。对于物理性固化的黏合剂，自液态至固态的过渡是通过溶剂挥发或通过黏合剂的凝固来实现的。对于化学性固化的黏合剂，自液态至固态的过渡是通过黏合剂间不同组分间的化学反应来实现的。有时还可添加一些助剂，如促进剂等来加速固化过程或使固化成为可能。

二、粘接技术的应用

1. 锁紧

适用于中等强度螺纹连接的锁紧，这类锁紧可用常规工具将其拆卸。适用于常用的螺纹连接中所有种类的螺栓和螺母，也适用于不锈钢和镀锌钢等惰性材料，如图 8-1（a）所示。

2. 密封

适用于管螺纹连接的密封。常用于工业管道系统的密封，防止气体和液体的泄漏。也适用于粗螺纹，甚至在低温下可以固化，如图 8-1（b）所示。

3. 紧固

适用于中等强度圆柱形接头的紧固，这样的连接仍可以拆卸，如轴承及轴套与轴和孔配合时的紧固。使用粘接技术进行紧固，可使孔轴配合所需过盈量减小甚至无须过盈配合，也可通过粘接使原有的配合紧固程度得到提高，并可防止裂缝引起的腐蚀，如图 8-1（c）所示。

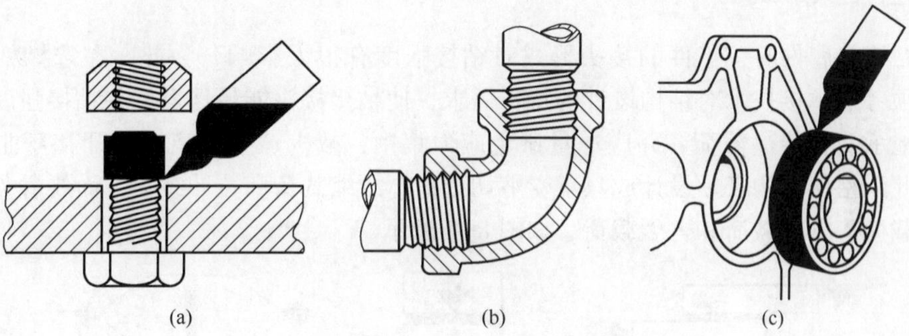

图 8-1　粘接技术的应用

（a）锁紧　（b）密封　（c）紧固

三、粘接技术的优缺点

1. 粘接技术的优点

① 粘接接头粘接时不受力的作用，因而不会像铆接和螺纹连接那样易发生变形或使强度减弱。

② 粘接处的应力是均匀分布的，从而使粘接接头具有较大的承载面积，耐疲劳和耐周期载荷性好。

③ 能连接相同或不同的材料。

④ 在气焊或钎焊中，由于高温原因，接头处会产生应力和结构变形。在某些情况下，会导致接头处破裂。而粘接结构不会发生这种现象。

⑤ 粘接可提供光滑平整的外表面接头，具有连接美观的特点。

⑥ 粘接接头是用液体密封的，所以可降低或防止不同材料间的腐蚀或电化学腐蚀。

⑦ 粘接接头隔热性和电绝缘性好。

⑧ 粘接接头具有减振效果。

⑨ 和传统的紧固技术相比较，粘接技术可适用于较大的尺寸公差和较低表面粗糙度要求的表面。

⑩ 粘接结构可减轻设备重量，例如，在飞机制造工业中。

2. 粘接技术的缺点

① 要求对被粘接物进行认真的表面处理，通常采用的化学腐蚀方法会对环境有污染。

② 多数黏合剂要求严格的工艺控制，特别是粘接面的清洁度要求较高。

③ 通常粘接接头的耐高温能力是有限的，其剪切强度将随温度升高而减小。

④ 事先计算出粘接接头的强度是十分困难的。

⑤ 在通常情况下，粘接接头是不可拆的。

⑥ 粘接生产工艺受所需固化时间影响较大。

⑦ 粘接接头在承受长期的拉伸应力后会出现蠕变现象，并随温度升高会进一步增强。

⑧ 粘接的表面处理操作增加了产品的经济成本。

⑨ 粘接产生的废料必须按化学废料方式处理。

⑩ 在有些情况下，粘接操作时必须采取特别的安全预防措施。

四、粘接接头形式

在粘接金属件时，工件的接头形式对粘接强度有很大影响。为此，在选择粘接接头时，必须考虑粘接技术对结构设计的特殊需求，使粘接接头能最佳发挥其粘接强度，能尽可能大地承受和传递载荷，并应尽量避免应力集中，减少产生剥离、劈开和弯曲的可能性。为此，粘接结构必须设计成只承受剪切载荷、压缩载荷和拉伸载荷，而要避免承受偏心拉伸载荷、剥离载荷和劈裂载荷，如图 8-2 所示。

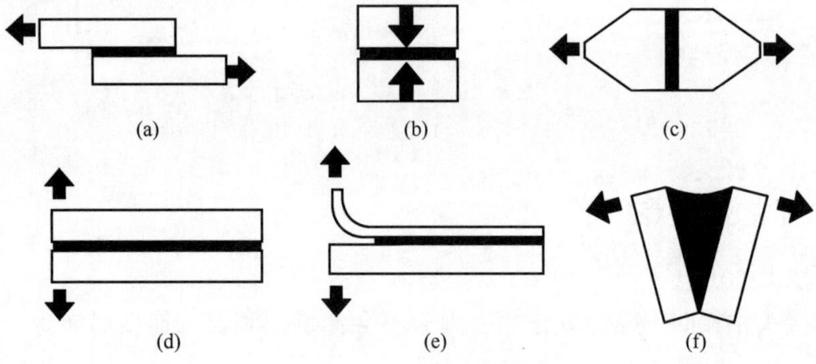

图 8-2　粘接的载荷形式

（a）剪切载荷　（b）压缩载荷　（c）拉伸载荷　（d）偏心拉伸载荷

（e）剥离载荷　（f）劈裂载荷

最佳的粘接接头是承受剪切应力的接头。同时，增大粘接接头的搭接面积，可降低接头内的应力，以提高承载能力。如图 8-3 所示，其中图 8-3（a）、（d）为不良的粘接接头形式，其余为好的粘接接头形式。当粘接接头承受大载荷时，就应注意到可采用一些特殊措施来克服这些载荷。这些措施包括在黏合剂内添加填料或改善接头的结构。图 8-4

就是一些不良粘接接头形式及其改进。如图 8-5 所示为管材粘接接头形式。

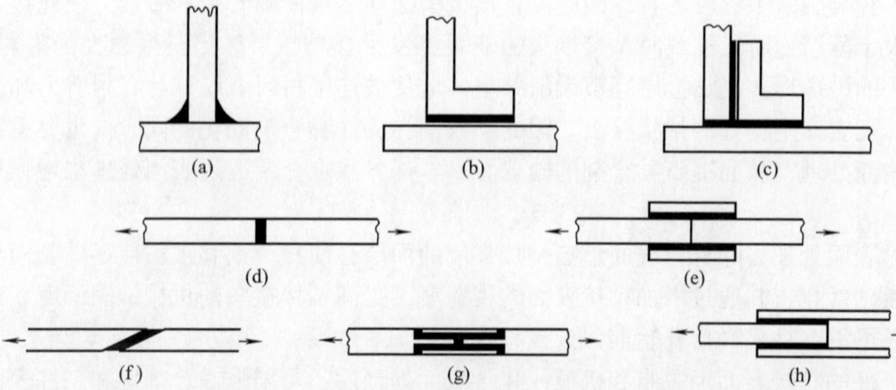

图 8-3　粘接接头形式

(a)(d) 不良　(b)(c) 好　(e) 双面盖板接头（良好）　(f) 30°楔面对接接头（非常好）

(g) 双槽双盖板接头（良好）　(h) 双面搭接接头（良好）

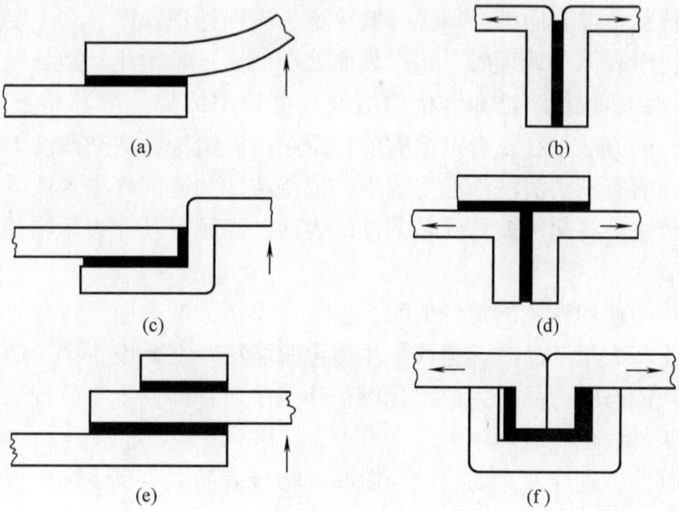

图 8-4　粘接接头形式及其改进

(a) 剥离载荷（不好）　(b) 劈裂载荷（不好）　(c) 变为拉伸和压缩载荷（良好）

(d) 变为拉伸和剪切载荷（良好）　(e) 加强刚性（良好）　(f) 加强刚性（良好）

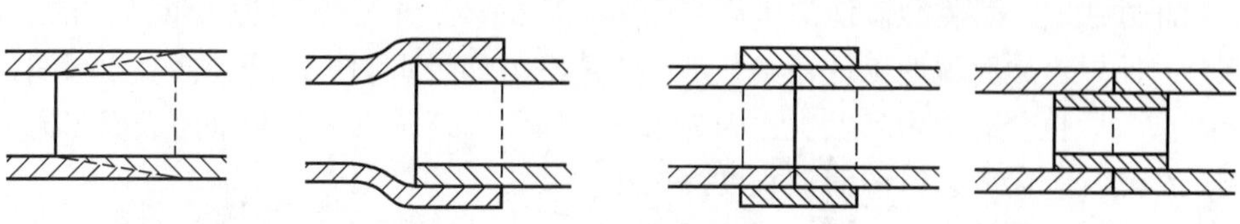

图 8-5　管材粘接接头形式

五、被粘接物的表面处理

粘接强度取决于附着力和凝聚力。附着力是黏合剂层对被连接表面的粘合强度，其可通过表面处理来提高。而凝聚力是粘接层的强度，为已固化黏合剂分子间的粘合力的总和，黏合剂的凝聚力来自黏合剂自身的分子间和原子间的作用力。粘接接头的强度不会大于这两个影响因素中的较弱者，因此，粘接接头必须尽量使附着力和凝聚力彼此接近。当附着力大于凝聚力时，承载时粘接接头的破裂将发生在粘接层。当凝聚力大于附着力时，粘接接头的破坏形式是粘接层完整无缺并整体地从被连接材料上脱开。当附着力和凝聚力相等时，就会产生良好的粘接接头。因此，我们在关注黏合剂固化的同时，也要重视被粘接物的表面处理，从而提高黏合剂的附着力。本任务重点介绍通过表面处理来增强粘接的附着力。

通过表面处理去除材料表面影响粘接强度的面层，使黏合剂和被粘接零件表面分子间的接触得到优化，并通过增加粘接表面的粗糙度，提高粘接接头的机械锁固程度。通过表面处理还可以在粘接操作开始前保护被粘接表面。

当工件的粘接表面经脱脂和机械或化学表面处理后，可增强黏合剂层和工件表面间的附着力，从而可更大地提高粘接接头的强度。

（一）脱脂

为得到一个良好的粘接接头，必须在粘接操作前将油、脂、灰尘和其他脏物彻底清除。一般来说，被粘合件表面都必须经过脱脂这一表面处理操作。它主要适用于以下几种情况：无机械或化学表面预处理时；每次表面处理前后；每次化学预处理前。

在单件生产时，建议用清洁布和优质溶剂（如丙酮或异丙醇）将被粘接表面擦洗干净。还有一个较好的方法是在黏合剂涂敷前，用超声波清洗方法来清洗工件。操作时，将超声波振动头放在盛有清洁清洗液的浴槽中，把待清洗的零部件浸入液体中，超声波振动头激活清洗液，清洗液将超声波传到零部件的表面，高频振动除去污物，只需数秒钟即可清洗干净。

当在批量生产中使用专用的清洗槽时，应将严重污染的表面经过预先清洗，以免清洗槽过快的变脏。生产大量产品时，建议使用蒸汽脱脂法。在此设备中，清洗剂被加热至沸点，从而汽化。当冷态的产品进入此汽化溶剂环境中时，即发生冷凝现象，从而使产品上的脏物和油脂从工件表面上脱落下来。

在涂敷黏合剂前，还应注意防止已经脱脂的粘接表面上再次受污染，也就是说不得用手接触被粘接表面。

当黏合剂涂敷后，若发现黏合剂并不扩展，此时说明工件表面有脏物。因此必须采用一个简单的滴水测试方法来检查粘接表面是否清洁。

使用此方法时，可将数滴清洁水洒在已清洗后的表面上。在清洗不够清洁的表面上，水滴保持其原样，此时说明工件还必须进一步清洗。如果水滴扩散开，使表面湿润，则证明黏合剂涂敷后也会有此现象发生，因为水的表面张力通常大于黏合剂的表面张力。所以水滴测试法是一个简单易行的清洁程度测试法。

（二）机械处理法

金属表面上通常不仅有污物，而且还覆盖一层氧化层，仅依靠脱脂并不能将其去除。此时还必须使用喷砂，钢丝刷刷磨，用砂纸、砂布和毛皮制品打磨等机械法进行表面处理。在喷砂中，用玻璃珠、钢砂或金刚砂粒的喷流，即可将脱脂处理存留下来的全部异物清除干净。在多数情况下，通常还要在清洗和机械法表面处理后再一次进行清洗操作，以保证获得所需的粘接强度。

（三）化学清洗法

如果对粘接的强度以及耐用性都有很高的要求，则建议进行化学清洗处理。化学清洗法不但可以提高粘接表面的附着力，同时也提高表面的粗糙程度，有效地提高粘接的强度。而且，还具有消除沟槽对被粘合零件强度影响的功能，从而使粘接处的应力均匀分布，提高粘接接头的承载能力。

经化学清洗后，被表面处理的零件必须用软化水进行冲洗，以避免干燥后有盐或其他物质沉积在被粘接表面上。

下面介绍各种材料的化学清洗等预处理方法。

1. 铝及其合金

操作步骤如下：

① 脱脂处理。

② 在由73%的软化水、6%的重铬酸钠和21%的浓硫酸组成的溶液（60℃）中浸泡30min。必须注意的是，要严格按照如下顺序调制溶液：首先将重铬酸盐加入水（50%以上）中，然后加入浓硫酸（注意按其顺序操作），慢慢搅拌，再加注水至要求的量。

③ 用流动的自来水仔细冲洗，然后用流动的软化水进行冲洗，再在最高温度为40℃的烘箱中快速干燥。

2. 铁及其合金

喷砂是最适宜的处理方法。如果这种处理方法不可行，则可用下列方法处理：

① 脱脂处理。

② 在由50%的软化水、50%的浓盐酸组成的溶液（20℃）中浸泡5~10min。

③ 用流动的自来水仔细冲洗，然后用流动的软化水进行冲洗，再在最高温度为40℃的烘箱中快速干燥。

3. 不锈钢

① 脱脂处理。

② 在由70%的软化水和30%的浓硫酸组成的溶液（65~70℃）中浸泡10min。此溶液必须按下述方法配制：在搅拌时，缓慢地将浓硫酸加注入水中并搅拌，严禁将水加注至硫酸中。

③ 用流动的自来水仔细冲洗，然后用流动的软化水进行冲洗，再在最高温度为40℃的烘箱中快速干燥。

④ 在由83%的软化水、14%的浓硝酸和3%的氢氟酸组成的溶液（20℃）中浸泡10min。此溶液必须按下述方法配制：缓慢地将硝酸加注入水中并搅拌，然后才可加注氢氟酸。

⑤ 用流动的自来水仔细冲洗，然后用流动的软化水进行冲洗，再在最高温度为40℃的烘箱中快速干燥。

4. 铜及其合金

① 脱脂处理。

② 在由82%的软化水、12%的浓硝酸和6%的三氯化铁组成的三氯化铁溶液（20℃）中浸泡1~2min。此溶液必须按下述方法配制：将硝酸缓慢地加注入水中并搅拌，此后才可加注三氯化铁。

③ 用流动的自来水仔细冲洗，然后用流动的软化水进行冲洗，再在最高温度为40℃的烘箱中快速干燥。

5. 锌和镀锌材料

为了得到合理的抗老化能力，此类材料必须经过化学清洗处理。

① 脱脂处理。

② 在85%的磷酸溶液（20℃）中浸泡1~2min。

③ 用流动的自来水仔细冲洗，然后用流动的软化水进行冲洗，再在最高温度为40℃的烘箱中快速干燥。

6. 塑料的预处理

通常热固性塑料具有较好的粘接性能。为得到满意的粘接强度，在涂敷黏合剂前，被粘接表面必须用适当的溶剂进行处理，或者用机械方法处理以消除表面的不平整。对于注塑成型零件的被粘接表面特别建议对其表面进行粗糙处理，因为这些表面可能会排斥黏合剂。热塑性塑料的粘接更为困难，这种塑料各种品种的粘接成功率不太高，即使是同一塑料，其结果也完全不同。

六、黏合剂

到目前为止，已应用的黏合剂牌号繁多，其品种多样，组分各异。除天然和无机胶外，仅合成黏合剂大致有25种，而且又以每年1种的速度增加，其中一种黏合剂中也有10~20个改性类型。如此之多的黏合剂，可供我们在选用黏合剂时，特别是在选用两种或多种黏合剂组合使用时选择，可见选择自由度很大，范围很广。

为进一步了解黏合剂的基本知识和性能，现介绍厌氧型黏合剂等7种黏合剂的组成、特性、固化条件、应用概况和选胶注意事项，以便在粘接操作中参考。

（一）厌氧型黏合剂

此类黏合剂主要用于粘接小型零件，如磁铁、铁氧体磁心、金属薄板或金属箔、玻璃、精密设备中的小型金属零件、烧结材料和陶器等。这种黏合剂粘接牢固，可以在200℃以下工作，且固化迅速，在实际生产中广泛应用。

厌氧型黏合剂是单组分室温固化的黏合剂。它是由树脂与固化剂组成，在室温下为黏稠液体，流动性好，只要氧气存在，固化剂即不起作用。而在无氧气场合下即发生固化。因此，使用时只需把黏合剂滴到装配的零件表面上，在装配后，黏合剂便完全地填满了这些装配零件表面间的微小空隙，不再和空气接触，而固化成具有一定强度的固体胶层，将自己牢牢地铺在粗糙的表面上。这样防止了两个表面间的任何移动，并将两个表面完全连接在一起。

厌氧型黏合剂可使两个表面实现100%的完全连接。粘接接头具有耐冲击、抗震、密封和防腐蚀的特点。且厌氧型黏合剂一般不含溶剂，挥发性低，毒性小，固化不需加热、加压，工艺简便。缝隙外侧残留的黏合剂由于接触空气仍保持液态，可方便地将其清除干净。其缺点是黏度太低，不适合间隙较大部位的密封，且粘接强度较大，不便经常拆卸。

厌氧型黏合剂广泛应用于螺纹防松、管道螺纹密封、圆柱接头的紧固以及法兰面和机械箱体接合面等的密封。

室温条件下，多数的厌氧型黏合剂可存放一年。但在可透气的包装中还可延长保存期，因为有空气存在可防止黏合剂过早的固化。

（二）用紫外线固化的厌氧型黏合剂（UV）

与上述黏合剂不同，这类黏合剂仅当受定量的紫外线照射时才会固化。这类黏合剂无褪色作用，折射率低，用于玻璃、光学、电子和汽车工业中。其强度和厌氧型黏合剂的强度相同。根据品种不同，其固化速度介于3~45s。一些专业商业用灯具系统就是用UV产品粘接的。

（三）腈基丙烯酸酯黏合剂（快速型黏合剂）

这是一种粘接速度快、强度高和操作简单的综合性能良好的黏合剂。此类黏合剂在数秒钟内即可固化，且固化后其拉伸强度可高达35MPa。此类产品可直接取之于包装中，但也可用于全自动生产过程中。

通常来讲，黏合剂必须能铺开，将被粘接表面完全湿润，并穿透进入所有的表面不平处。然后，黏合剂即自液态转换成固态，两个表面即粘接在一起。下面介绍其快速粘接的基本知识。

1. 固化机理

在包装内，由于酸性稳定剂的存在，防止黏合剂分子形成链状，使快速黏合剂仍保持液态。粘接后，稳定剂被部分电离的水分子所中和，黏合剂分子即形成链状，固化开始。实际上直接曝露于空气的每个表面上都有这样的水分子，一经涂敷黏合剂，这些水分子即消除稳定剂的作用。然后，黏合剂分子开始粘合起来，并开始固化。

这一固化过程可被下列因素所阻止：

① 环境的水分含量（相对湿度）过低。

② 黏合剂涂敷层过厚，仅依靠表面湿度不能达到固化要求。

③ 黏合剂涂敷过多，与表面的尺寸不成比例。

④ 表面上有残余的酸（例如，由此操作前所进行的表面处理所导致）。

必须结合下列因素来寻找负面效果的原因：

① 环境过于干燥，如使用中央空调系统（相对湿度为60%）。

② 使用过多的黏合剂。

③ 粘接接头设计上有缺陷。

④ 清洗效果不好或表面处理不当。

2. 粘接作用

粘接作用是由黏合剂分子和被粘接表面的分子之间的吸引力所造成的。两者靠得越近，吸引力就越大。与黏合剂铺在不平整表面上可以提高粘接的机械锁固程度一样，粘接作用这一特性也起重要作用。

当表面被污染时，污物、油脂、铁锈或电镀残留物等将使黏合剂分子和被粘接表面的分子间的距离增加，以致不能产生吸引力。因此，在粘接操作前要对被粘接表面进行认真的清洗和表面处理。此外，还必须熟悉被粘接的材料，因为并非每个表面与快速黏合剂的分子间都会产生等量的吸引力。

（四）改性丙烯酸酯

改性丙烯酸酯黏合剂有两种类型：非混合型丙烯酸酯、预混合型丙烯酸酯。

1. 非混合型丙烯酸酯

非混合型丙烯酸酯包含树脂和活性剂，它们可以分别涂敷在工件表面上。只有当工件连接后，黏合剂方可固化。其优点是，不需将树脂和活性剂按比例配制且不需要混合。

此外，树脂和活性剂可分别涂敷，这将使固化时间可以在一定限度内自行选择。从而使黏合剂快速聚合的难题（即粘接操作时间极短）得到解决。

2. 预混合型丙烯酸酯

在此方法中，仅在涂敷使用前才在静态的混合管内将各个组分调和起来。然后将此调和物涂敷在工件表面上，并立即将两连接件进行装配。此方法适用于连接件之间具有较大间隙的场合。但其缺点是黏合剂在其组分调和时即开始固化。所以，所需粘接操作时间极短。同时，通过添加增韧剂，此类黏合剂还具有高的强度和韧性（抗劈裂能力）。丙烯酸酯适用范围较广，在仪器、仪表以及汽车车身制造等方面都有着广泛的应用。

（五）环氧树脂黏合剂

环氧树脂黏合剂是由树脂和室温条件下能固化的固化剂组成的两组分黏合剂。环氧树脂黏合剂具有很高的粘接强度、低弹性、耐化学腐蚀和固化收缩率小的特点，适用于对粘接接头有坚固耐用要求的场合。

环氧树脂黏合剂可以用来制造高承载能力的牢固接头。然而，其抗劈裂和耐冲击的能力却很低。其相对较高的黏度增加了操作的难度，但可通过稍微提高零件的温度，使黏合剂易于流动，从而改善其操作工艺。

可在室温条件下固化的黏合剂通常较易流动，因为在黏合剂调和期间会产生放热反应，从而使黏合剂温度升高。其结果是这类黏合剂具有较低的黏性，但也缩短了黏合剂的调和处理时间。

环氧树脂黏合剂可在相对较低的温度下固化，但固化时间很长，通常为12~24h。将温度增至80~100℃，例如，在烤箱中进行热固化，即可加速固化过程。提高温度除了可缩短固化时间外，还可以得到更好的化学综合性能，在实践中可得到较高的耐化学腐蚀能力和较高的强度。但是在操作中仍应小心处理，因在较高温度下固化并冷却后可造成很大的收缩应力。

由于环氧树脂黏合剂通常较脆，所以不宜用于要求有柔性的接头上。环氧树脂黏合剂除可用作黏合剂外，还常用于修理中。作此用途时，常向树脂中添加填料，以填充间隙和空穴。

（六）聚氨酯黏合剂

聚氨酯黏合剂内含有固化剂，通过水分起作用。这个过程是基于加聚作用原理，通过和环境中存在的水分以及被粘合表面上存在的水分起作用而发生固化。

将粘接接头加热或添加足够的水分可使固化过程加速。但是添加足够水分时，例如在粘接接头上喷水，应小心地进行，防止添水过量而形成气泡。

通过改变聚氨酯黏合剂的组成成分，也可影响诸如强度、附着力、弹性、耐高温能力和固化速度等许多特性。此类黏合剂可与多种材料粘接良好，无须一定和底胶配套使用。因此，这种黏合剂应用范围很广。

如果使用底层涂胶，则可与更多不同种类材料粘接。若省略底层涂胶这一道表面处理，多数会达不到预期效果。底层涂胶的功能就是改善附着力，从而提高粘接设备的耐用性。

由于此胶分子结构中含有异氰酸酯基团，该基团毒性较大，在食品、药物包装等粘接中不能选用。如果选用，应把异氰酸酯基团含量降至最低程度。同时，异氰酸酯基团可与水分起作用，并对手和眼都有刺激作用，所以操作时必须采取相应的保护措施。

（七）硅酮黏合剂

硅酮黏合剂可在室温条件下固化，此时需从被粘合表面上和周围空气中摄取水分。其固化时间极长，每天只能固化 1~2mm。可用于粘接玻璃和一些塑料，密封金属零件等。硅酮黏合剂在很大温度范围内仍保持其弹性，并具有耐高温、防潮湿和防气候影响等特点，在电子工业中应用时，对于诸如低介电损失和低介电常数等特性极为重要。

七、黏合剂的涂敷方法

选择涂敷黏合剂所用的方法，应根据被粘接零件的尺寸、数量、质量要求；黏合剂的供应状态，如液态还是糊状、单组分还是多组分、供应时包装状态；环境和安全方面的技术要求与标准等来决定。通常必须根据客户要求、产品数量和经济成本进行选择。

（一）液体黏合剂的涂敷方法

液体黏合剂可用下述方法涂敷：刷涂法、刮胶法、喷涂法、印刷法、辊筒涂胶法、浸涂法、浇注法、调胶配胶设备等。

1. 刷涂法

刷涂法一般用于使黏合剂涂于复杂形状的被粘接物上，或者用于表面的局部区域而无须使用遮盖物将其余部位盖住。这种方法的优点是易于掌握，投资很小，可使用在任何场合。缺点是黏合剂膜宽度不易控制，膜厚度不均且会起泡，易造成黏合剂溢出和剩余黏合剂干结。

建议通过刷柄向刷子提供黏合剂，并通过压力容器与贮存器连接起来。为防止工作间休息时黏合剂干结，必须将刷子放置在溶剂的上方，且最好是封闭的地方，如图 8-6 所示。建议涂敷稀薄的黏合剂时，使用软的长毛刷；涂敷稠厚的黏合剂时，使用硬的短毛刷。

2. 刮胶法

如图 8-7 所示，刮胶机或刮刀适用于平整表面。刮刀片的刀刃有直线刀刃和曲线刀刃两种，刀刃和被粘接物表面之间的距离决定黏合剂涂层的厚度。当使用直线刀刃时，必须使其沿着零件表面小心地移动，以得到均匀涂敷的黏合剂。刮胶的优点在于，可迅速大面积刮涂均匀的黏合剂层。

3. 喷涂法

喷涂法有喷雾法和压力喷涂法两种。

（1）喷雾法。喷雾器像一把喷枪，黏合剂在其中被压缩空气所雾化。此种方法适用于在各种形状的表面上迅速喷涂均匀的黏合剂。但这种方法的缺点是喷雾容易喷洒在不需涂敷的表面上。

在喷雾器中必须安装排气装置，其部分原因是安全的需要，更主要的原因是除了用压缩空气进行雾化外，还可以在高压下将黏合剂通过细的喷嘴（无空气喷涂枪）进行雾化。

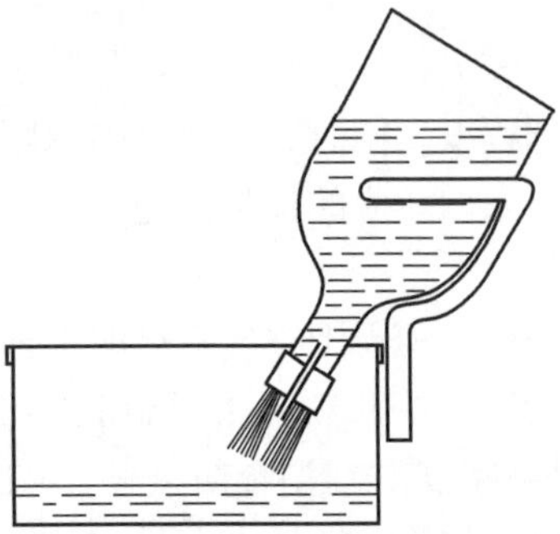

图 8-6　黏合剂刷子和贮存器

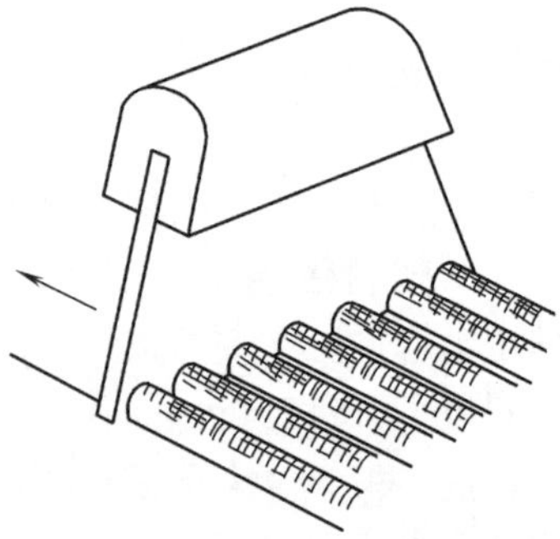

图 8-7　刮胶机（刮刀）

在喷雾过程中可形成“蜘蛛网”和由于小的雾滴而形成不均匀涂敷层（橘皮效应），这种现象对于有溶剂黏合剂来说，比无溶剂黏合剂更为严重。蜘蛛网现象可通过改用“旋转式喷枪”或改进溶剂来避免。橘皮效应可通过改用另一种缓慢蒸发的溶剂来解决。要想得到均匀的黏合剂涂层，必须将黏合剂以交叉方式涂敷。

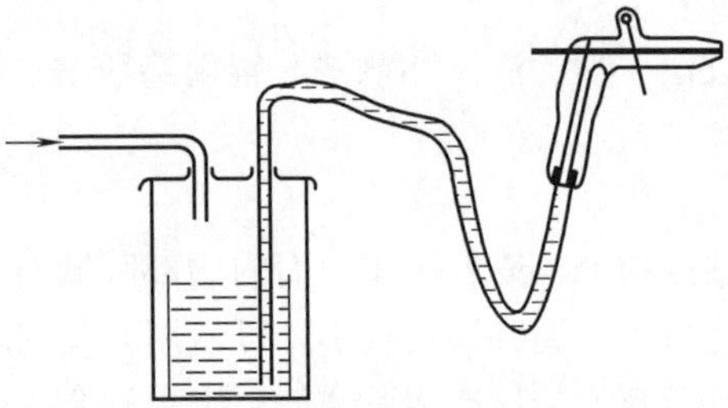

图 8-8　压力喷涂法

（2）压力喷涂法。压力喷涂法使用一个黏合剂容器，并将其用软管和一个可更换的喷嘴相连接，如图 8-8 所示。用压缩空气或泵压的方法，使黏合剂受压经过软管和喷嘴，喷涂到零件表面上，也就是说黏合剂未经雾化。压力喷涂枪也可和刮胶机结合使用，依靠各种喷嘴，可以涂敷条状、轨迹状和点状等形式。

4. 印刷法

众所周知的方法为丝网印刷法和胶印法。胶印法和图片印刷工业中所用方法相同，利用涂胶机上蚀刻或雕刻的辊子可以将某些图案印制在另一物体上。丝网印刷法中，用涂胶机使黏合剂受挤压通过丝网，并用局部地盖住丝网的方法，可以形成黏合剂的某些图形。在此两种方法中，溶剂的类型和数量对于黏合剂成分来讲是十分重要的。但并非每种黏合剂都适用于此方法。

5. 辊筒涂胶法

在此方法中，黏合剂是用辊筒将其涂敷在被粘接的表面上。最简单的类型是带有贮存容器的手压辊筒，如图 8-9 所示。在更为机械化的使用方式中，辊筒是马达驱动的（适用于大型或小型的平面）。涂胶用的辊筒可以是平滑的、滚花的或装有栅格，还可以与涂胶机或配胶辊筒配合使用，但黏合剂必须有适当的黏度。

为得到均匀的和精确的黏合剂涂层，辊筒应装在有循环系统的贮存容器中。这样，在使用含溶剂的黏合剂时，可以测量和调节其黏度。如图 8-10 所示。

6. 浸涂法

浸涂法并不是把被粘接零件直接浸入黏合剂内，而是将与被粘合表面相适应的一个模板在黏合剂贮存容器中浸入一

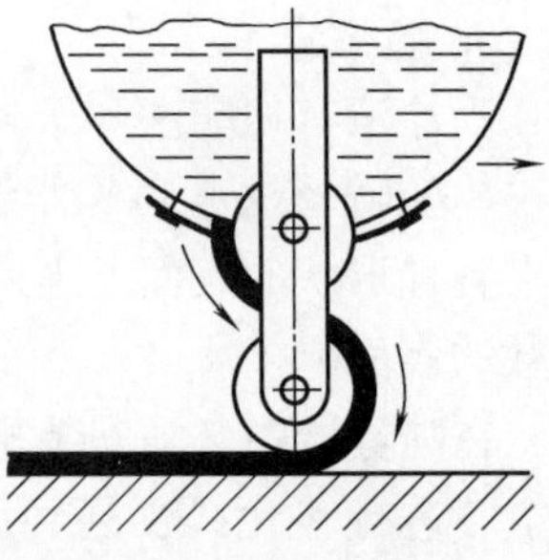

图 8-9　手压辊筒涂胶

段时间后，然后以机械方式上升，并紧压在被粘合零件表面上，当被粘接表面已附着黏合剂时，模板再次沉入贮存容器中，同时贮存容器被盖上。

7. 浇注法

当要求涂胶层比辊筒涂胶法更厚时，或需要高生产率时，可使用“帘式淋涂”设备向被粘接表面供应黏合剂。其过程是：用泵将黏合剂从贮存容器送至进料口，进料口上开有缝，并和贮存容器相连，这样即生成黏合剂帘；然后用传送带将被粘接表面运送通过这条黏合剂帘，即可进行涂胶，如图 8-11 所示。通常使用黏度控制器来控制黏度。

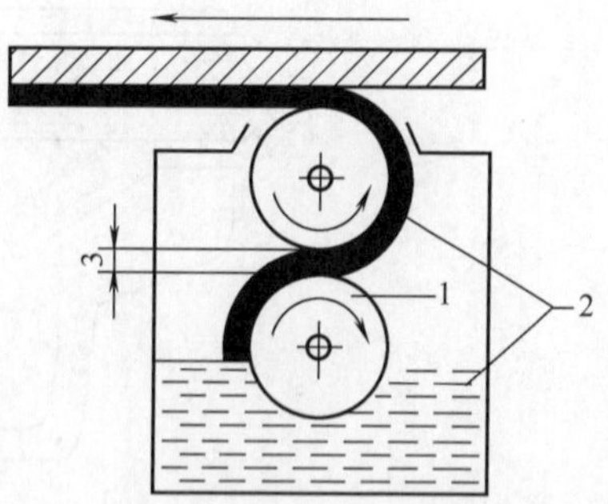

图 8-10　辊筒涂胶

1—主动轮　2—黏合剂

3—黏合剂涂层厚度（可调节）

8. 调胶配胶设备

用于黏合剂调胶配胶的各种设备都可以从市场购得，黏合剂供应商可提供此方面的方案，如图 8-12 所示。此类设备有供混合型黏合剂混合和配料用的专用装置。在混合时，各个组分从贮存容器连续地或不连续地按正确比例送至混合室。混合后，此黏合剂即可用于涂敷或被送至诸如辊筒和涂胶机等涂胶设备。此时各个组分的黏度对混合十分重要，所以，常将一个或两个组分分别加热以降低其各自黏度，或是使两个组分黏度相等，必要时，还需要有冲洗混合室用的装置。

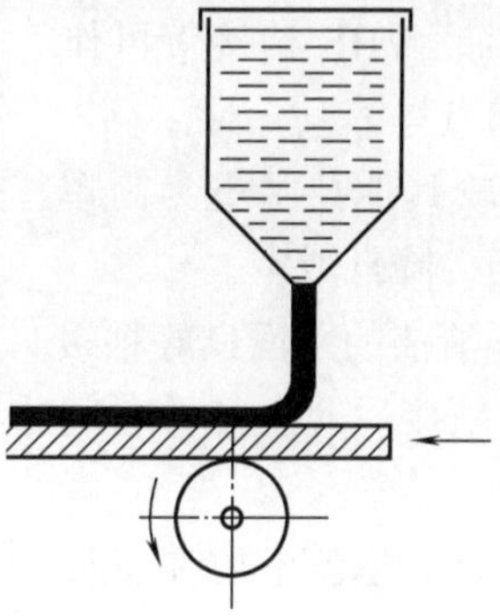

图 8-11　浇注法

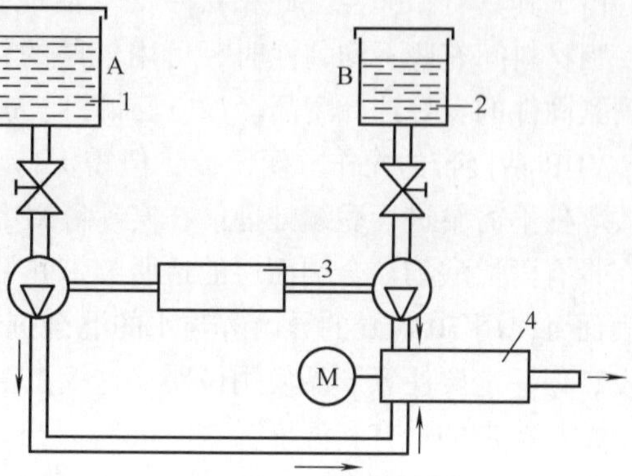

图 8-12　调胶配胶设备

1—组分 A　2—组分 B　3—所需混合比例用的可交换驱动器　4—混合室

9. 热熔黏合剂的涂敷

热熔黏合剂粘接是单组分黏合剂的一种粘接方法。黏合剂做成圆柱形，在使用前将其放在专用的手动操作工具内，如图 8-13 所示的热熔枪。使用时，黏合剂在“涂胶器”内被熔化，然后以精确的剂量涂敷在被连接工件上。涂敷黏合剂后，应立即将工件连接起来，在几秒钟内黏合剂即会冷却。热熔黏合剂主要应用于仪器、汽车工业和家用器具制造中。

10. 粘接带的应用

粘接带（丙烯酸酯粘接带）是一种新型的粘接技术。VHB（Very High Bond）粘接带

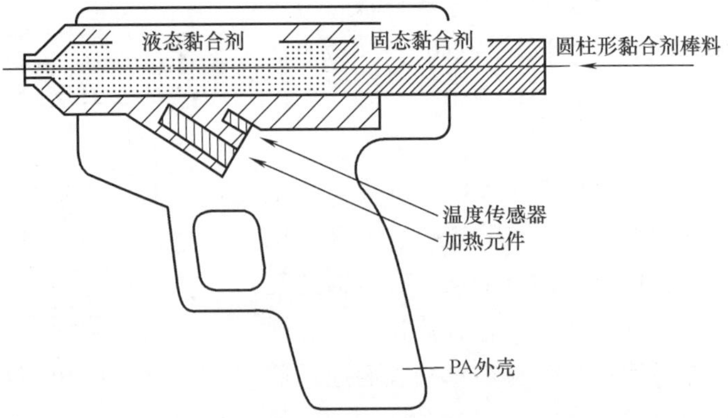

图 8-13　热熔枪

是一种创新性的自粘接条，它不像双面胶带，其基体是用强粘接力和极耐用的丙烯酸酯所制成。其特点如下：

① 更大的粘接表面。在显微镜下观察，即使最光滑的表面也会显露出许多凹凸不平。普通的胶带仅能粘着这些凹凸不平处的峰顶，从而使粘合能力大大降低。而 VHB 粘接带的丙烯酸酯通过其独特的流动特性，可穿透表面上的所有孔隙，从而得到更大的粘接表面和更大的粘接力。

② 弹性接头。VHB 粘接带的特殊流动性也弥补了两个被粘接零件之间缝隙的不均匀性。由于其具有黏弹性，此粘接带能灵活地弥补不同材料的膨胀差，并能吸收振动。因此，当材料间有些不均匀性时，可用较厚的粘接带来解决。目前，VHB 粘接带可作为一系列紧固件的良好选择用品，如空心铆钉、螺钉、螺栓、螺母和点焊等。

VHB 粘接带的操作方便快捷，但需保持清洁。表面处理也较其他技术更为简单，被粘接零件不需要进行后续处理。在实际应用中，能节省操作时间，降低成本。

带有丙烯酸酯黏合剂面层的透明胶带和粘接带可与多数干燥清洁的平面良好粘接。此类表面可使用 50∶50 的异丙醇与水的混合剂或戊烷进行清洗。粘接后应有足够时间进行蒸发，但一定要注意产品使用说明，这一点甚为重要。

贴粘接带的最有利温度为 20～40℃。当表面温度低于 10℃时，建议不要在工件上贴粘接带。在正常环境下，72h 后，粘接带可达到其应有的强度的 100%；24h 后，可达 90%；20min 后则为 50%。和丙烯酸酯粘接带相比，橡胶粘接胶膜将产生较强的初始粘接力，但最终强度则低得多。

（二）黏合剂涂敷时的常见错误

涂敷黏合剂时，最常见的错误为：

① 零件清洗不干净，或零件清洗后保存不当。

② 设计粘接接头时，没有将其他载荷转换成剪切载荷。

③ 黏合剂的抗剥离强度不足，所以不适宜用于有缝隙的场合。

④ 认为“表面越大，强度也越高”，往往黏合剂粘合表面过大，导致浪费和无效粘接。

⑤ 未向黏合剂供应商充分咨询，或充分注意使用说明，导致不当使用。

⑥ 对于诸如黏合剂有效期、混合比、温度影响、压力试验和实验室试验等次要的问题关注不够。

⑦ 对于粘接材料的膨胀系数估计不足。

⑧ 对于载荷估计过高，以致设计过于复杂，提高成本。

⑨ 对于操作者的实际能力估计过高。

⑩ 对于蒸汽的影响估计过低。

⑪ 黏合剂制造商对车间的粘接工艺问题关注太少。

（三）黏合剂涂敷时的安全措施

黏合剂中含有使一些人过敏的物质，所以在操作黏合剂时应避免黏合剂接触操作者皮肤；避免吸入黏合剂的挥发气体。因此必须在防护、安全等方面采取一些预防措施，这些措施有：

① 在开始工作前彻底清洗双手，并涂抹防护膏。

② 每次工休前要清洗双手。

③ 当黏合剂溅到皮肤上后，必须用微温的肥皂水或专用的清洗膏尽快将其清洗。严禁使用涂胶稀释剂、溶剂或其他的易使皮肤脱脂的物品。

④ 使用一次性纸巾。

⑤ 手工混合黏合剂时，应使用纸质混合杯和抹刀，使用后应将其废弃。

⑥ 工作台上要用清洁纸张覆盖，并定期换用新纸。

⑦ 工作室内应装有排气装置，必要时装有强制式排气装置。如固化炉内或其上方，以及所有进行热固化的场所。严禁将炉门瞬时完全打开，只可将其微开直至大部蒸汽消失，才可完全打开炉门。

⑧ 穿工作服，戴防护眼镜。

⑨ 定期更换工作服。

⑩ 经常保持工具清洁。

任务二　零件的清洗

思政引例
项目八任务二

配套视频
项目八任务二中文教学视频1
项目八任务二中文教学视频2

一、概述

在装配过程中，零件的清洗工作对提高装配质量、延长产品使用寿命具有重要的意义。特别是对于轴承、精密配件、液压元件、密封件以及有特殊清洗要求的零件更为重要。清洗工作做得不好，会使轴承发热和过早失去精度，也会因为污物和毛刺划伤配合表面，例如，相对滑动的工作面出现研伤，甚至发生咬合等严重事故；由于油路堵塞，相互运动的零件之间得不到良好的润滑，使零件磨损加快。为此，装配过程中必须认真做好零件的清洗工作。

清洗（cleaning）是将影响零件工作的污物移到一个不影响零件工作的地方，比如说，将污物从产品中转移到清洗剂中。通过清洗，所有对零件有不良影响的污物均被清除。

脱脂（degreasing）主要是清除掉诸如油和油脂之类的有机污染物，附在油或油脂上的尘粒也一同被清除，其清除的程度在很大程度上取决于所采用的清除方法。

切削加工的产品上，往往还附着切削液的残余物。尤其是操作过程中的搬运，一般会在产品表面留下指纹。此外，由于残余的金属切削液的存在，各种固体颗粒会粘在产品表面并干结。因此，清洗的目的是可以使产品有一个漂亮的外观，但这种清洗一般要求不高。不过，对于那些有后续操作的产品，在清洁方面通常有较高的要求，如无尘室内的装配、电镀、涂漆、热处理等。

要定义出清洁度的含义并不容易，这很大程度上取决于该零件的功能或后续操作的要求。在一个生产过程中，清洁度通常被定义为清洁至对后续工艺过程没有影响的程度。要测量清洁度也是不容易的，只有用复杂和昂贵的仪器才能测出清洁过的表面上的最后残余污物。但这些实验室技术不适合于生产车间。工厂中可以使用某些简单的方法，如目测、称重、水中折射度测试、接触角测量、硫酸铜试验等。不过在实际操作中，通常是根据经验来决定实际允许的清洁程度。

二、零件的清洗工艺

（一）零件的清洗工艺过程

通常根据清洁度的要求和产品的特性确定零件的清洗工艺。它们有不同的步骤，通常分为：预清洗、中间清洗、精细清洗、最终清洗、漂洗、干燥。

1. 预清洗（pre-cleaning）

在许多情况下，有必要通过预清洗先除去大部分的污物，然后才进行精细清洗或最终清洗工作。如果根据产品要求，产品必须存放一定的时间才进行清洗，则通常对其进行人工预清洗。预清洗可以防止污物干结在产品上，以免以后很难清除。当然，对于预清洗的要求，没有精细清洗和最后清洗的要求高。

2. 中间清洗（intermediate cleaning）

在一系列的机械操作中，有时产品需要在下一步操作前进行清洗，这就是中间清洗。中间清洗的要求并不高，但产品的清洁度必须满足其后续工序的操作要求。

3. 精细清洗（fine cleaning）

精细清洗的要求较高。精细清洗工作以后的加工过程对清洁度的要求通常是很高的，比如涂胶、上漆、焊接或电镀。

4. 最终清洗（final cleaning）

最终清洗的要求最高。这方面的实例有：装饰性的金属表面，或是那些必须符合高规格的军用印刷线路板。

除了装配以外，大多数情况是工件在最终清洗后就不再有任何的清洗操作了。

5. 漂洗（rinsing）

在漂洗槽中漂洗的目的是通过大量的清洗液将附着在零件表面的清洗液进行充分的稀释，从而获得清洁的表面。

漂洗时产品的运动会对清洗有帮助。漂洗后，纯清洗液变成被充分稀释的清洗液。此稀释的漂洗液还会附在清洗过后的产品上，因此应视需要，有必要进行重复漂洗。这里有一个重要的原则，是让尽量少的清洗液黏附在零件上而传至下一个漂洗槽中。因此，产品在放入下一个漂洗槽之前，必须让其滴干。带盲孔或凹槽的中空物件或产品必须悬挂晾干。但滴干并不能适用于所有的场合。在用热漂洗液进行漂洗时，漂洗槽内的热液体有助于使附在零件表面上的漂洗液很快蒸发，附在零件上的漂洗液蒸发后，会使零件表面留下漂洗溶剂造成的斑点。此时，在漂洗以后，应用喷雾清洗的方法作为一种漂洗后的操作。

有一种漂洗办法，是利用前后几个相互隔开的漂洗槽，把它称为串级漂洗系统（the cascade system）。在这种系统中，漂洗液流经每一个漂洗槽，从而只需要较少的清洗液。第一级的漂洗槽是最脏的，因为是产品最先清洗的地方。接下来，它们到达中间的漂洗槽并最后到达装有干净漂洗液的漂洗槽。如图 8-14 所示，产品的流向与漂洗液的流向正好是相反的。在这些过程中，产品会接触到越来越清洁的漂洗液。

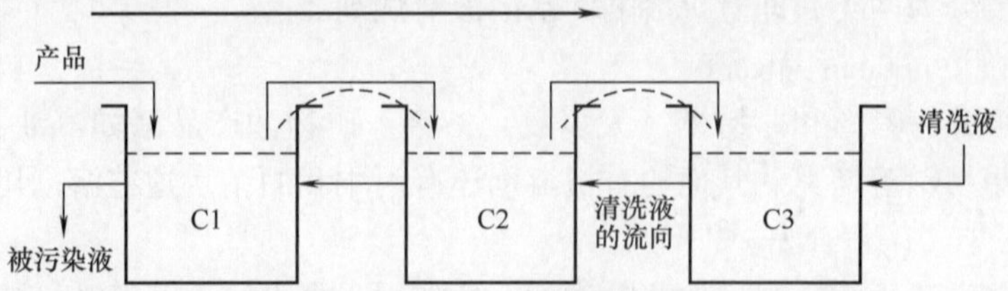

图 8-14　串级漂洗

6. 干燥（drying）

在使用水溶液清洗剂来清洗时，必须把干燥工作当作漂洗后的一个附加操作步骤来进行。最经济的干燥方法是产品在前一个操作步骤中被加热过，比如用热清洗液漂洗。不然的话，就要用冷风或氮气来吹干产品，此时，存在于产品表面的液体会从盲孔和缝隙中被吹出。采用热风干燥、烘干箱或红外线等方法会更为有效，此时的干燥效果是通过蒸发获得的。

另外一种方法是借助于防水剂或溶液。也可采用真空干燥，由于压力下降，蒸汽的压力下降，从而使水或溶剂更早地挥发掉。温度越高，干燥过程越快。

（二）影响清洗过程的因素

影响清洗过程的四个因素，即化学作用、时间、温度、运动。

1. 化学作用

化学作用是指使用的清洗剂在清洗时所起的作用。它可以分为两类，即水溶液清洗剂和有机溶剂。

2. 时间

这是指产品与清洗剂所接触的时间。时间越长，对另三种因素所需的考虑越少。

3. 温度

清洗剂的温度可影响清洗效果。例如：当用肥皂做清洗工作时，在 40℃以上每升高 10℃，可有双倍的清洗效果；而在 60℃时，可获得 4 倍的效果；70℃时可达 8 倍。因此，提高温度将能大大地缩短清洗的时间。此外，提高温度还能使干燥变得简单。

4. 运动

运动可通过多种途经实现，如摩擦、刷磨、喷射、振动（超声波清洗）、起泡（泡沫浴）、产生气体（电解清洗）等。所有这些运动方法的目的就是要导致产品表面的液体移动，同时借助外力可确保清除污物。

根据上述影响清洗的四个因素的描述，可认为清洗效果是四个因素的综合作用。如果有一种因素的影响程度变得很大，则另外的因素的影响程度可能会较小而达到相同的效果。

除清洗过程的四个因素外，选择清洗工艺类型时，产品特性同样很重要，如产品是被什么东西所污染的；产品的材料是什么；生产批量有多大；产品尺寸是多少；产品是什么形状；产品是否需要后续处理等。

三、清洗剂与清洗方法

（一）清洗剂

清洗剂主要分为两类，即有机溶剂和水溶液清洗剂。

1. 有机溶剂（organic solvent）

有机溶剂可分为易燃和非易燃（大多数）溶剂。矿物油产品诸如汽油、煤油、柴油、松香水等都属于易燃溶剂类。其他的有机溶剂还有丙酮和酒精。这些溶剂用来对油污进行常温脱脂。

常温脱脂的方法用于小规模地清除油污，比如用布来进行手工清洗，或是在一个清洗容器中清洗产品。使用清洗容器的好处在于那些使用后多余的溶剂会被保存在一个存储器中，并可以被提炼和再使用。

使用溶剂进行高温脱脂的方法是在除油溶剂的蒸汽中使用。在这种方法中，要将被清除油污的物件悬吊在溶剂的蒸汽之中。

2. 水溶液清洗剂（aqueous cleaning agent）

根据酸含量可将水溶液清洗剂分为三类，即酸性（acid）、中性（neutral）和碱性（alkaline）。

中性和碱性清洗剂专门用来脱脂处理。水溶液清洗剂最好是在加温的条件下使用。温度越高，油的黏度就会越低，清洗效果就越好。

碱性清洗剂根据被清洗的材料，可分成三类：

① 强碱，用于钢和镁材料以及严重的污染。

② 弱碱至中等碱性，用于轻金属、铜、铝、锌等材料以及中度的污染。

③ 中性清洗剂，用于敏感的金属材料以及轻微的污染。

如表 8-1 所示为从强碱到强酸清洗剂的成分以及其适用场合。

表 8-1　　水溶液清洗剂的分类及其成分、适用场合

分类	成分	温度/℃	适用场合
强碱 pH 11~14	表面活性剂 氢氧化钠(钾) 碳酸盐 硅酸盐 磷酸盐 防腐剂 合成药剂	>50	钢 重污染

续表

分类	成分	温度/℃	适用场合
弱碱 pH 8~11	表面活性剂 磷酸盐 硅酸盐 硼酸盐 防腐剂 合成药剂	>40	轻金属,铜、铝、锌 中度污染
中性 pH 6~8	表面活性剂	>20	敏感金属 轻度污染
弱酸 pH 3~6	表面活性剂 有机酸 防腐剂	>50	钢 磷化物 氧化物
强酸 pH <3	表面活性剂 无机酸 防腐剂	20	腐蚀清除 除锈

清洗剂是根据所要清洗的材料来选用的。对于钢和铁，可以用以氢氧化钠和碳酸盐为基础的、pH 在 11~14 的范围内的强碱清洗剂，而在有电镀的后处理时，通常不能使用硅酸盐。对于铜和铜合金，可使用弱碱清洗剂。对于锌、铝及它们的合金，pH 要在 8~11，因为在更高的 pH 下，金属会被溶解。

脱脂使用最多的清洗剂种类是强碱和弱碱，且逐渐使用中性清洗剂。

碱性清洗剂可清除植物油、动物油以及矿物油和油脂，也可以清除固体污物颗粒。在清洗时，植物油和油脂被皂化；矿物油和油脂被乳化（并非所有的碱性清洗剂都具有乳化功能）；固体颗粒则先是被从黏附的表面上除下，再被封裹起来，这样它们就能被漂洗掉。在乳化时，清洗剂中的某种表面活性物质与油污相互作用，从而使油污分解成很小的微滴而被清洗剂吸收。

清洗时所产生的油污物，漂浮在液体表面，要用撇取浮沫的办法来清除。也可以让液体溢出到一个收集油污的地方，还有一些配有撇除手臂等装置也可用来清除这些油污。

（二）清洗方法

常用的清洗方法有：手工清洗、浸洗法、喷洗法、高压清洗法、蒸汽脱脂法。

1. 手工清洗（manual cleaning）

除了在工作台上使用清洁布或者用焦油刷子来清洗小的物件外，还广泛地使用清洗容器。适用的清洗剂有汽油、煤油、柴油、乙醇和中性水溶液清洗剂。如图 8-15 所示为手工清洗装置，这种清洗装置包含有一个工作面，在其下面有一个装清洗剂的容器；清洗剂由泵抽上来，再通过一根管道至刷子或喷头；利用刷子，可获取足够的外力以去除污物。

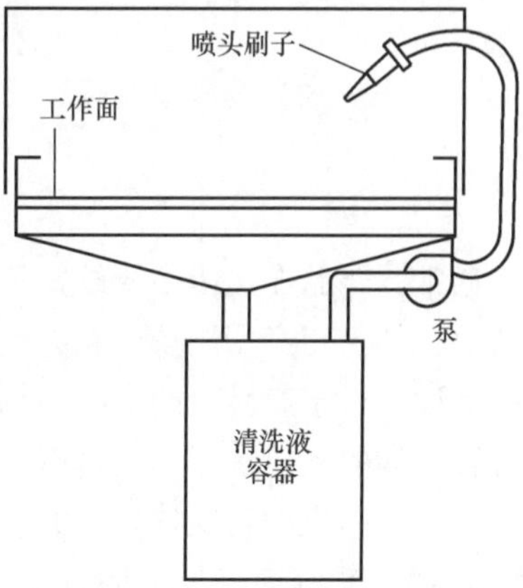

图 8-15 手工清洗装置

如果清洁度的要求不是很高的话，该方法具有足够的清洗效果。对于精加工表面的预清洗来说，这种清洗方法并不是太好，随后还要进行更高清洁度的清洗。

手工清洗操作简单，但生产率低，适用于单件小批量生产的中小型零件及大件的局部清洗，特别在预清洗中应用较多。预清洗作为最终清洗的一个预先操作，其优点是易于去除那些较粗的污物，而使其不会在干燥时黏附在工件表面，不然的话，在以后操作中就会很难清除。这种方法主要用于那些在下一步加工处理之前，要先存放一段时间的零部件的清洗。

2. 浸洗法（immersion cleaning）

在浸洗机中清洗金属产品是一个广泛应用的方法，它既可用有机溶剂又可用水溶液清洗剂。该方法是将产品在清洗槽的清洗剂中浸泡一定的时间（2~20min）。所需的时间取决于使用的清洗剂、物品是否运动以及清洗剂温升情况。该方法操作简单，多用于批量较大的黏附油垢较少且形状复杂的零件的清洗。

浸洗法常用于串级清洗系统，如图 8-16 所示。在此系统下，使用少量的溶剂可达到高的清洁度。

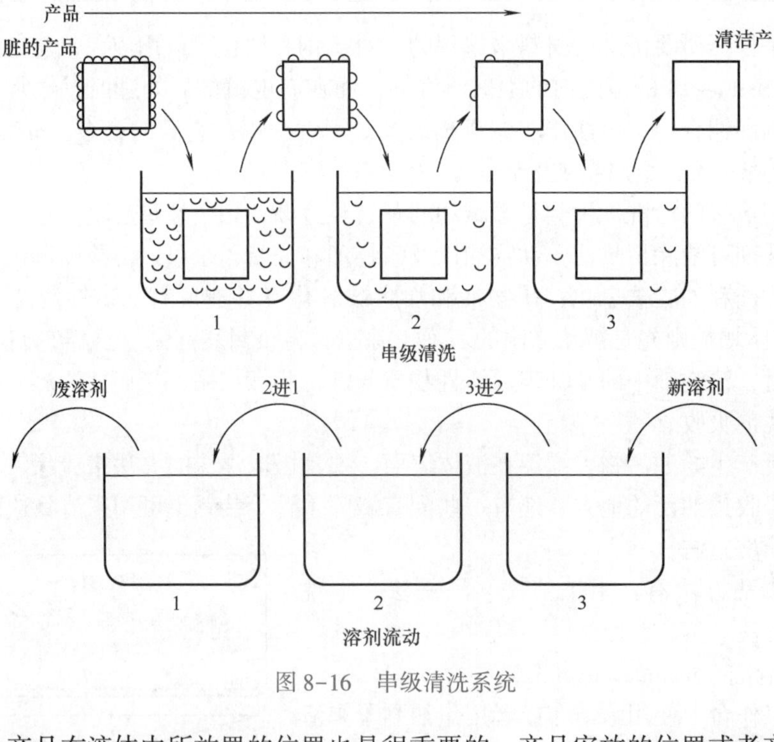

图 8-16　串级清洗系统

通常，产品在液体中所放置的位置也是很重要的。产品安放的位置或者产品相互的间隔情况，都要使产品能得到充分的清洗。在放置产品时要小心，不可损伤那些有粗糙度要求的表面。对于产品上的盲孔和洞穴，必须把里面清空。为使产品能被安放得妥当，会用到各种各样的支撑装置，这些产品支撑装置主要是由塑料制成的。将产品放在支撑装置上时，应使产品表面与支撑装置的接触尽量少。对于薄壁产品要小心轻放，防止变形。

3. 喷洗法（spraying cleaning）

喷洗装置就像家用餐具洗涤机，如图 8-17 所示。产品放在盛具中，再放置在喷洗装置内，根据装置的类型来进行一些清洗操作步骤。适用的清洗剂有汽油、煤油、柴油、化学清洗液、碱液或三氯乙烯等。这种方法清洗效果好，生产率高，劳动条件好，但设备较复杂，多用于黏附油垢严重或黏附半固体油垢且形状简单的零件的清洗。

喷洗后零件的干燥是通过产品由喷雾而获得更高的温度，或通过向喷洗室吹热空气来进行的。

4. 高压清洗法（high pressure cleaning）

在此方法中，产品是在一个清洗装置内用高压喷射来进行清洗的，如图 8-18 所示。适用的清洗剂有汽油、煤油、柴油、乙醇和中性水溶液清洗剂等。

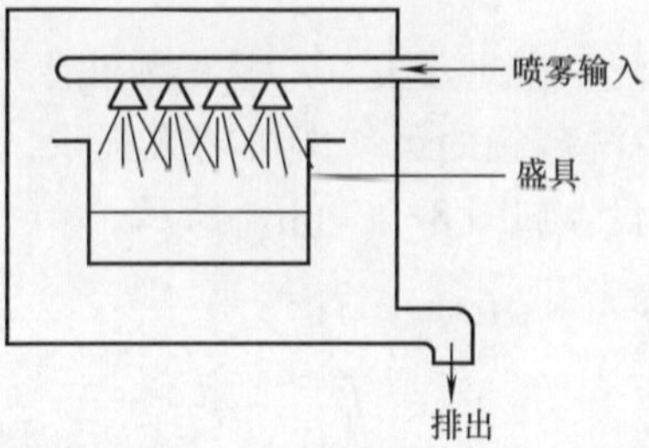

图 8-17　喷洗装置

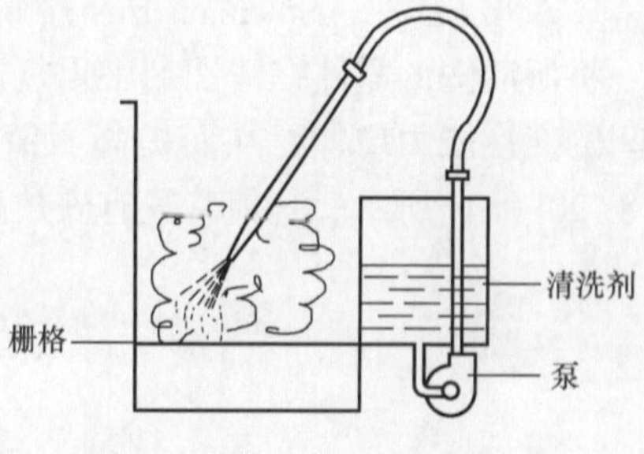

图 8-18　高压清洗装置

高压清洗方法特别适合于那些小批量生产的大型产品或单件生产的工件。

5. 蒸汽脱脂法（vapour degreasing）

蒸汽脱脂法是利用冷凝原理来工作的，如图 8-19 所示。在蒸汽脱脂法中，使用沸腾的溶剂。当温度低于溶剂沸点的产品放入蒸汽区域时，产品上的蒸汽就会冷凝，这样便溶解污染物并将其从产品上清洗掉。

冷凝的溶液和溶解下的油脂掉入沸腾池中。由于油脂的沸点比溶剂高，所以清洁的溶剂就会从污染的液体中蒸发出来，装置内从而继续充满着清洁的蒸汽。随着更多的油脂溶入溶剂，其沸点会升高。当溶剂的沸点升高很多时，则必须更换溶剂，以防止带有污染的溶剂蒸发。

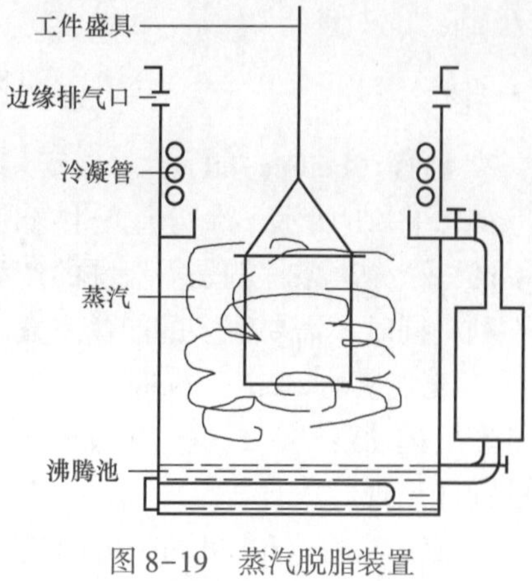

图 8-19　蒸汽脱脂装置

在冷凝过程中，产品的温度会逐渐升高，直至蒸汽的温度，此时，蒸汽不再会冷凝。当将产品从蒸汽区中取出时，由于产品上的含热量，一小部分仍留在产品上的溶剂将会蒸发，于是就无须额外的干燥操作。由于溶剂蒸汽比空气重，它会像液体那样留在容器中。但将产品移入或移出蒸汽区域时仍要缓慢和平稳，这样可防止蒸汽溢出和使蒸汽紊乱而导致蒸汽的流失。同时，在蒸汽区的上端装有冷却盘管以限制蒸汽的流失，因为蒸汽在上升到蒸汽区的上面时会冷凝在管子上。此外，冷却盘管的上方装置有边缘排气口，用来排除溢出的蒸汽。

产品和蒸汽之间的温度差是溶剂在产品上充分冷凝的条件。为此，通常先将产品放在冷的溶剂中浸洗后再放入蒸汽中。温度差别越大，产品被加热到蒸汽温度的时间越长，冷凝过程也就持续越长。如果产品在经过一个过程后仍不够清洁，可用蒸汽脱脂法进行重复清洗。通常，产品在进入蒸汽区前先经过一次或多次的热浸浴及一次冷浸浴。通过这种方式，把浸洗法和蒸汽脱脂法两种方法结合起来，提高清洗效果。

蒸汽脱脂法常用三氯乙烯蒸汽，清洗效果好，但设备复杂，劳动保护条件要求高，多用于成批生产、黏附油垢中等的中小型零件的清洗。

（三）搅动浸洗法（agitation methods with immersion）

有一种清洗方法是在浸洗中采用各种搅动（运动）方式，从而提高清洗的效率。这些方法有反复浸洗、沸腾、充气搅动、液体注射和超声波清洗。

1. 反复浸洗（immersion rinsing or rotation）

将所清洗的零件在清洗剂中重复浸泡或转动进行清洗。在此方法中，污染物和清洗剂之间的交换能力增加，从而提高了清洗的效果。自动清洗装置的运动由机器人提供，如图 8-20（a）所示。其他装置有安放盛具的可移动沉淀盘，如图 8-20（b）所示。

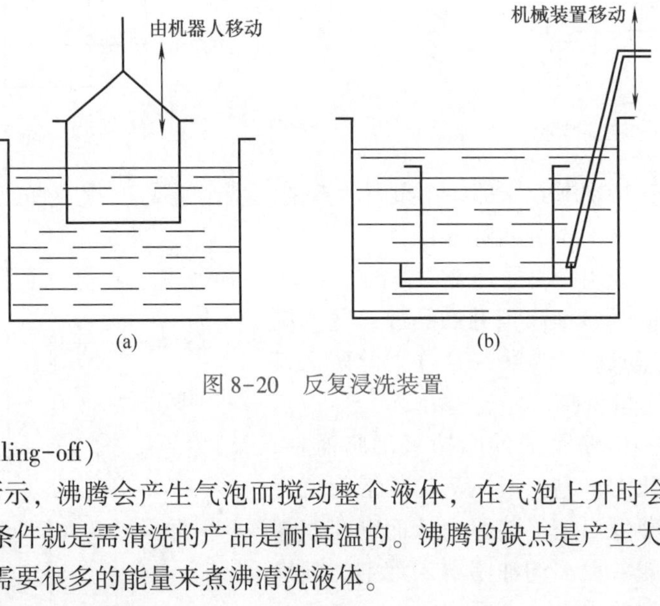

图 8-20　反复浸洗装置

2. 沸腾（boiling-off）

如图 8-21 所示，沸腾会产生气泡而搅动整个液体，在气泡上升时会达到清洗效果。这里的一个先决条件就是需清洗的产品是耐高温的。沸腾的缺点是产生大量的蒸汽而对环境不利，同时还需要很多的能量来煮沸清洗液体。

3. 充气搅动（air agitation）

充气搅动浸洗时，空气从液体底部的管子中吹出而产生气泡。此方法的缺点在于有大量的泡沫出现。

4. 液体注射（liquid injection）

如图 8-22 所示，从液体容器的一侧排出清洗剂，并借助泵的作用再从另一侧注射，这样，清洗剂就会沿着需清洗的零部件表面流动。污物因此被连续不断流动的清洗剂液流所清洗掉，而新的清洗剂被不断地注入。

5. 超声波清洗（ultrasonic cleaning）

如图 8-23 所示的超声波清洗装置中，气蚀效应十分强烈。由超声波发生器产生的高频电能，通过安装在清洗槽中的换能器被转变成机械振动。这些振动以声波传到液体中，造成极微小的真空空穴，它们经过一段很短的成长时间后就会发生内爆，从而产生一个振动波。产品就是通过这些振动波来清洗的。

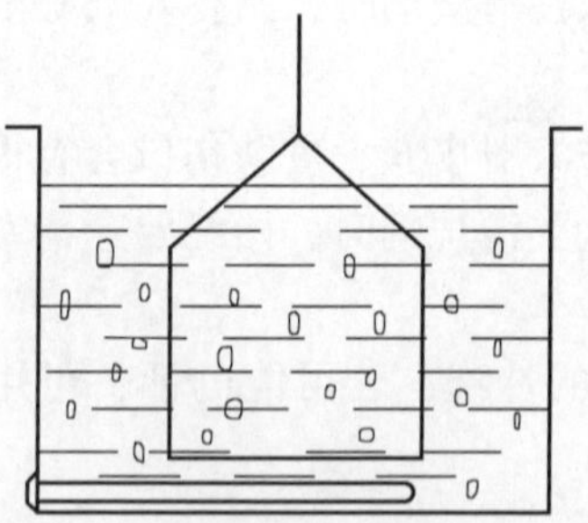

图 8-21　沸腾或充气时产生气泡

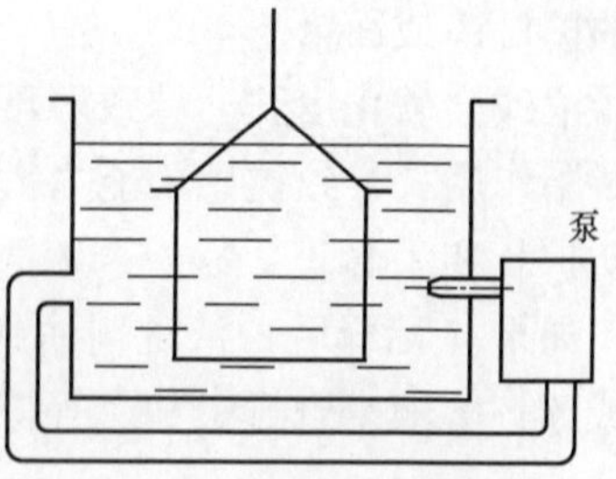

图 8-22　液体注射浸洗装置

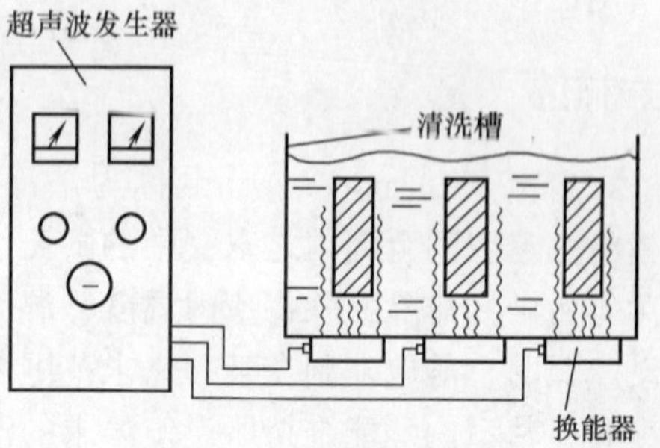

图 8-23　超声波清洗装置

超声波清洗特别适用于那些具有复杂的几何形状、细孔和盲孔的产品。超声波清洗时，既可使用有机溶剂，也可使用水溶液清洗剂。

（四）安全措施（safety）

当使用易燃的溶剂来脱脂时，会遇到燃烧与爆炸的危险，所使用的溶剂有毒性时，会污染环境，危害人的身体健康。因此，在清洗操作中要加以注意并采取有效的安全防护措施。

1. 燃烧和爆炸的危险（danger of fire and explosion）

所有的溶剂都能燃烧，因此都有着火的危险。有的溶剂相对更容易着火，例如，汽油比煤油更易燃烧。易燃的程度取决于闪点，闪点越低，溶剂越容易燃烧。一般来说，总是溶剂的气体先开始燃烧。在一个装有溶剂的清洗槽中，当其上部的气体开始燃烧时，只要盖住清洗槽就可以扑灭火焰。如果液体本身被烧了很长时间的火焰所加热，甚至开始沸腾，就不能这样做了。

溶剂气体要能够燃烧，就必须要有氧气。特别是当溶剂气体和氧气达到一定比例时，燃烧会十分迅速，甚至导致爆炸。如果空气中含有大量的溶剂气体，就等于形成一种爆炸性混合物，可能被电火花、工具或摩擦产生的火花所点燃。因此，在操作时，要防止溶剂气体溢出清洗槽，清洗槽附近更不能存在有火花产生的设备。

2. 溶剂的毒性（toxicity of solvents）

MAC 值通常用来表示各种物质的毒性和危险性。MAC 值是英文“Maximum Acceptable Concentration（可接受的最大浓度）”的缩写。MAC 值低时，其毒性较强；而较高 MAC 值的毒性则较弱。MAC 值是有害物质在 8h 的工作时间内，存在于空气中的浓度。表 8-2 给出了部分溶剂的 MAC 值和闪点。

表 8-2　部分溶剂的 MAC 值和闪点

溶　剂	MAC 值/$\times10^{-6}$	闪点/℃	溶　剂	MAC 值/$\times10^{-6}$	闪点/℃
甲醇	200	11	己烷	25	-22
乙醇	1000	12	苯	10	-11
丙酮	750	-19	1-甲基-2-吡咯烷酮(NMP)	100	96

碱性清洗剂的使用安全在于其成分的化学性质。碱性清洗剂对于眼睛来说是十分危险

的，它们会直接损伤眼角膜。所以，在混合、装填和使用碱性清洗剂时，始终要戴好全封闭的护目镜或面罩。

浓碱会软化皮肤，导致严重的烧伤。大量稀释后的清洗液对皮肤、皮肤伤口会有很强的脱脂作用，导致抗感染能力大大地降低。因此，在使用这类清洗剂时，始终要穿戴专门的防护装和手套。

如果（稀释后）清洗剂沾到皮肤上，要马上进行彻底的冲洗，若可能的话，可用肥皂或苏打溶液来进行中和。等擦干皮肤后，再涂上防护霜。

任务三　无尘室的认知

思政引例
项目八任务三

配套视频
项目八任务三
中文教学视频

一、概述

无尘室（Cleanroom），也称为洁净室或净化室，是指将一定空间范围内之空气中的微粒子、有害空气、细菌等污染物排除，并将室内温度、湿度、洁净度、压力、气流速度与气流分布、噪声、振动、照明、静电控制在某一需求范围内所特别设计的房间。也就是不论外在空气条件如何变化，其室内均能维持所设定要求的洁净度、温湿度及压力等性能。

无尘室的主要作用在于控制产品（如硅芯片等）所接触之大气的洁净度以及温湿度，使产品能在一个良好的环境空间中生产、制造。

无尘室用于集成电路（芯片）的生产、高价值设备的装配等方面，同时也用在医院，如器官移植等。

无尘室有不同的等级，通常是根据每立方英尺*（28L）空气中所含尘粒的数目而定的。无尘室等级分类如下：

等级100000：每立方英尺最多含有100000个0.5μm及以上的颗粒。

等级10000：每立方英尺最多含有10000个0.5μm及以上的颗粒。

等级100：每立方英尺最多含有100个0.5μm及以上的颗粒。

等级1：每立方英尺最多含有1个0.5μm的颗粒。

室外的空气一般含有几百万颗不同尺寸的尘粒，而0.5μm的尘粒是非常小的。在普通的光线下，用肉眼看不到小于20μm的颗粒。一个灰尘颗粒并非因为它是“固体”物质而被定义，而是因为它是某种物质，它同样可能是液体或气体。

二、无尘室的污染与控制措施

无尘室污染的来源是人、材料及各种活动。表8-3中简要地列出了大部分污染的来源和类型。

（一）人是无尘室内最大的污染源

人是无尘室内最大的污染源，因为人类在不断地新陈代谢，皮肤的最外一层总是在不断地脱落，并被新的一层所替代是一个自然的过程，而已脱落的皮肤细胞就会从人体上掉

---

* 1英尺（ft）= 0.3048米（m）。

表 8-3　无尘室污染的来源与类型

来源	类型	来源	类型
人员	细菌 皮屑 毛发微粒 化妆品微粒 香烟烟灰 棉纱及绒毛 体味 ……	装配	磨损产生的物质 腐蚀产生的物质 锉屑 除气产生的物质 升华气体
制造	灰尘 碎屑 化学气体 烟雾	试验	磨损产生的物质 放射物和辐射 测试液体或其他测试媒介的残余物
		使用	所有上述污染

落下来。平均来说，一个人每天大约要掉落出 20 亿颗尘粒（皮屑微粒）。为尽量防止这些皮屑微粒污染无尘室，每个在无尘室中工作的人员都务必要穿着无尘衣。

当有人员进入无尘室时，污染的程度会大大地提高。人们在静止时，每分钟身上可掉出几十万颗肉眼看不见的微粒。如果人们稍做适当的运动，该数目会上升到每分钟大约 100 万颗。因此，人们不时地进出无尘室是污染的最大原因之一。

图 8-24 表示无尘室在 24h 内的微粒数。

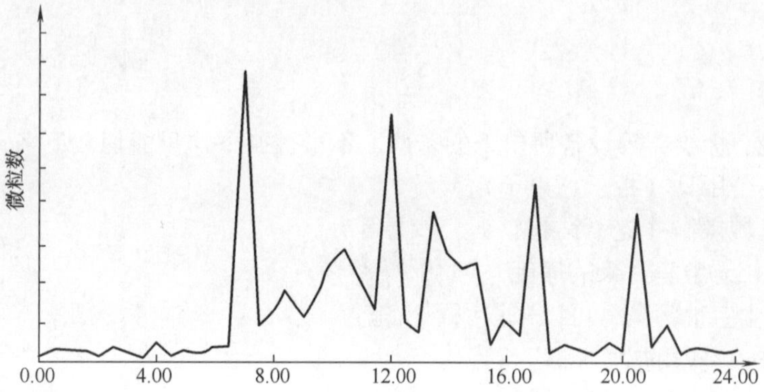

图 8-24　无尘室 24h 微粒数曲线图

（二）无尘室内禁用的材料

有一些材料是不能够在无尘室内使用的，原因是这些物品或材料会引起太多的尘粒，以致无法维持无尘室的尘粒等级。

在小于 100000 尘粒等级的室内，禁止存在的材料包括纸类、棉类、碳类、草类、石灰类、木材类等材料，但不包括由部门专门配发的清洁用的纸和布。

所禁用物品有铅笔、橡皮擦等，但许可的圆珠笔、纸张、手帕和食物等物品除外。

（三）无尘室内的活动

由于人是无尘室最严重的污染源，所以一个人的举止必须遵守一些规定，从而将产生的不良影响限定在最小的范围内。

1. 十分注意自己的举止及运动

每个人都有一些习惯动作，我们在无尘室内必须有意识地去控制它。比如把一张纸揉成一团、用手指轻叩桌子、揉搓皮肤、拍某人的肩膀、摇晃腿、在物体上画图等，这些动作都是一些人的习惯动作，但每一动作都会引起尘埃，所以某个动作如果不是真正需要的，就不要去做。

例如，一个静止站立的人，每分钟大约要落下 10 万颗微粒；一个人慢慢走动并不做大幅度动作，每分钟大约要落下 200 万颗微粒；一个人快速走动或做大幅度动作，每分钟大约要落下 1000 万颗微粒。虽然无尘衣阻止了大部分的皮屑微粒，但是不可能阻止全部。此外，我们在移动时，也搅动了无尘室现存的尘粒。

由此可见，一个动作或移动越是剧烈，所引起和带动的尘粒越多。因此，在无尘室内动作缓慢就显得特别重要。

2. 尽量避免与地面接触

下降气流使所有现存的尘粒被吸向下面，从而使地面成为整个无尘室中尘埃最多的部分。因此，在有关无尘室衣着标准要求中，工作人员在穿或脱无尘衣时，其裤腿始终不能碰到地面；若手套掉在地上，必须立即换用新的手套；当一定要从地面上拿取东西时，必须以蹲的姿势来拿，而绝不能采用坐、躺或跪的动作。

3. 无尘室内禁止的行为

无尘室内禁止的行为有：

① 吃喝（专用咖啡室除外）。

② 吸烟。

③ 化妆。

④ 梳头。

⑤ 打印机、标绘器等设备所出来的东西，不可被撕下，只能切裁下来。

⑥ 移动办公用具（柜子、桌子）。

⑦ 进行机械操作（锉、钻孔、锯、砂磨等）。

（四）防止无尘室污染的措施

为防止无尘室被污染，可以采取以下措施：

① 过滤进入室内的空气。

② 空气的输入速度是经过控制的。

③ 空气是通过层流（laminar air flow）工作台来流动的，从而使空气流动非常平稳。

④ 在无尘室和外界之间必须有一个缓冲的气密室，作为清洁的用途。无尘室的每一个入口都有气密室，一类气密室是专供设备进入之用，一类则是供人员出入之用。

⑤ 为材料的进入设立清洗装置。

⑥ 工作人员进入无尘室需更换无尘衣。

⑦ 工作人员必须遵守无尘室纪律（行为准则和规定）。

⑧ 遵守无尘室严格的工作程序。

思政引例

项目八任务四

配套视频

项目八任务四
中文教学视频

任务四　装配中的“5S”操作

质量是企业的生命。在推行全面质量管理前，企业必须先建立稳固的基础管理。而“5S”的推行可作为企业推行全面质量管理重要的第一步。在各组织里，“5S”是用来维持环境质量的一种手段。

一、“5S”活动

（一）“5S”活动的含义

“5S”是来自日语中整理（Seiri）、整顿（Seiton）、清扫（Seiso）、清洁（Seiketsu）、素养（Shitsuke）这5个词的日语发音缩写，因为这5个词在日语罗马拼音（相当于我国的汉语拼音）中的第一个字母都是“S”，所以简称为“5S”，开展以整理、整顿、清扫、清洁、素养为内容的活动，称为“5S”活动。

“5S”活动起源于日本，并在日本企业中广泛推行，它相当于我国企业开展的文明生产活动。“5S”活动的对象是现场的“环境”，它对生产现场环境全局进行综合考虑，并制订切实可行的计划与措施，从而达到规范化管理。“5S”活动的核心和精髓是素养，如果没有职工队伍素养的相应提高，“5S”活动就难以开展和坚持下去。

（二）“5S”活动的内容

1. 整理

把需要与不需要的人、事、物分开，再将不需要的人、事、物加以处理，这是开始改善生产现场的第一步。其要点是对生产现场的现实摆放和停滞的各种物品进行分类，区分什么是现场需要的，什么是现场不需要的；其次，对于现场不需要的物品，诸如用剩的材料、多余的半成品、切下的料头、切屑、垃圾、废品、多余的工具、报废的设备、员工的个人生活用品等，要坚决清理出生产现场，这项工作的重点在于坚决把现场不需要的东西清理掉。对于车间里各个工位或设备的前后、通道左右、厂房上下、工具箱内外，以及车间的各个死角，都要彻底搜寻和清理，达到现场无不用之物。坚决做好这一步，是树立好作风的开始。日本有的公司提出口号：效率和安全始于整理！

整理的目的是：

① 改善和增加作业面积。

② 现场无杂物，行道通畅，提高工作效率。

③ 减少磕碰的机会，保障安全，提高质量。

④ 消除物料管理上的混放、混料等差错事故。

⑤ 有利于减少库存量，节约资金。

⑥ 改变作风，提高工作情绪。

2. 整顿

把需要的人、事、物加以定量、定位。通过前一步整理后，对生产现场需要留下的物品进行科学合理的布置和摆放，以便用最快的速度取得所需之物，在最有效的规章制度和最简捷的流程下完成作业。

整顿活动的要点是：

① 物品摆放要有固定的地点和区域，以便于寻找，消除因混放而造成的差错。

② 物品摆放地点要科学合理。例如，根据物品使用的频率，经常使用的东西应放得近些（如放在作业区内），偶尔使用或不常使用的东西则应放得远些（如集中放在车间某处）。

③ 物品摆放目视化，使定量装载的物品做到过目知数，摆放不同物品的区域采用不同的色彩和标记加以区别。

生产现场物品的合理摆放有利于提高工作效率和产品质量，保障生产安全。这项工作已发展成一项专门的现场管理方法——定置管理。

3. 清扫

把生产现场打扫干净，设备异常时马上修理，使之恢复正常。生产现场在生产过程中会产生灰尘、油污、铁屑、垃圾等，从而使现场变脏。脏的现场会使设备精度降低，故障多发，影响产品质量，使安全事故防不胜防；脏的现场更会影响人的工作情绪，使人不愿久留。因此，必须通过清扫活动来清除那些脏物，创建一个明快、舒畅的工作环境。

清扫活动的要点是：

① 自己使用的物品，如设备、工具等，要自己清扫，不能依赖他人，不增加专门的清洁工。

② 对设备的清扫，着眼于对设备的维护保养。清扫设备要同设备的点检结合起来，清扫即点检；清扫设备同时做设备的润滑工作，清扫也是保养。

③ 清扫也是为了改善。当清扫地面发现有飞屑和油水泄漏时，要查明原因，并采取措施加以改进。

4. 清洁

整理、整顿、清扫之后要认真维护，使生产现场保持完美和最佳状态。清洁，是对前三项活动的坚持与深入，从而消除发生安全事故的根源，创造一个良好的工作环境，使员工能愉快地工作。

清洁活动的要点是：

① 车间环境不仅要整齐，而且要做到清洁卫生，保证员工身体健康，提高员工劳动热情。

② 不仅物品要清洁，而且员工本身也要做到清洁，如工作服要清洁，仪表要整洁，及时理发、刮须、修指甲、洗澡等。

③ 员工不仅要做到形体上的清洁，而且要做到精神上的“清洁”，待人要讲礼貌、尊重别人。

④ 要使环境不受污染，进一步消除混浊的空气、粉尘、噪声和污染源，消灭职业病。

5. 素养

素养即教养，努力提高员工的素养，养成严格遵守规章制度的习惯和作风，这是“5S”活动的核心。没有员工素养的提高，各项活动就不能顺利开展，开展了也坚持不了。所以，抓“5S”活动，要始终着眼于提高员工的素养。

（三）开展“5S”活动的原则

1. 自我管理原则

良好的工作环境，不能单靠添置设备，也不能指望别人来创造。应当充分依靠现场员工，由现场的当事员工自己动手为自己创造一个整齐、清洁、方便、安全的工作环境。使他们在改造客观世界的同时，也改造自己的主观世界，产生“美”的意识，养成现代化大生产所要求的遵章守纪、严格要求的风气和习惯。也正因为是自己动手创造的成果，就容易保持和坚持下去。

2. 勤俭办厂原则

开展“5S”活动，要从生产现场清理出很多无用之物，其中，有的只是在现场无用，但可用于其他的地方；有的虽然是废物，但应本着废物利用、变废为宝的精神，能利用的应千方百计地利用，需要报废的也应按报废手续办理并收回其“残值”，千万不可只图一时处理“痛快”，不分青红皂白地当作垃圾一扔了之。

3. 持之以恒原则

“5S”活动开展起来比较容易，可以搞得轰轰烈烈，在短时间内取得明显的效果，但要坚持下去，持之以恒，不断优化就不太容易。不少企业发生过“一紧、二松、三垮台、四重来”的现象。因此，开展“5S”活动，贵在坚持。为将这项活动坚持下去，企业首先应将“5S”活动纳入岗位责任制，使每一部门、每一员工都有明确的岗位责任和工作标准；其次，要严格、认真地搞好检查、评比和考核工作，将考核结果同各部门和每一员工的经济利益挂钩；再次，要通过检查，不断发现问题，不断解决问题。因此，在检查考核后，还必须针对问题，提出改进的措施和计划，使“5S”活动坚持不断地开展下去。

（四）“5S”的含义、目的和做法

“5S”的含义、目的和做法如表 8-4 所示。

表 8-4　“5S”的含义、目的和做法对照表

5S 内容	含　义	目　的	做法/示例
整理	将生产现场的所有物品区分为需要的与不需要的。除了将需要的留下来以外，其他的都清除或放置在别的地方。它往往是“5S”的第一步	腾出空间 防止误用	将物品分为以下几类，如： ① 不再使用的 ② 使用频率很低的 ③ 使用频率较低的 ④ 经常使用的 将第①类物品处理掉，第②、③类物品放置在贮存处，第④类物品留置在生产现场
整顿	把需要留下的物品定量、定位放置，并摆放整齐，必要时加以标识。它是提高效率的基础	生产现场一目了然 消除找寻物品的时间 整整齐齐的工作环境	对可供放置的场所进行规划 将物品在上述场所摆放整齐 必要时还应标识
清扫	将生产现场及生产用的设备清扫干净，保持生产现场干净、亮丽	保持良好工作情绪 保证产品质量	清扫从地面到墙板到天花板的所有物品 机器工具彻底清理、润滑 杜绝污染源，如水管漏水、噪声处理 修理破损的物品
清洁	维持上面“5S”的成果	监督	检查表 红牌警示
素养	使每位员工养成良好的习惯，并遵守规则做事，培养积极主动的精神	培养出具有良好习惯、遵守规则的员工 营造良好的团队精神	如： ① 遵守出勤、作息时间 ② 工作应保持良好的状态（如不随意聊天说笑、离开工作岗位、看小说、打瞌睡、吃零食等） ③ 服装整齐，戴好胸卡 ④ 待人接物诚恳有礼貌 ⑤ 爱护公物，用完归位 ⑥ 保持清洁 ⑦ 乐于助人

（五）“5S”的功能

1.“5S”是最佳的推销员

① 至少在行业内被称赞为最干净、整洁的工场。

② 让人们为之感动，忠实的顾客越来越多。

③ 知名度很高，很多人慕名而来参观。

④ 大家争着来这家企业工作。

⑤ 人们都以购买这家企业的产品为荣。

2.“5S”是品质零缺陷的护航者

① 员工有很强的质量意识，按要求生产，按规定使用，能减少问题发生。

② 检测用具正确使用保养，保证质量要求。

③“5S”是确保质量的先决条件。优质的产品来自优质的工作环境。

④ 发生问题时，一眼就可以发现；企业如果没有“5S”就发现不了异常（或很迟才发现）；早发现异常必然能尽早解决问题，防止事态进一步扩展，并且所用的调查和修正成本减少，节省人力物力。

3.“5S”是节约能手——降低成本、提高效率

①“5S”能减少库存量，排除过剩生产。

② 降低机器设备的故障发生率，延长使用寿命。

③ 减少拖板、叉车等搬运工具的使用量。

④ 减少不必要的仓库、货架和设备。

⑤ 寻找时间、等待时间、避让调整时间最小化。

⑥ 减少取出、安装、盘点、搬运等无附加价值的活动。

4.“5S”是交货期的保证

① 模具、工装夹具管理良好，调试、寻找时间减少。

② 设备产能、人员效率稳定，综合效率可把握性提高。

③“5S”能保证生产的正常进行，不会耽误交货。

5.“5S”是安全的软件设备

① 保持宽敞、明亮的工作场所，使物流一目了然。

② 它使货物堆高有程度限制。

③ 人车分流，道路通畅。

④ 危险、注意等警示明确。

⑤ 员工正确使用和保护器具，不会违规作业。

⑥ 灭火器放置位置、逃生路线明确，以防万一。

6.“5S”是标准化的推动者

① 让人们正确地执行已经规定的事项。

② 去任何岗位都能立即上岗作业。

7.“5S”可以创造出快乐的工作岗位

员工创造了一个良好的工作环境，这个环境将让员工心情愉快。喜悦的心情并不是公司带给员工的，而是员工自己创造出来的，员工为此感到自豪和骄傲。

①“5S”使岗位明亮、干净，不会让人厌倦和烦恼。

②“5S”让大家都在亲自动手进行改善。

③“5S”让员工乐于工作，更不会无故缺勤旷工。

④“5S”能给员工“只要大家努力，什么都能做到”的信念，创造出有活力的工作环境。

“人造环境，环境育人”，员工通过对整理、整顿、清扫、清洁、素养的学习和遵守，使自己成为一个有道德修养的职业人，整个工作的环境面貌也随之改观。没有人能完全改变世界，但可以使她的一小部分变得更美好。

二、装配实习室中的“5S”操作

（一）装配实习中“5S”活动的实施及查核

“5S”活动的推行，除了必须拟定详尽的计划和活动办法外，在推行过程中，每一项均要定期检查，加以控制。如表 8-5 所示为“5S”检查表，以供学生实习时自我检查和教师巡查用，也可作为实验管理的标准参照。

表 8-5　　“5S”检查表

1. 整理

项次	检查项目	得分	检查状况
1	通道	0	有很多东西，或脏乱
		1	虽能通行，但要避开，台车不能通行
		2	摆放的物品超出通道
		3	超出通道，但有警示牌
		4	很畅通，又整洁
2	生产现场的设备、材料	0	一个月以上未用的物品杂乱堆放着
		1	角落放置不必要的物品
		2	放半个月以后要用的物品，且紊乱
		3	一周内要用，且整理好
		4	3 日内使用，且整理好
3	办公桌（作业台）上下及抽屉	0	不使用的物品杂乱堆放着
		1	半个月才用一次的
		2	一周内要用，但过量
		3	当日使用，但杂乱
		4	桌面及抽屉内之物品均最低限度，且整齐
4	料架	0	杂乱存放不使用的物品
		1	料架破旧，缺乏整理
		2	摆放不使用的物品，但较整齐
		3	料架上的物品整齐摆放，但有非近日用物品
		4	摆放物为近日用，很整齐
5	仓库	0	塞满东西，人不易行走
		1	东西杂乱摆放
		2	有定位规定，但没被严格遵守
		3	有定位也有管理，但进出不方便
		4	有定位有管理，进出方便

续表

2. 整顿

项次	检查项目	得分	检查状况
1	设备 机器 仪器	0	破损不堪,不能使用,杂乱放置
		1	不能使用的集中在一起
		2	能使用,但较脏乱
		3	能使用,有保养,但不整齐
		4	摆放整齐、干净,呈最佳状态
2	工具	0	不能使用的工具杂放着
		1	勉强可用的工具多
		2	均为可用工具,但缺乏保养
		3	工具有保养,有定位放置
		4	工具采用目视管理
3	零件	0	不良品与良品杂放在一起
		1	不良品虽没及时处理,但有区分及标识
		2	只有良品,但保管方法不好
		3	保管有定位标识
		4	保管有定位,有图示,任何人均很清楚
4	图纸 作业标识书	0	过期且与使用中的物品杂放在一起
		1	不是最新的,且随意摆放
		2	是最新的,但随意摆放
		3	有卷宗夹保管,但无次序
		4	有目录,有次序,且整齐,任何人很快能使用
5	文件档案	0	零乱放置,使用时没法找
		1	虽显零乱,但可以找得着
		2	共同文件被定位,集中保管
		3	文件分类处理,且容易检索
		4	明确定位,采用目视管理,任何人都能随时使用

3. 清扫

项次	检查项目	得分	检查状况
1	通道	0	有烟蒂、纸屑、铁屑、其他杂物
		1	虽无脏物,但地面不平整
		2	有水渍、灰尘
		3	早上或实习前有清扫
		4	使用拖把,并定期打蜡,很光亮
2	生产现场	0	有烟蒂、纸屑、铁屑、其他杂物
		1	虽无脏物,但地面不平整
		2	有水渍、灰尘
		3	零件、材料、包装材料存放不妥,掉在地上
		4	使用拖把,并定期打蜡,很光亮

续表

3. 清扫

项次	检查项目	得分	检 查 状 况
3	办公桌 作业台	0	文件、工具、零件很脏乱
		1	桌面、台面布满灰尘
		2	桌面、台面虽干净,但破损未修理
		3	桌面、台面干净整齐
		4	除桌面、台面外,椅子及四周均干净亮丽
4	窗 墙板 天花板	0	任凭破烂
		1	破烂,仅应急简单处理
		2	乱贴挂不需要的东西
		3	还算干净
		4	干净亮丽,很是舒爽
5	设备 工具 仪器	0	有生锈
		1	虽无生锈,但有油垢
		2	有轻微灰尘
		3	保持干净
		4	使用中有防止不干净之措施,并随时清理

4. 清洁

项次	检查项目	得分	检 查 状 况
1	通道 生产现场	0	没有划分
		1	有划分
		2	划线感觉还可以
		3	划线清楚,地面有清扫
		4	通道及生产现场感觉很舒畅
2	地面	0	有油或水
		1	有油渍或水渍,显得不干净
		2	不是很平
		3	经常清理,没有脏物
		4	地面干净亮丽,感觉舒服
3	办公桌 作业台 椅子 架子 教室	0	很脏乱
		1	偶尔清洁
		2	虽有清洁,但还是显得脏乱
		3	自己感觉很好
		4	任何人都会觉得很舒服
4	洗手台 厕所	0	容器或设备脏乱
		1	破损未修理
		2	有清洁,但还有异味
		3	经常清洁,没异味
		4	干净亮丽,装饰过,感觉舒服

续表

4. 清洁

项次	检查项目	得分	检　查　状　况
5	储物室	0	阴暗潮湿
		1	虽阴暗,但有通风
		2	照明不足
		3	照明适度,通风好,感觉清爽
		4	干干净净,整整齐齐,感觉舒服

5. 素养

项次	检查项目	得分	检　查　状　况
1	日常"5S"活动	0	没有活动
		1	虽有清洁清扫工作,但非"5S"计划性工作
		2	能按"5S"计划进行工作
		3	平常能够自觉做到
		4	对"5S"活动非常积极
2	服装	0	穿着脏,破损未修补
		1	不整洁
		2	按扣或鞋带未弄好
		3	依规定穿着工作服,戴胸卡
		4	穿着依规定,并感觉有活力
3	仪容	0	不修边幅且脏
		1	头发、胡须过长
		2	有上两项中的一项缺点
		3	均依规定整理
		4	感觉精神有活力
4	行为规范	0	举止粗暴,口出脏言
		1	衣衫不整,不卫生
		2	自己的事可做好,但缺乏公德心
		3	自觉遵守规则
		4	富有主动精神、团队精神
5	时间观念	0	缺乏时间观念
		1	稍有时间观念,有迟到现象
		2	不愿意受时间约束,但会尽力去做
		3	约定时间会全力去完成
		4	约定时间会提早去做好

注：本附表仅为通用格式，具体内容应根据推行"5S"的场所实际情况决定，且应更加具体化、细节化。

（二）成绩评定与红灯、红牌警示

实习指导教师要对学生执行"5S"规范的情况加强巡查，并做好记录，及时发现存在的问题点。对于检查中的优缺点，教师要在课堂讲评中分别予以说明，并对相应学生予以表扬或纠正。同时，要将检查成绩及时公布，成绩的高低依相应的灯号表示：

① 90 分以上（含 90 分）　绿灯。

② 80~89 分　蓝灯。

③ 70~79 分　黄灯。

④ 70 分以下　红灯。

除对低于 70 分的学生给予红灯警告外，检查教师对于检查中不合乎“5S”规范的场所也要采取红牌警示，即在不良之处贴上醒目的红牌子，以待各实习小组或学生改进。各实习小组的目标就是尽量减少“红牌”的发生机会。

任务五　装配操作：装配车间实习

实习任务一　钢片的粘接

如图 8-25 所示钢片的粘接图，完成下列实训项目。

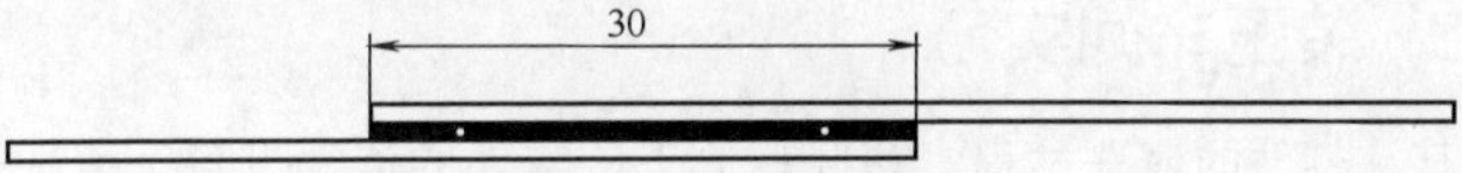

图 8-25　钢片的粘接图

1. 操作要求

通过脱脂、砂纸打磨、刷底胶等预处理，然后用聚氨酯黏合剂把两块钢片粘在一起并做试验。

2. 工具与附件

工具：刷子；高度游标卡尺；夹子；清洁纸或布；手用黏合剂枪；拉伸强度试验装置。

附件：聚氨酯黏合剂，如 Viba Puraflex 2003；2 块钢条 25mm×120mm；底胶，如 Viba Puraflex 5008；2 根焊丝 $\phi 1\times 20$（mm）；脱脂剂，如 Viba Puraflex cleaner 5004；砂布（粒度 120）。

一、安全提示

在操作时，应避免不必要的皮肤接触，工作时禁止饮食，注意卫生。

二、操作方法及步骤

① 用脱脂剂喷洗两块钢片上的粘接表面（长 35mm）以进行脱脂，并用干净的布擦干，然后干燥 10min。

② 用砂布（粒度 120）将两块钢片上粘接表面（长 35mm）进行粗化处理。

③ 用脱脂剂喷洗两块钢片上粘接表面（长 35mm）以进行脱脂，并用干净的布擦干，然后干燥 10min。

④ 用刷子在两块钢片粘接表面（长 35mm）上刷底胶，干燥 30min。

⑤ 用高度游标卡尺在钢片上划一高度为 30mm 的线。

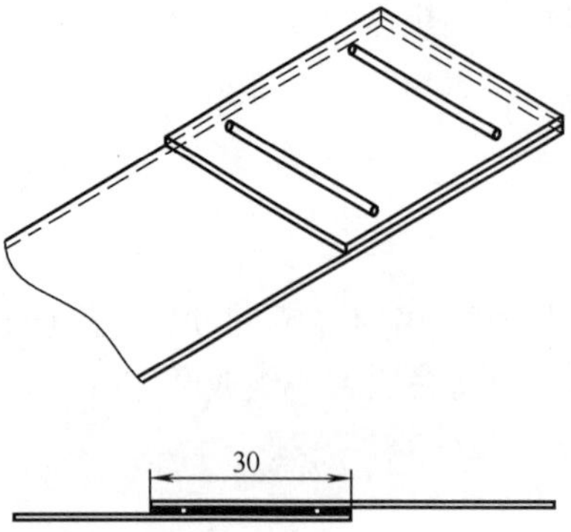

图 8-26　焊丝的放置

⑥ 用手动黏合剂枪在一块钢片 30 mm 的表面上打上两条聚氨酯黏合剂。

⑦ 为得到正确的厚度，在黏合剂层中放置间距为 25mm 的两根焊丝。如图 8-26 所示。

⑧ 将一块钢片放在另一块钢片上，并按压以便让焊丝来确定粘接缝的厚度。

⑨ 在两块钢片粘接处装上一只夹子。

⑩ 让黏合剂在空气的相对湿度至少在 40% 以上的环境下进行固化，固化速度为每 24h 约 4mm 胶宽。

三、实习作业

（1）计算使粘接接头破坏的理论剪切力，剪切强度为 2.5 MPa，剪切力____N。

（2）用拉伸强度试验装置进行试验，并标出测得的数值____N。

实习任务二　装配车间实习

（1）参与某一零件的清洗过程，并撰写关于该零件的清洗设备、清洗剂的使用以及清洗工艺步骤的详细说明。

（2）参观无尘室，并撰写一份无尘室调查报告。

一、无尘室的穿衣指导

1. 进入无尘室

工作人员进入无尘室时必须穿着规定的无尘衣，且无尘衣的按扣在任何时候都必须是关闭的。以下是工作人员更换无尘衣的操作程序：

① 在更衣处的第一区域，脱下自己的鞋子。参观者可在普通鞋子上套鞋套，如图 8-27 所示。

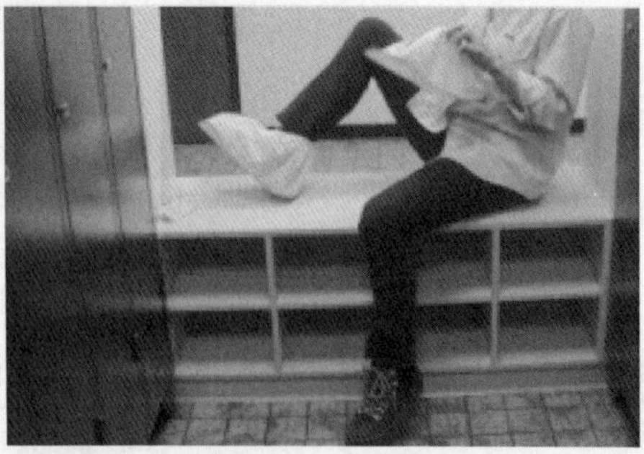

图 8-27　套鞋套

② 将自己的鞋放入更衣长椅的存放处。

③ 确保脚没有碰到地面。

④ 身体在长椅子上转动，这样脚就不会碰到地面，如图 8-28 所示。

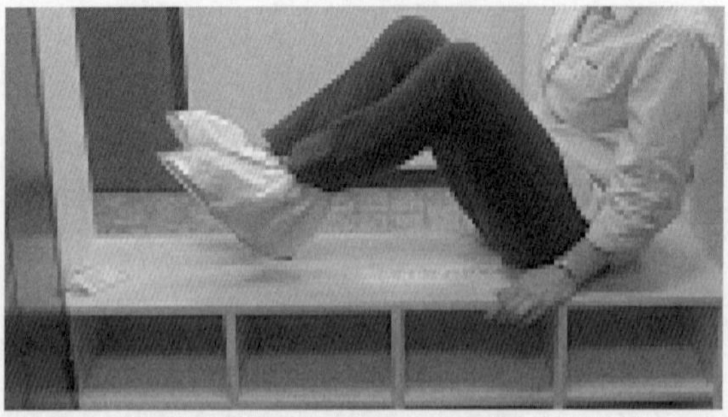

图 8-28　在长椅子上转动

⑤ 取出无尘鞋并穿上。

⑥ 穿着无尘鞋走到更衣橱边。

⑦ 戴上帽子，并把头发放进帽子内，如图 8-29 所示。

⑧ 穿上无尘衣，然后拉上拉链和扣好裤腿上的按扣。注意，在穿无尘衣时要避免其与地板接触，皮肤、头发和服装不要接触到无尘衣的外面，如图 8-30 所示。

图 8-29　戴帽

图 8-30　穿无尘衣

⑨ 检查无尘衣的按扣是否全都扣好，包括裤腿上的按扣，如图 8-31 所示。

⑩ 走过黏性垫，进入无尘室。

2. 离开无尘室

当工作人员离开无尘室时应注意以下事项：

① 解开裤腿上的按扣和拉链，脱掉无尘帽和无尘衣。注意避免无尘衣接触地板。对于参观者，若使用一次性无尘帽，则扔进废物箱里。

② 坐在长椅子上，脱掉无尘鞋，将其放在存放处。注意：不要穿上自己的鞋子踩在更衣室地板清洁的一边上。对于外来参观人员只需脱掉鞋套，并将其扔进废物箱里。

③ 穿上自己的鞋子。

图 8-31　检查

④ 离开更衣室。

思 考 题

1. 列举出粘接接头中三种有利类型的载荷。
2. 被粘接物进行表面处理的目的是什么？
3. 在什么条件下，厌氧型黏合剂才开始固化？
4. 为何不得将环氧树脂黏合剂用于具有柔性的接头上？
5. 黏合剂的涂敷方法有哪几种？各有何特点？
6. 零件清洗工艺步骤有哪些？其各自对清洗的要求有何不同？
7. 请说明串级漂洗系统的清洗装置是如何运行的。
8. 根据酸的含量可将水溶液清洗剂分为哪几类？哪类清洗剂用于脱脂？
9. 常用的清洗方法有哪些？
10. 易燃溶剂的危险是什么？解释 MAC 值的含义。
11. 无尘室的等级是如何定义的？等级 10000 表示什么含义？
12. 列举几种防止无尘室污染的措施。
13. “5S”活动的含义是什么？操作要点有哪些？

项目八　在线习题

参考文献

[1] 劳动部培训司. 钳工工艺学 [M]. 北京：中国劳动出版社，1991.

[2] 徐灏. 机械设计手册 [M]. 北京：机械工业出版社，2000.

[3] 东莞市TR轴承集团有限公司. 滚动轴承与现代带座轴承的选用 [M]. 北京：机械工业出版社，1997.

[4] 李洪. 机械加工工艺手册 [M]. 北京：北京出版社，1990.

[5] 黄祥成. 钳工装配问答 [M]. 北京：机械工业出版社，2000.

[6] 张玉龙. 粘接技术手册 [M]. 北京：中国轻工业出版社，2001.

[7] High Precision Mechanical Assembly [Z]. Netherlands：Fontys University of Professional Education. 2001.

[8] GB/T 3228—2022，螺栓螺母用装配工具　冲击式机动四方传动套筒的尺寸 [S].

[9] GB/T 4625—2022，螺钉和螺母的装配工具　命名法 [S].

[10] GB/T 41478—2022，生产过程质量控制　系统模型与架构　装配与铸造 [S].

[11] GB/T 40727—2021，再制造　机械产品装配技术规范 [S].